KB185808

그림으로 보는
한옥

그림으로 보는 한옥

초판 1쇄 펴낸날 2025년 2월 10일
지은이 이도순 · 김왕직 · 유근록
펴낸이 이상희
펴낸곳 도서출판 집
디자인 로컬앤드

출판등록 2013년 5월 7일
주소 서울 종로구 사직로8길 15-2 4층
전화 02-6052-7013
팩스 02-6499-3049
이메일 zippub@naver.com

ISBN 979-11-88679-27-0 03540

- 잘못 만들어진 책은 바꿔드립니다.
- 책값은 뒤표지에 쓰여 있습니다.
- 사진은 《우리 옛집》(2015), 《우리 정자》(2021)에서 가져왔습니다.

그림으로 보는 한옥

전통 한옥에서 신한옥까지
목구조 건축의 부위별 상세

이도순 · 김왕직 · 유근록
지음

집

차례

책을 내면서

한옥은 건강하고 친환경적이며 우리의 자연과 삶의 방식에 맞게 진화해 온 한국의 살림집입니다. 전 세계에 살림집이 많고 다양하지만 온돌과 마루가 조화된 살림집은 극히 이례적이며 한옥의 특징을 결정하는 중요한 요소입니다. 사계절이 뚜렷한 기후환경에서 추위와 더위를 동시에 해결하고 쾌적한 생활을 위해 변화를 거듭하며 만들어진 결과라고 할 수 있습니다. 구조법과 재료, 상세, 창호, 마감 등도 이에 부합하여 만들어졌습니다. 이 책에서는 한옥을 10개 부위로 나누어 구성과 특징, 용어와 시공에 관한 내용을 다루고 있습니다. 가능한 전통 한옥의 부위별 구성을 종류별로 망라하려고 했으며 현대 생활에 맞게 새로 개발된 신한옥에 관한 내용도 빼놓지 않았습니다. 우리 전통건축에는 궁궐과 사찰, 성곽과 유교건축 등이 있으나 이 책에서는 살림집에 한정했습니다. 글은 최소화하고 스케치 중심의 그림만으로도 내용을 이해할 수 있도록 했습니다. 한옥에 관심이 있거나 한옥을 지어보려고 했으나 엄두가 나지 않고 무엇부터 시작해야 하는지 막막하셨던 분들이 보신다면 기초자료가 되리라 생각합니다. 부록으로 한옥기술개발 연구에 참여했던 설계사무실과 시공회사, 대표적인 재료회사들의 목록을 추가했습니다. 최고는 아닐지 모르지만 최선을 다하고 신뢰할 수 있는 업체들이기 때문에 처음 한옥을 접하시는 분들에게는 좋은 안내자가 될 수 있을 것입니다.

한옥도 시대에 따라 발전하고 새로운 재료가 적용되면서 변화하고 있습니다. 앞으로도 이러한 변화는 계속되리라고 생각합니다. 현대의 한옥, 미래의 한옥은 과거와 달라야 하며 새롭게 탄생해야 합니다. 본질과 한옥의 특성을 구성하는 원리와 요소는 지키되 재료와 기술, 기법은 다양화하고 변화해야 한다고 생각합니다. 구들의 원리와 특성이 좋다고 나무를 때서 난방하는 방식이 그대로 유지될 수 없는 것과 마찬가지입니다. 원적외선의 건강성과 바닥난방의 효율성, 공기 순환의 원리 등은 지켜지더라도 얼마든지 에너지원은 자연에너지로 바꿀 수 있어야 하며 에너지 대체에 따른 재료와 상세는 변화해야 할 것입니다. 탄소배출을 줄여야 하는 절대적인 위기 상황에서 미래의 건축은 목조건축으로 갈 수밖에 없습니다. 목조 선진국은 CLT를 이용한 벽식 목구조, 초고강도의 목재기술 개발로 고층과 대형건물들도 목조건축으로 대체해 나가고 있습니다. 여기까지는 아니더라도 우리가 사는 집부터 목조건축으로 바꾸어나가는 노력은 이제 의무이고 필수라고 할 수 있습니다. 살림집은 건축 중에서도 가장 민족과 지역적 특성이 강한 건축물이기 때문에 한국에서의 살림집은 한옥이어야 합니다. 한옥에 살면 품격도, 건강도, 삶의 품질도 올라갈 것입니다. 건축할 계획이 있다면 한옥을 반드시 고려해 보아야 하는 이유입니다. 이때 한옥은 조선시대 한옥의 재현은 아니라고 생각합니다. 기단과 초석의 사용은 재고되어야 하며, 중방 이하 부분의 목재를 외부에 노출하는 것도 다시 생각해보아야 하고, 공간의 융통성을 위해 장경간과 대들보를 생략한 구법도 고려되어야 할 것입니다. 그러나 이러한 혁신은 뿌리 없이 흔들리지 않도록 전통 한옥에 대한 온전한 이해를 바탕으로 해야 합니다. 전통 한옥을 공부하는 이유가 여기에 있습니다.

이 책이 그 첫걸음을 내딛는데 좋은 안내서가 되길 기대합니다. 물론 부족한 것도 많고 오류가 있을 수도 있습니다. 독자님들의 따뜻한 충고와 가르침을 기다리겠습니다.

그림을 그린 공동저자 이도순은 건축가로서 평생 설계에 몸담아왔으며 30대부터 40년 넘게 전국의 전통 건축을 지금도 답사하고 있습니다. 또 유근록은 설계사무실을 운영하며 한옥기술개발 연구진으로 참여해 많은 신한옥 작품을 남겼고 대학에서 후학 양성에도 힘쓰고 있습니다. 두 분의 꼼꼼한 그림 작성에 감사드립니다. 마지막으로 의미 있는 많은 건축 책을 출판한 도서출판 집. 좋은 책을 낼 수 있는 기회를 주셔서 감사합니다. 모두가 한마음으로 정기적으로 만나가며 즐겁게 작업할 수 있어서 고맙고 감사한 마음입니다.

2024년 12월에 함박골에서 김왕직 씀

1 기초부

지정과 기초

- 항토기초
- 토축기초
- 입사기초
- 적심석기초
- 말뚝지정

◎달고와 달고질

기단

- 토축기단
- 자연석기단
- 장대석기단
- 신한옥 기단

초석

- 자연석초석
- 방형초석
- 원형초석
- 다각형초석
- 두주초석
- 장주초석
- 활주초석
- 신한옥 초석

고맥이

- 토축고맥이
- 장대석고맥이
- 전축고맥이
- 와적고맥이
- 여모판고맥이
- 신한옥 고맥이

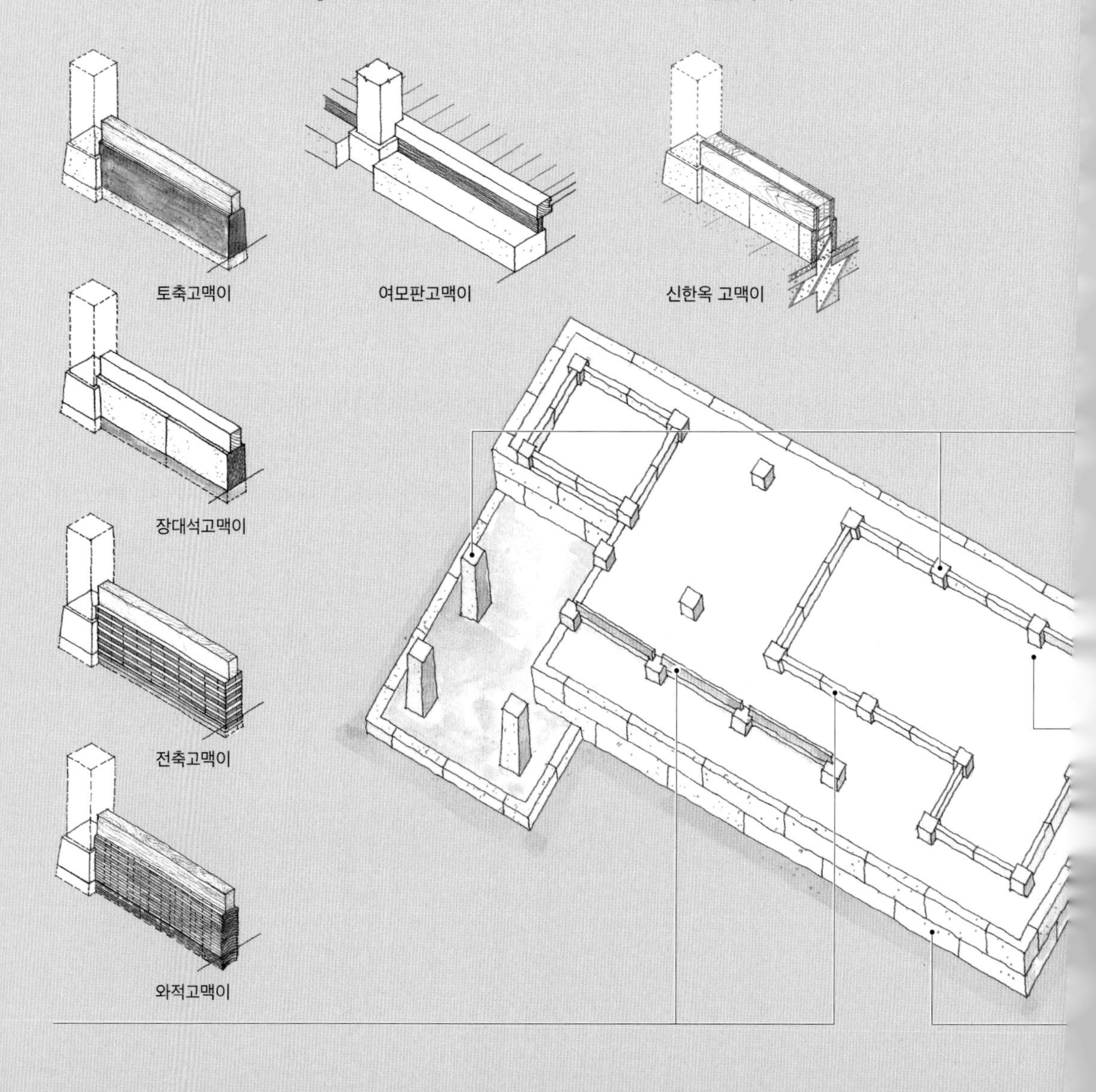

한옥의 기초부는 지정과 기초, 기단, 초석, 고맥이로 구성된다. 지정과 기초는 건물을 튼튼하게 유지해주는 역할을 하는 것으로 선조들도 매우 중요하게 생각했다. 《증보산림경제》(유중림 증보, 1766)에서는 "집을 지을 때는 반드시 기초를 먼저 다져야 하며 기초가 단단하지 않으면 오래지 않아 건물이 기울어 재물과 힘만 허비한다"(《증보산림경제》, 농촌진흥청, 2003, 37쪽)고 하였고, 《임원경제지》(서유구, 조선후기)에서도 "집을 지을 때 기초에 유의하는 것이 가장 중요하다는 것을 모든 사람이 알고 있어서 부유한 집에서는 번다한 비용을 아끼지 않는다"(안대회, 《산수간에 집을 짓고》, 돌베개, 2018, 203쪽)고 하여 기초의 중요성을 강조하였다.

기초부는 습기에 강한 재료를 사용하며 기단은 통풍을 원활하게 하고 빗물이 건물에 튀는 것을 막아준다. 기초를 만들 때는 단단하게 다져 구조적인 변형이 일어나지 않아야 하며 빗물의 침투로 인한 결빙으로 초석이 들고 일어나는 일이 없어야 한다.

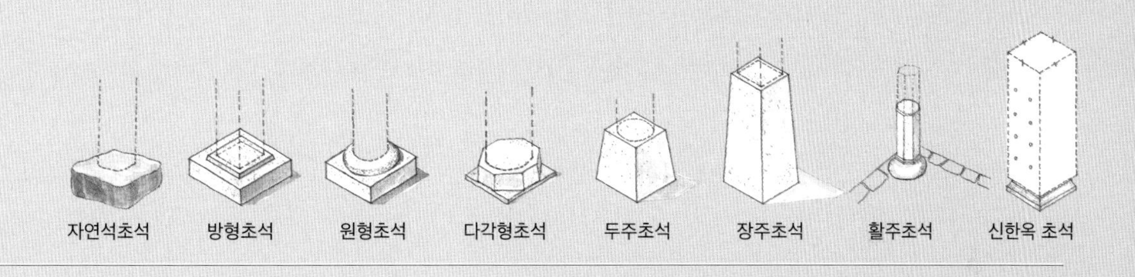

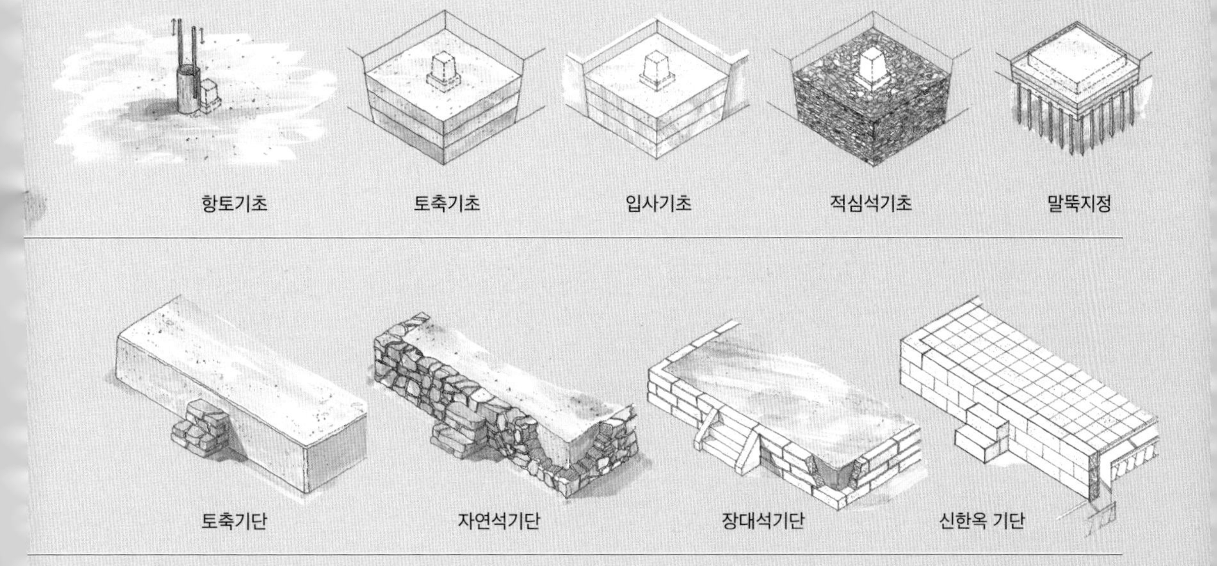

지정과 기초

지정은 집터 전체의 지반을 튼튼하게 하는 공정이며, 기초는 건물 기둥이 놓일 자리를 견고하게 하는 공정이다. 그러나 적심석이나 모래 등으로 넓게 지정하고 기초 없이 바로 초석을 놓는 경우도 있어서 지정을 별도로 구분하지 않고 기초로 통일하여 쓰기도 한다. 뻘과 같은 연약지반에서는 나무 말뚝을 촘촘히 막는 말뚝지정을 하는데 주로 한양도성에서 볼 수 있다.
지정은 연약한 지반을 개량하기 위해 하는 것으로 집터 전체에 하는 경우와 집 지을 자리에만 하는 경우가 있다. 지정은 집터뿐만 아니라 마당, 담장, 석축, 성곽의 성벽, 수문 등 건축 및 토목공사가 이루어지는 곳에서도 한다. 한양도성과 같이 뻘로 이루어진 지반에서는 말뚝지정을 주로 하고, 습기가 많은 연약지반에서는 적심석지정을 많이 한다.

건물을 지을 때는 기단 전체에 입사지정이나 토축지정을 하고 기둥이 놓일 자리는 다시 구덩이[궐지(闕地)]를 파고 적심석 등으로 기초를 한다. 궐지의 깊이는 《증보산림경제》에서는 5자(약 1.5m) 정도로 하는데 습하고 지반이 연약한 곳에서는 10자(약 3m) 정도로 하는 것이 좋다고 하였다.

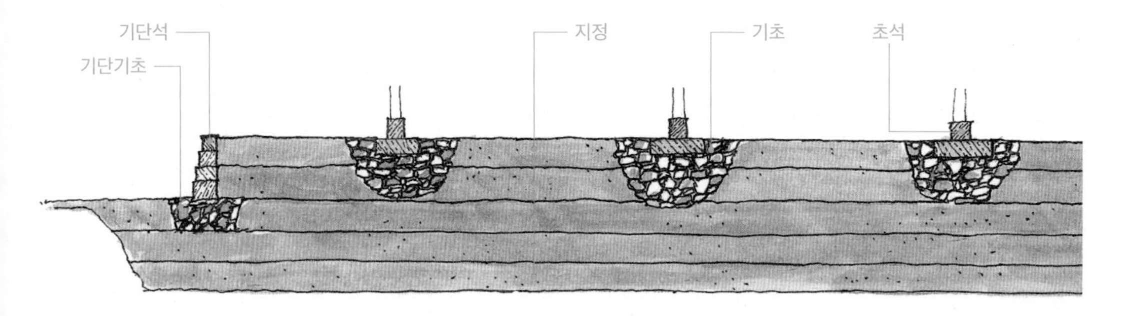

◉ 항토기초

항토는 '달고로 다진다'는 의미로 기초 웅덩이인 궤지를 파지 않고 초석이 놓일 자리를 달고로 다져 단단하게 하는 기초법이다. 가장 간단한 기초법으로 규모가 작고 하중이 크지 않은 건물에서 사용하였다. 특별히 궤지를 파지 않아도 될 정도로 지반이 튼튼할 경우에도 표면만 고르고 다져 기초하는 항토기초를 사용했다. 그러나 부속 건물이나 작은 건물 외에는 많이 사용하지 않았다.

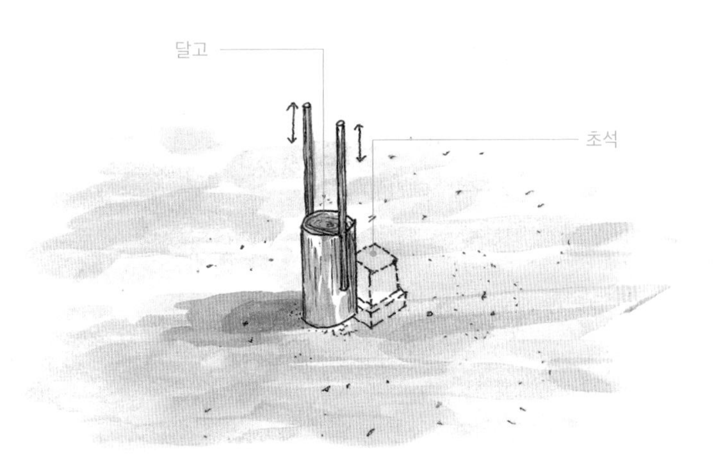

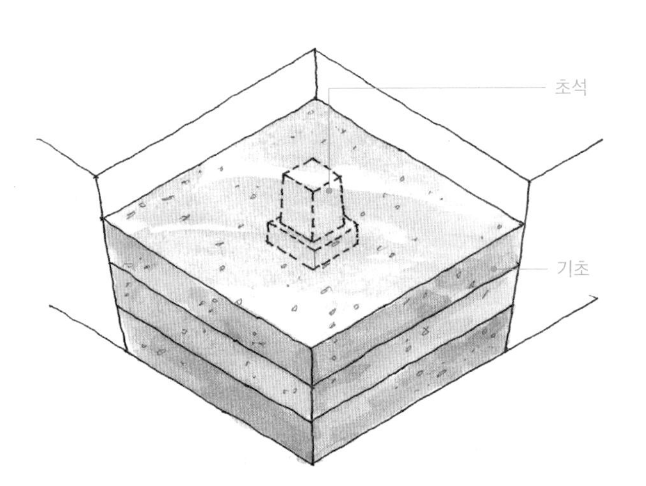

◉ 토축기초

토축기초는 황토를 여러 층으로 나눠 달고로 다져 쌓아 올라가는 기초법이다. 모래나 석비레(黃沙)가 없는 지역에서 사용하는 것으로 마른 황토는 다져지지 않으므로 물을 뿌려가면서 다진다. 이를 판축법이라고 하는데 판 하나의 두께는 7~8치(약 21~24cm) 정도로 하고 다졌을 때 그 반 정도의 두께가 된다.

◉ 입사기초

입사는 황토 대신에 모래를 사용하는 기초로 뻘처럼 습기가 많은 곳이나 성벽과 같이 하중이 많은 건축물의 기초로 사용한다. 모래는 입자가 작은 세사를 사용하는 것이 좋지만 세사를 구할 수 없는 곳에서는 석비레를 사용한다. 모래와 황토, 모래와 적심석, 황토와 적심석을 교대로 쌓기도 한다. 이 기초법을 교전교축법(交塡交築法)이라고 하며 모래는 물을 뿌려가면서 다지는 것이 최상이다.

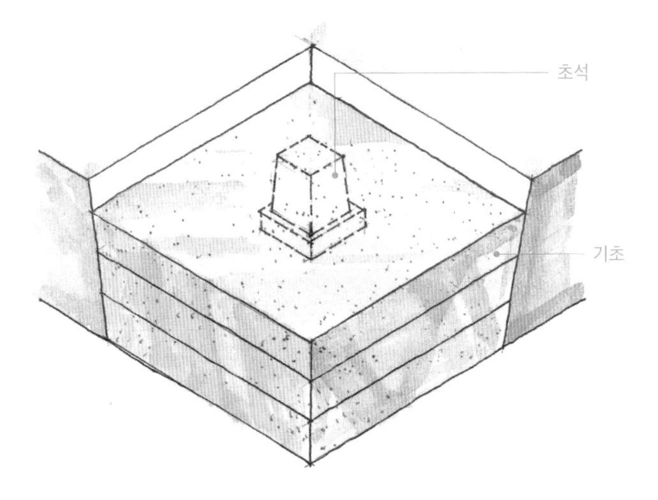

◉ 적심석기초

적심석기초는 자연석을 층층이 다져 쌓아 올라간 기초를 가리킨다. 자연석은 산석을 사용하며 크기는 서로 다른 것을 섞어 사용하는 것이 좋다. 산석을 구하기 어려운 강가에서는 강돌을 사용하기도 했는데 이 경우 돌이 서로 미끄러지는 단점이 있다. 적심석은 큰 달고로 다졌는데 일반적으로는 적심석만으로 기초를 하지 않고 적심석 사이에 모래층을 두는 교전교축법을 사용했다.

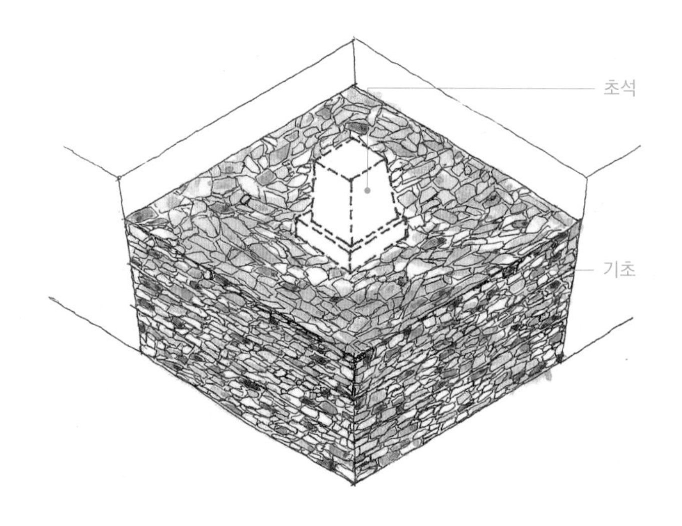

◉ 말뚝지정

나무말뚝을 박아 지반의 내력을 보강한 지정을 가리킨다. 현대에는 콘크리트나 쇠말뚝을 사용하기도 한다. 말뚝지정은 말뚝을 암반이나 원지반까지 내려 상부 하중이 직접 전달되도록 하는 것이 원칙이지만 원지반이 너무 깊을 경우는 말뚝을 촘촘히 박아 마찰력에 의해 지지하도록 하기도 한다. 나무말뚝은 부식이 염려될 것으로 생각되지만 땅속에는 산소가 없어서 썩지 않는다. 한양도성의 경우 습지가 많은 연약지반이기 때문에 건물터 전체에 나무말뚝을 박아 지정한 구간이 많다.

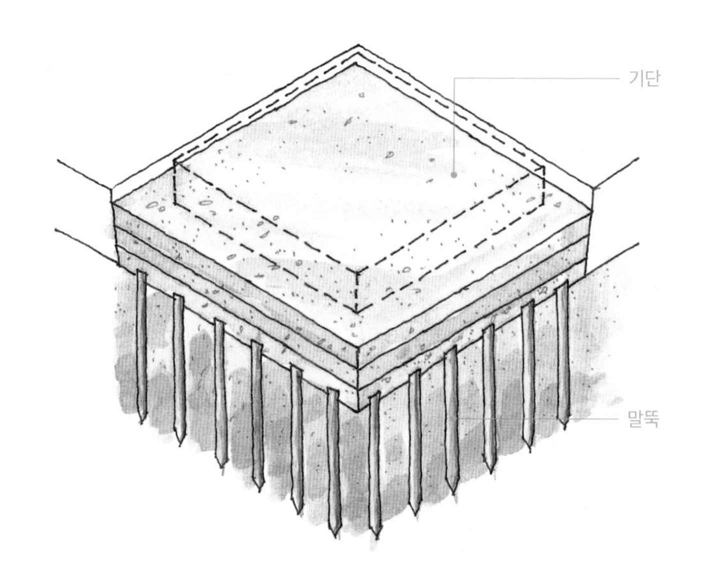

시전행랑

달고와 달고질

지정이나 기초공사할 때 사용하는 전통 도구를 '달고'라고 하고 그 행위를 '달고질' 또는 '지경닫기'라고 한다. 달고는 재료에 따라 나무달고, 돌달고, 쇠달고가 있는데 나무달고를 가장 많이 사용한다. 공사의 규모가 클 경우에는 돌달고나 쇠달고를 사용한다. 나무달고는 1~4인 정도가 사용하고 돌달고와 쇠달고는 11인이 한 조를 이룬다. 10명이 동시에 줄을 잡고 달고를 들었다 내리며 작업을 하는데 호흡이 맞아야 해서 한 사람은 북을 치며 장단을 맞추는 소리꾼 역할을 한다. 지경닫기 노래가 전국에 남아 있다.

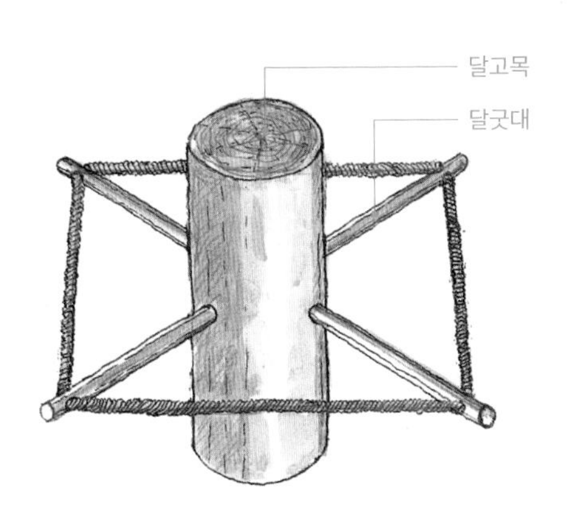

◉ **나무달고**

나무달고는 대개 2인 또는 4인이 동시에 사용할 수 있도록 만드는데 달고목과 달굿대로 구성된다. 달고목은 굵은 통나무를 사용하며 여기에 손잡이를 단 것이 달굿대이다. 수원화성 공사에서는 달굿대를 달고목에 '十'자로 꽂아 줄을 맨 달고가 사용되었다.

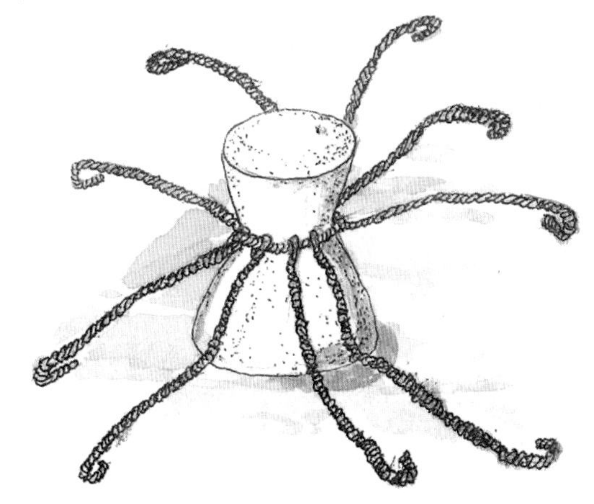

◉ **돌달고**

돌은 절구공이처럼 허리를 잘록하게 만들고 여기에 여러 가락의 줄을 맨 달고이다. 돌달고는 무거워서 10명 정도가 동시에 작업하는 것이 보통이다. 성곽이나 대규모 건축공사에 사용했으며 일반 민가 공사에서는 잘 사용하지 않는다.

◉ **몽둥달고**

긴 몽둥이로 만든 1인용 나무달고를 몽둥달고 또는 손달고라고 부른다. 달고의 길이는 어느 정도 무게가 있어야 해서 달고목은 사람 키를 넘는 것이 보통이다. 가운데 손잡이 부분은 얇게 하여 마치 절구공이처럼 만들어 잡기 쉽게 했다.

기단

기단은 지면으로부터 띄워 만든 단을 가리키는 것으로 건물이 앉는 토대가 된다. 기단은 목조 건축인 한옥에서는 필수적인 것으로 궁궐, 관아, 사원, 살림집 등 용도 구분 없이 모두 사용되었다. 그러나 일본의 살림집에서는 기단이 없는 것이 일반적이며 사원에서도 흙으로 기단을 만들고 회를 발라 마감한 정도를 많이 볼 수 있다. 궁궐에서는 석재기단을 사용하였는데 이처럼 특정 건물에만 석재기단을 사용한 것은 단단한 화강석의 생산이 많지 않았기 때문이다.

기단은 지면으로부터 건물을 높여주어 통풍과 채광을 원활하게 한다. 또 낙숫물이 건물에 들이치는 것을 막아 목재를 썩지 않게 하고 건물이 오래갈 수 있게 한다. 기단은 사용되는 재료에 따라 여러 종류가 있다.

◉ 토축기단

토축기단은 진흙으로 쌓은 기단을 일컫는 것으로 죽담이라고도 한다. 흙으로만 쌓을 경우 약하기 때문에 돌 또는 기와편을 섞어 쌓기도 하며 목심을 박아 보강하기도 한다. 작은 살림집에서 볼 수 있었으나 지금은 사례가 남아 있지 않다. 기단 상부는 황토앙금으로 맥질을 하여 표면을 보호하고 농작업에 이용하기도 했다.

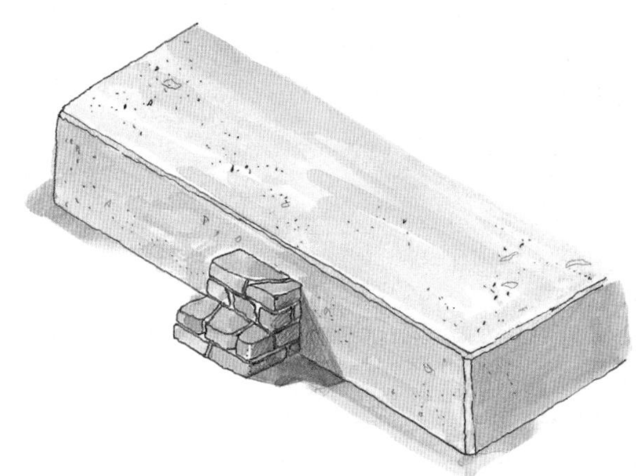

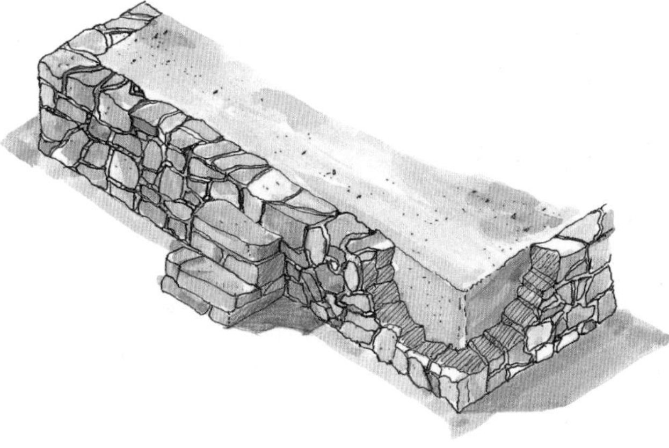

◉ 자연석기단

주변에서 구할 수 있는 산석을 이용해 쌓은 기단을 가리킨다. 살림집에서 가장 많이 사용했던 기단으로 기단석은 아래가 굵고 위로 갈수록 작은 것을 사용한다. 자연석은 길이 방향으로 눕혀서 안정감 있게 쌓았으며 때로는 부분적으로 그렝이질을 해 맞추기도 했다.

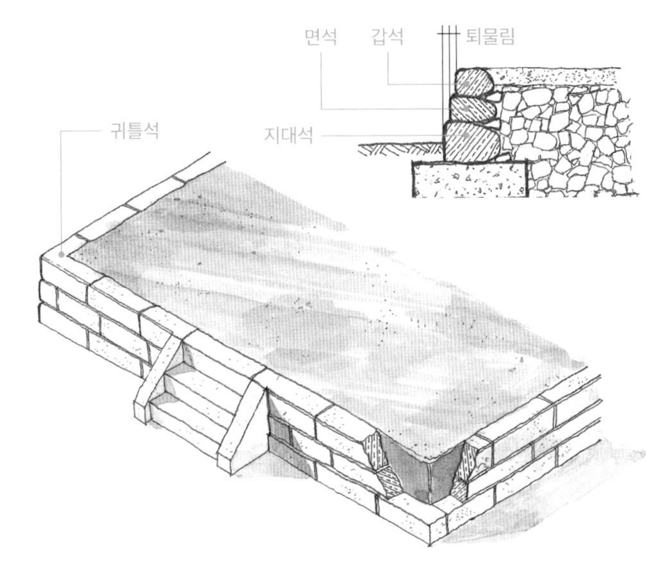

◉ 장대석기단

방형 단면에 길이가 있는 장대석을 이용해 쌓은 기단을 가리킨다. 장대석은 가공석이기 때문에 시대에 따라서는 살림집에서 사용을 금하기도 했다. 대개 경제적으로 여유가 있고 지위가 있는 살림집에서 사용했으므로 사례가 많지는 않다. 장대석의 길이는 일정치 않으며 세로 줄눈을 맞추지 않고 쌓는 것이 특징이다. 상단 기단석은 하단석보다 약간 들여 쌓는다. 이를 퇴물림이라고 하는데 한국에서 돌을 쌓을 때 사용하는 중요한 기법의 하나이다.
장대석기단의 모서리 기단석은 'ㄱ'자형을 사용해 기단 모서리가 벌어지는 것을 방지해준다. 이를 귀틀석이라고 하는데 이것 또한 한국건축 기단의 특징 중 하나이다.

◉ 신한옥 기단

신한옥에서는 지정과 기초를 콘크리트로 하는 경우가 많다. 건물이 작은 경우는 독립 기초보다는 온통기초가 경제적이어서 기단까지 포함해 한번에 기초를 친다. 다만 기단과 건물 바닥은 높이 차이가 있기 때문에 이를 고려해야 한다. 규모가 크면 줄기초를 하기도 하는데 이때는 주선 밖으로 기단 선이 나가기 때문에 기단기초를 별도로 한다.
현대 한옥에서는 내진성, 침하, 강도 등을 고려할 때 전통의 지정과 기초법은 사용하기 힘들다.
기단석의 종류도 현대는 가공석인 장대석이 자연석보다 구하기도 쉽고 경제적이어서 대부분 장대석기단으로 하는 것이 보통이다. 기단 상부 바닥도 강회다짐이나 방전을 까는 것보다 내구성과 경제성을 고려하여 판석으로 하는 경우가 많다. 기단은 한옥의 이미지를 형성하는 큰 부분을 차지하지만 무장애가 필수인 지금의 현실과 벽체의 내구성 및 내풍성이 보완된 신한옥에서는 기단을 생략하는 방안도 고려되어야 한다.

예닮헌,
은평한옥마을

초석

초석은 기초 위에 놓여 기둥을 받치고 있는 부재이다. 초석은 지면 습기가 기둥에 전달되는 것을 막아주기도 하고 기둥을 타고 내려온 건물 하중을 지면에 잘 분산시켜 전달하는 역할도 한다. 《증보산림경제》에서도 주춧돌의 중요성을 강조하였으며 기울거나 물이 들어가 얼지 않도록 놓아야 한다고 하였다. 규모가 큰 건물에서는 초반과 초석이 별도로 분리되어 있어서 초반은 땅속에 묻히고 초석만 지상에 노출되었는데 살림집에서는 초반과 초석이 구분되어 있지 않아 초석의 일부를 지면 밑으로 약간 묻히게 설치한다. 초석에서 기단 끝까지는 경사를 주어 비가 들이쳐도 바로 배수될 수 있도록 하는 것이 중요하다.

초석은 자연석초석과 가공석초석으로 크게 나눌 수 있는데 자연석초석을 덤벙주초라고도 부르며 가공석초석은 그 모양에 따라 다양한 이름으로 부른다. 초석의 재료는 풍화에 강한 돌이 주로 사용되었는데 자연석초석은 주변에서 구하기 쉬운 것을 사용했고, 가공석초석은 화강석이 많다.

◉ 자연석초석

자연석초석은 주변에서 흔히 구할 수 있는 산석을 사용했다. 강돌은 미끄럽고 찬 성질이 있다고 해서 집 짓는데는 잘 사용하지 않았다. 기둥이 놓이는 부분을 살짝 평평하게 다듬어 사용하기도 하지만 대개는 생긴 그대로 사용한다. 자연석의 높낮이에 따른 모양과 기둥 하부를 맞춰주기 위해서 그렝이라는 기법을 사용한다. 그렝이를 떠서 기둥을 세우면 가공석 초석보다 기둥의 뒤틀림과 이동에 강하다.

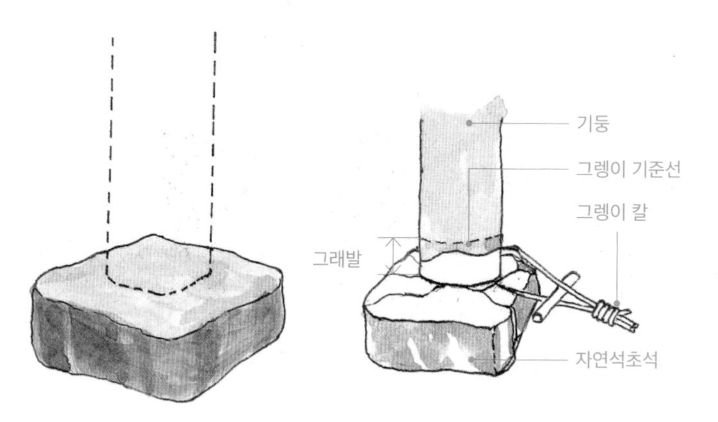

화순 학재고택

◉ 방형초석

가공석초석의 일종으로 네모지게 다듬은 초석을 가리킨다. 초석 전체를 방형으로 가공하는 경우와 기둥이 놓일 운두 부분만 방형으로 하는 경우가 있다. 주로 네모기둥이 놓이는 곳에 사용하며 살림집에서는 많지 않다. 사찰과 궁궐 등 격식 있는 건물에서 주로 사용한다.

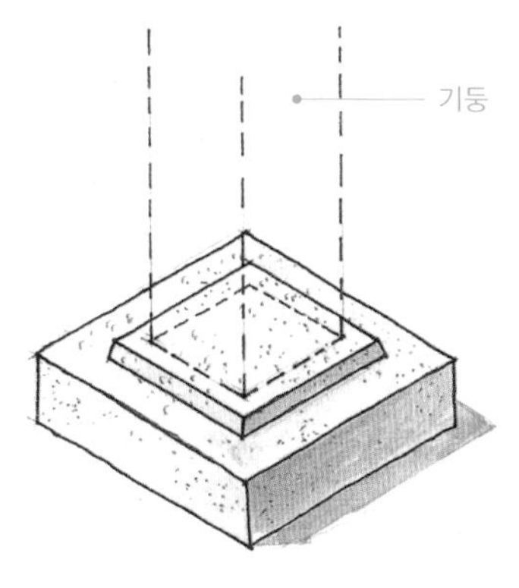

안동 하회마을 염행당 고택

◉ 원형초석

가공석초석의 일종으로 둥글게 다듬은 초석을 가리킨다. 원형초석은 초석 전체를 둥글게 다듬은 것보다는 하부는 방형으로 하고 기둥이 놓이는 운두 부분만 원형으로 하는 경우가 많다. 원형 기둥에 주로 원형초석을 사용하는데 방형초석과 마찬가지로 살림집에서는 사용한 예가 많지 않다.

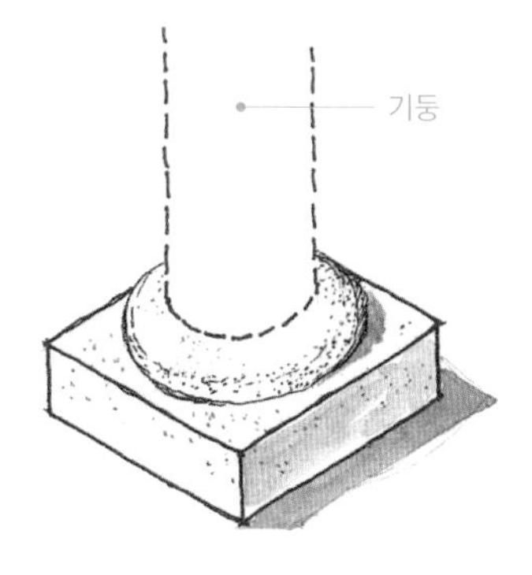

영천 만취당 고택

◉ 다각형초석

운두 부분을 육각이나 팔각으로 다듬은 초석을 말한다. 장식 효과가 있으며 육모기둥이나 팔모기둥이 놓일 때 사용하지만 원기둥이나 활주 등에 쓰이기도 했다. 살림집에서 사용한 예는 많지 않은데 보은의 우당고택 안채에서 팔모초석을 볼 수 있으며 경복궁 향원정에서 육모초석의 사례를 볼 수 있다.

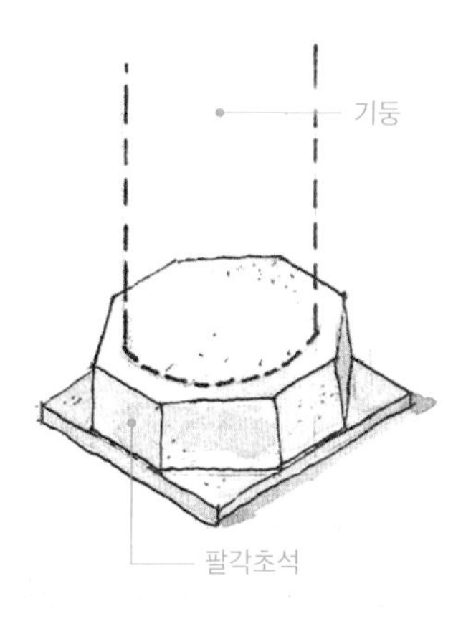

진주 수졸재

보은 우당고택 안채

◉ 두주초석

일명 사다리형초석이라고 불러왔으나 조선시대 건축보고서인 《의궤》에 두주초석(斗柱礎石)이라는 명칭이 있으므로 앞으로는 이 명칭을 사용하는 것이 좋겠다. 평면은 방형이며 입면은 위가 좁고 아래가 넓은 사다리형이다. 조선시대 살림집에서 자연석초석을 제외하고는 가장 많이 사용된 초석이다. 가공석초석으로는 가장 단순하면서도 안정된 초석이라고 할 수 있다. 기둥 직경보다는 사방으로 한 치정도 크게 하여 안정감을 주었다.

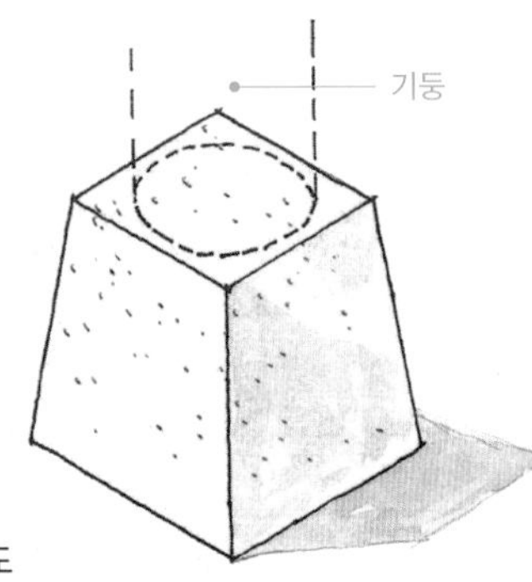

화성 정시영 고택

◉ 장주초석

장주초석은 초석의 높이가 특별히 높은 초석을 말한다. 누마루 하층 같은 경우는 지붕이 높기 때문에 빗물에 노출되기가 훨씬 쉽다. 따라서 돌기둥을 사용하지 않으면 초석의 높이를 높여 이를 보완하였다. 사랑채에는 누마루 한 칸 정도가 만들어지는 것이 일반적인데 이때 누마루 하단에 장주초석을 사용했다. 장주초석의 모양은 두주초석과 같은 사다리형이 일반적이다.

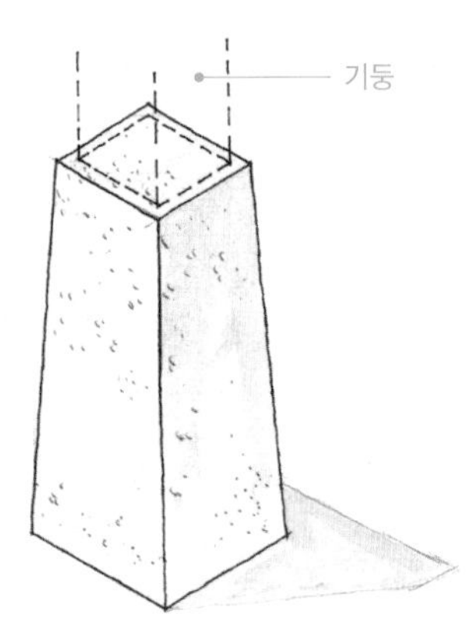

아산 윤보선 대통령 생가

◉ 활주초석

추녀를 받치고 있는 활주 밑에 놓인 초석이다. 활주는 추녀의 처짐을 방지하기 위한 것으로 살림집은 건물의 규모가 작아 잘 사용하지 않는다. 활주초석은 기단의 모서리에 놓이며 사방이 노출되어 있다. 이동에 걸림돌이 될 수 있기 때문에 초석의 규모가 작고 형태는 매우 자유로운 것이 특징이다.

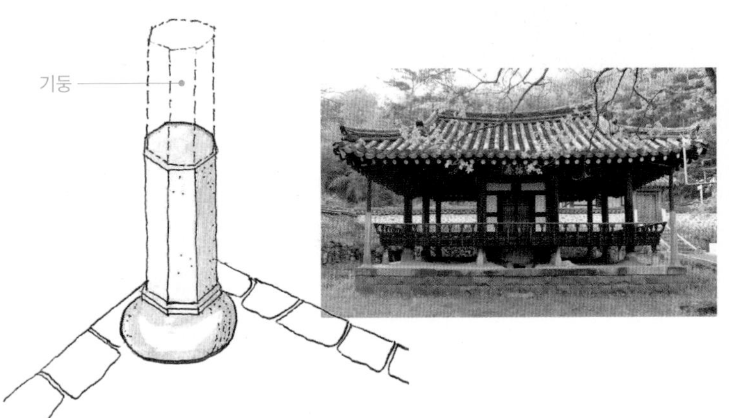

진주 수졸재

집성목 기둥

초석

◉ 신한옥 초석

신한옥 초석은 기단과 함께 장기적으로는 사용하지 않는 방안이 강구되어야 한다. 전통 한옥과 같은 방식으로 초석을 사용하면 내진구조를 만들 수 없고 초석 주변 마감공사가 복잡해 공사비가 올라갈 수 있다. 신한옥 초석은 화강석 방형초석이 보편적으로 사용되었는데 높이가 낮은 초석은 중앙을 관통하는 구멍을 뚫고 철물로 기초와 기둥 하부를 연결해 내진 성능을 확보했다. 장초석의 경우는 초석을 관통하여 뚫기 어려우므로 기초와 초석 하부를 연결하는 철물과 초석과 기둥하부를 연결하는 철물을 분리하여 설치하였다.

대경간으로 만들어진 처인성 역사교육관의 내부 고주의 경우에는 초석의 높이를 최대한 낮추고 폭도 기둥 직경 이하로 했다. 직경을 작게 한 것은 사방으로 노출된 기둥이기 때문에 이동에 장애가 되지 않도록 하기 위함이다. 높이를 최대한 낮춘 것은 시각적으로 투박하고 무거운 느낌을 주지 않고 최소한으로 습기를 차단하기 위함이다.

단초석

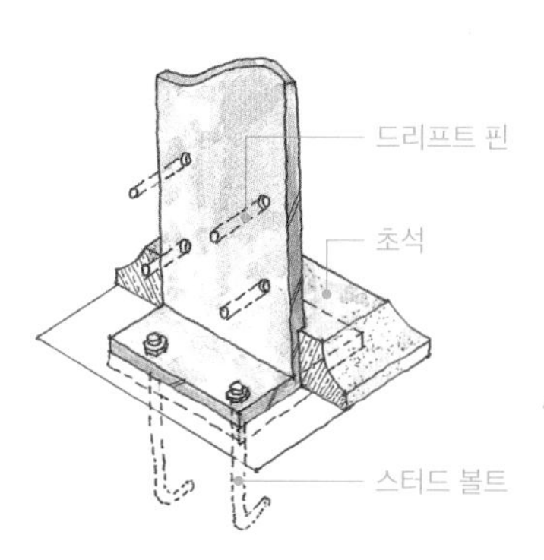

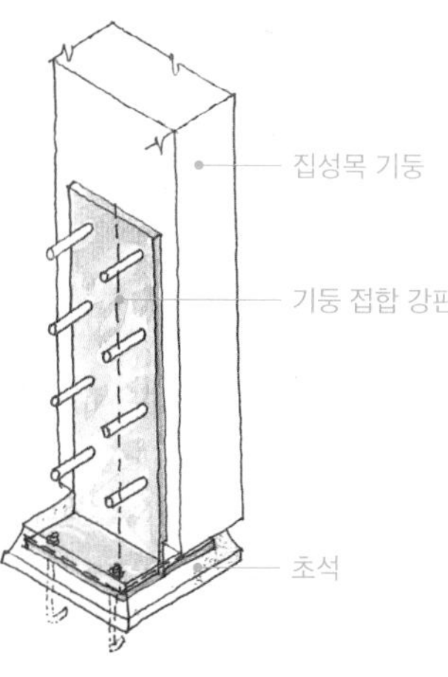

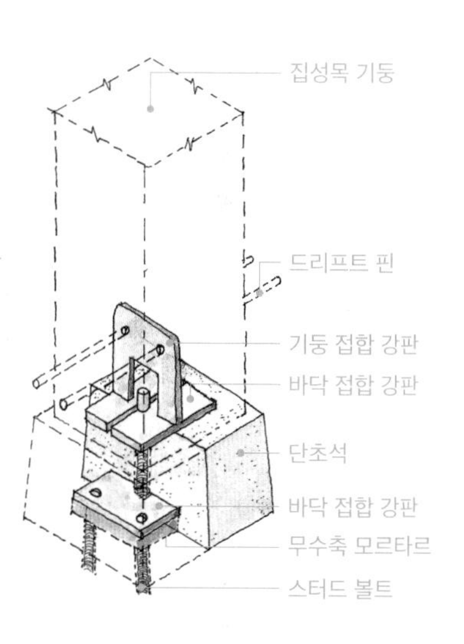

처인성 역사교육관

장초석

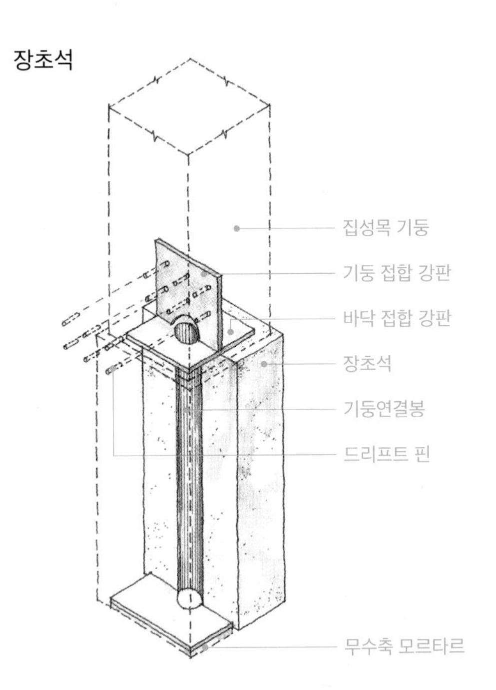

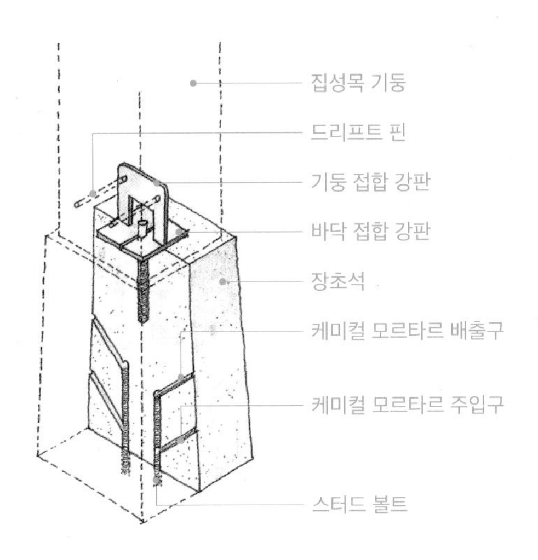

처인성 역사교육관

고맥이

고맥이는 기단 상부에서 하방 하단 사이의 공간을 말한다. 고맥이의 높이는 고려 이전에는 초석 높이와 같았으나 마루가 보편화되는 조선시대에는 마루를 따라 하방이 높아져 초석 높이보다 높아졌다. 고맥이는 초석이 기둥을 받치듯이 하방을 받치는 것으로 고맥이의 재료와 처리 방법에 따라 하방에 영향을 준다. 고맥이는 하방에 직접 닿아 있기 때문에 습기를 전달해 하방 부식의 원인이 되기도 한다. 따라서 하방은 해충의 칩입을 막는 것도 중요하지만 하방에 습기를 전달하지 않도록 설계해야 한다. 전통 한옥에서 인방재는 기둥을 좌우로 연결하여 횡하중에 대한 내력을 담당하였다. 하지만 신한옥에서는 다양한 방법으로 구조보강이 가능하기 때문에 하방을 생략하거나 부식에 강한 석재 등으로 대체할 필요성이 있다. 마루 전면의 공간에 설치하는 고맥이의 경우에는 마루 하부가 습기에 의해 썩지 않도록 통풍구 설치에 신경을 써야 한다.

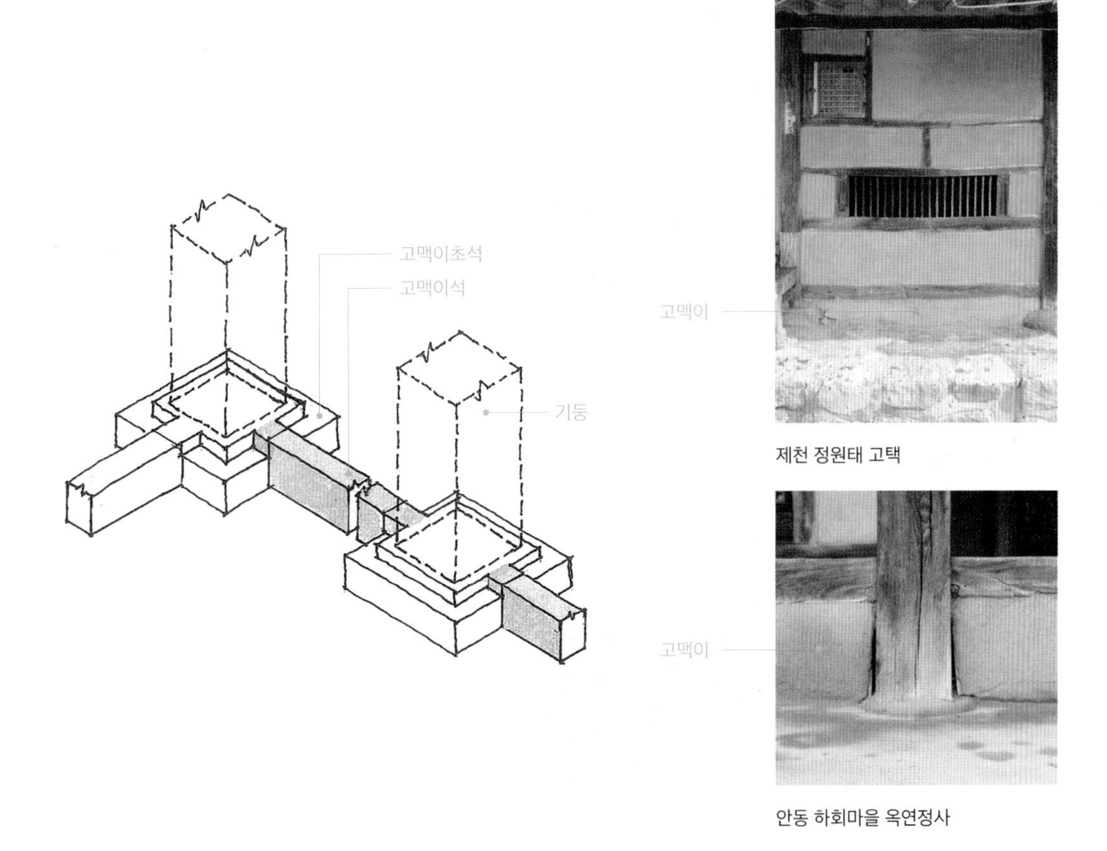

제천 정원태 고택

안동 하회마을 옥연정사

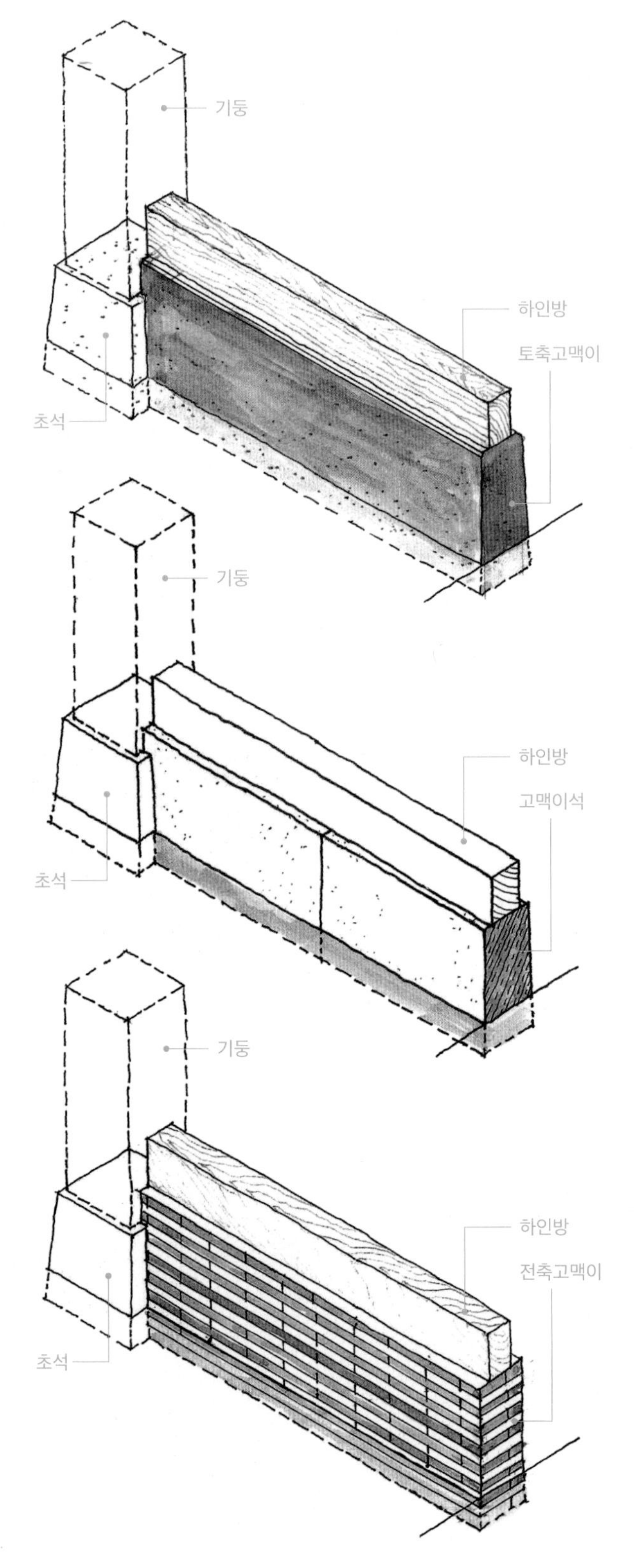

◉ 토축고맥이

고맥이 부분을 당골막이처럼 진흙으로 막은 것이다. 가장 손쉽게 만들 수 있지만 진흙은 습기에 약하고 내구성이 없기 때문에 수명이 짧다. 또 습기로 하방을 쉽게 부식시키기 때문에 많이 사용하지는 않았다.

◉ 장대석고맥이

장대석 또는 판석으로 고맥이 부분을 막은 것이다. 내구성이 강하고 하방에 습기를 전달하지 않는 장점이 있으나 전통 한옥에서는 고급스럽고 비싼 재료여서 거의 사용하지 않았다. 상대적으로 신한옥에서는 다른 고맥이에 비해 축조에 소요되는 인건비가 상대적으로 저렴하여 많이 사용한다.

◉ 전축고맥이

전통의 검은 벽돌을 사용하여 만드는 조적식 고맥이이다. 바닥에 까는 방전과 색과 질감이 같아 잘 어울리는 고맥이로 상류층 살림집에 주로 사용하였다. 현재는 조적식 공법은 인건비가 상대적으로 많이 소요되기 때문에 잘 사용하지 않는다.

◉ 와적고맥이

한옥에서 기와는 자주 교체되기 때문에 폐기되는 와편이 많이 발생한다. 이러한 와편을 이용해 담도 쌓고 고맥이도 만든다. 폐기재료의 재활용이라고 할 수 있는데 와적고맥이는 진흙을 사용해 쌓기 때문에 토축고맥이보다는 덜하지만 하방에 습기의 영향을 비교적 많이 준다.

◉ 여모판고맥이

여모판은 막음 판재를 지칭하는 것으로 청판 고맥이를 가리킨다. 만들기 수월하고 조각 등으로 장식 효과도 줄 수 있는 장점이 있으나 부식에 약하다는 것이 단점이다. 여모판고맥이는 하단 좌우에 당초 등을 새기거나 기하학적 문양의 통풍 구멍을 내기도 한다.

◉ 신한옥 고맥이

신한옥 고맥이는 온통기초나 줄기초 콘크리트 측면에 붙임 형식으로 만든다. 재료는 내구성과 시공성이 뛰어난 화강석 판석을 주로 사용한다. 하방을 목재로 할 경우 고맥이와 하방의 접촉면에서 습기에 의한 부식이 발생할 수 있으므로 줄기초에 목재 토대를 설치할 때와 같이 공간을 이격시켜주는 부속을 사용하고 부속 사이를 막아주는 특수망을 설치하는 것이 바람직하다. 하방을 생략하는 방안과 디자인을 위해 필요하다면 내구성 재료로 만든 하방을 장식으로 처리하는 방안이 강구되어야 한다.

예닮헌, 은평한옥마을

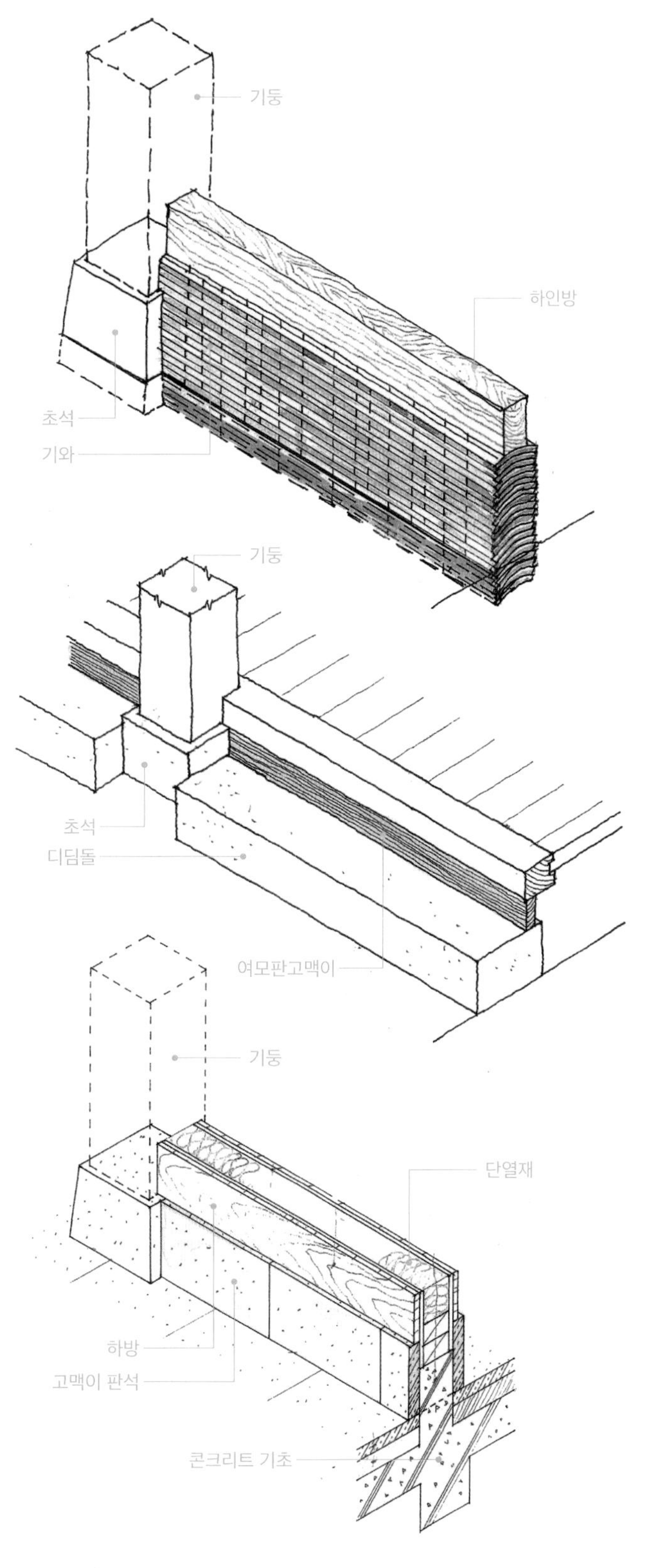

2 가구부

가구를 구성하는 부재

- 기둥
- 보
- 도리
- 화반
- 대공

가구 형식

- 2량가
- 3량가
- 5량가
- 평사량가
- 반오량가
- 신한옥

가구 구성 사례

- 3량가 우진각
- 3량가 맞배
- 2평주5량가 +1고주5량가 팔작
- 2평주5량가 +3평주5량가 팔작
- 평사량가 맞배
- 반오량가 맞배
- 신한옥

가구부의 결구

- 기둥머리 결구
- 보 결구
- 도리 결구
- 신한옥 가구부의 결구

◎결구의 종류

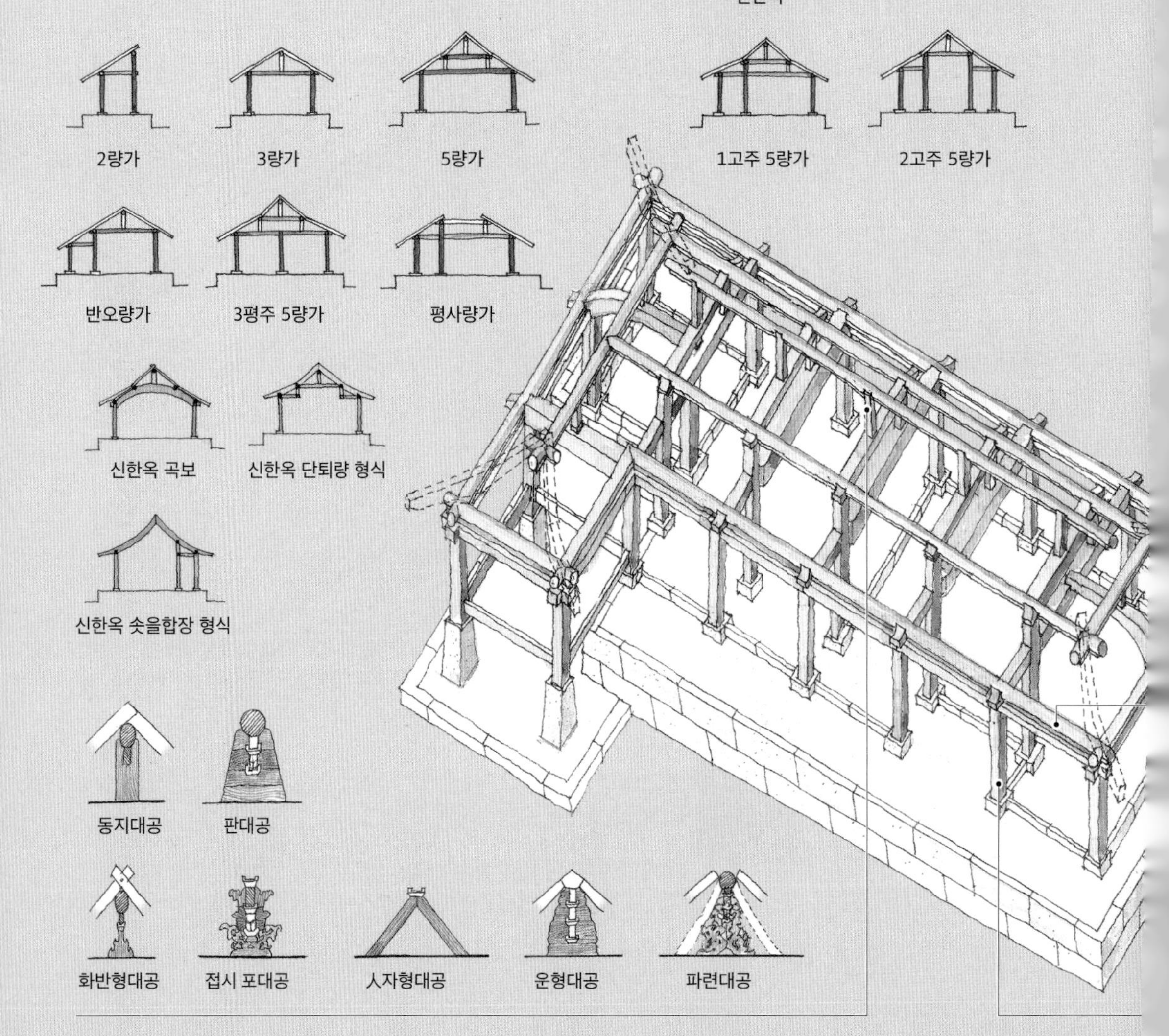

가구(架構)는 건물을 구성하는 뼈대를 가리킨다. 한옥에서 가구를 구성하는 부재로는 기둥과 보, 도리가 대표적이며 이들을 연결해주는 대공과 화반, 공포 등이 있다. 가구는 건물에 발생하는 하중을 지면에 잘 전달하여 건물을 안정화하는 역할을 하며 가구 형식은 건물의 규모와 평면에 따라 다르게 구성한다. 가구는 재료의 구조적 성능, 시공의 효율성 등이 함께 고려된 것으로 볼 수 있으며 재료가 달라지면 가구 형식도 달라질 수 있다.

한옥의 재료는 목재이기 때문에 한옥의 가구는 목재의 특성이나 성능과 깊은 관계가 있다. 특히 살림집은 주변에서 쉽게 구할 수 있는 재료를 사용하기 때문에 목재의 길이, 단면 두께 등의 제약이 있고 중장비를 사용하지 않고 인력으로 구축할 수 있는 정도의 범위에서 가구 형식이 결정된다고 할 수 있다. 그러나 신한옥은 현대적인 재료와 장비를 사용하기 때문에 얼마든지 규모를 극복할 수 있는 가구 형식을 새롭게 개발하여 사용할 수 있다. 다만 그 정체성이 문제가 된다. 가구 형식에서도 우리의 고유한 정체성이 담기면 한식이라고 할 수 있지만 그렇지 않고 서양식 가구 형식을 그대로 수입해 사용한다면 한국 땅에 지어진 건물이라도 양식으로 보아야 한다.

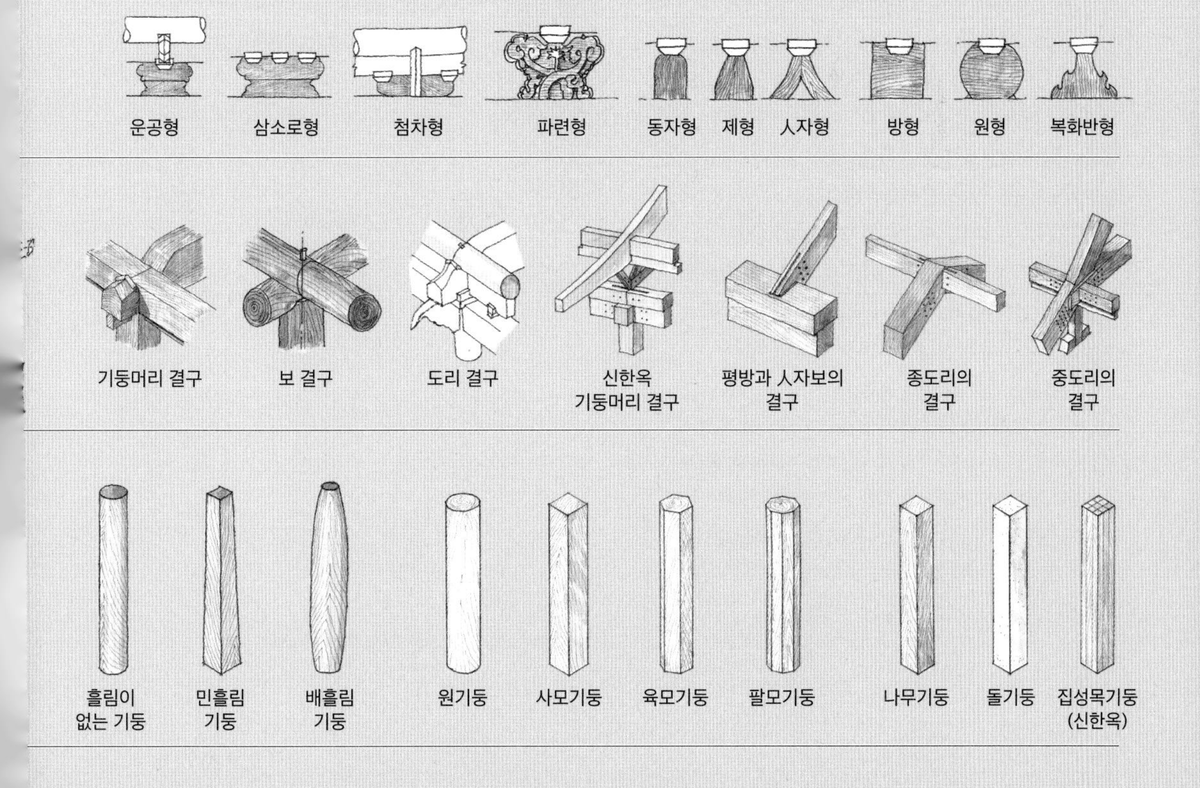

가구를 구성하는 부재

가구는 한옥을 구성하는 뼈대를 이르는 것으로 수평 하중을 지지하는 부재와 수직 하중을 지지하는 부재로 구분할 수 있다. 기둥은 건물의 모든 수직 하중을 받는 부재로 가장 중요한 구조부재이다. 한옥은 모서리 추녀 부분의 하중이 크기 때문에 이를 고려해야 하고 처마가 있어서 하중의 균형을 이루도록 하는 것이 필요하다. 화반은 처마도리의 중간에 배치하여 서까래에서 내려오는 하중을 등분포로 기둥에 전달하는 역할을 하고 처마도리의 중간 처짐을 방지해준다. 대공은 종도리를 받는 부재로 서까래의 용마루 쪽 수직 하중을 지지하는 역할을 한다. 수평 하중은 보와 도리가 담당한다. 서까래의 하중을 먼저 도리가 받고 도리의 하중은 보에 전달되어 기둥으로 흐르게 된다. 목재는 압축보다는 전단에 약하기 때문에 기둥과 도리의 구조 성능에 따라 기둥 간격에 영향을 미친다.

◉ 기둥

기둥은 가구를 구성하는 부재 가운데 수직 하중을 담당하는 부재로 주로 압축력이 작용한다. 압축력은 석재도 매우 강하기 때문에 돌기둥을 사용해도 구조적으로는 아무 문제가 없다. 그러나 재료 구입 및 가공의 용이성 등으로 인해 한옥에서는 주로 목재를 사용했는데 그중에서 한국인이 가장 좋아하는 소나무를 주로 사용했다.

기둥은 대개 방형과 원형을 사용했으며 특수하게 육모와 팔모기둥도 있다. 살림집에서는 원기둥을 사용하지 못하도록 하는 법적 규제도 있고 벽과의 연결부분 처리도 용이하여 방형기둥을 주로 사용했다. 원기둥은 벽체와 만나는 부분에 벽선을 반드시 사용해야 하지만 방형은 바로 벽을 붙일 수 있기 때문에 간단하다. 하지만 방형도 부식 방지를 위해서는 벽선을 사용하는 것이 좋다. 방형기둥은 7~8치 규격이 주로 사용되었고 높이는 10자 정도이다. 기둥 직경은 간격과의 비례로는 1/10~1/12 정도이다. 원기둥은 벽과 만나지 않는 대청과 전퇴 등에 사용하는 것이 좋다. 원기둥은 1자 또는 1자 1치 정도를 사용한다. 방주와 같이 7~8치를 사용하면 시각적으로 훨씬 얇아 보인다.

기둥은 또 시각적인 안정감을 위해 아래와 위의 직경을 다르게 하는데 이를 흘림이라고 한다. 보통 각기둥은 위로 올라갈수록 점차 직경을 작게 하는데 이를 민흘림이라고 한다. 원기둥은 아래에서 1/3 지점에서부터 위와 아래로 갈수록 직경을 작게 하는데 이를 배흘림이라고 한다.

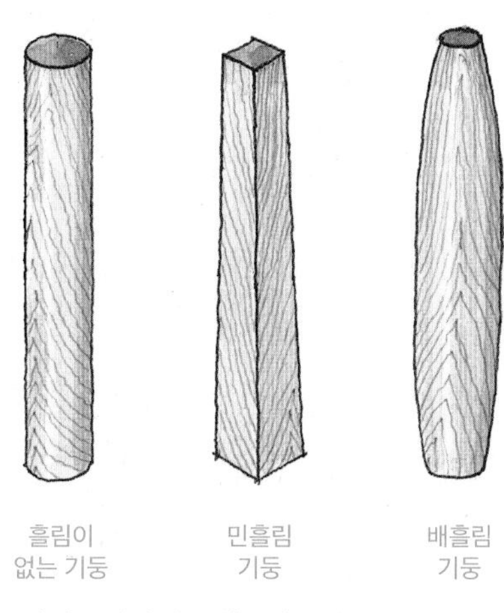

입면 모양에 따른 기둥의 종류

귀솟음과 안쏠림

귀솟음은 가운데 기둥보다 양쪽 추녀 쪽으로 갈수록 기둥 높이를 높여주는 것을 말한다. 귀솟음이 없으면 양쪽 어깨가 처져 보이기 때문에 이를 보완하기 위함이다.

귀솟음을 할 경우 도리는 수평이기 때문에 창방의 좌우 폭을 달리하여 높이를 조정하게 된다. 그리고 창방과 기둥의 맞춤이 수직이 아니기 때문에 치목이 까다롭다. 안쏠림은 오금이라고도 하며 기둥머리를 안쪽으로 조금씩 들여주는 것을 말한다. 그러나 주칸의 기준은 기둥머리이기 때문에 실제로는 기둥뿌리를 약간씩 밖으로 벌려 안쏠림을 하는 것이 일반적이다. 안쏠림을 하면 기둥이 위로 갈수록 벌어져 보이는 착시현상도 교정할 수 있고 구조적으로 좀 더 안정적이다.

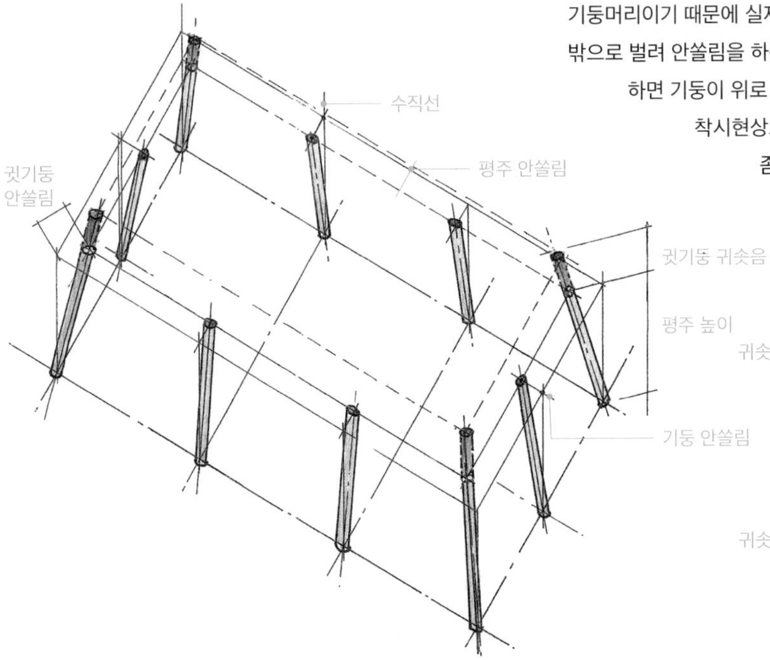

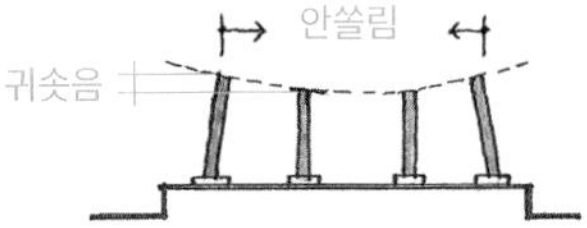

수직선
평주 안쏠림
귓기둥 안쏠림
귓기둥 귀솟음
평주 높이
기둥 안쏠림
안쏠림
귀솟음
정면도 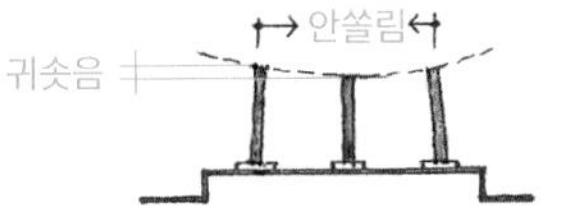
안쏠림
귀솟음
측면도

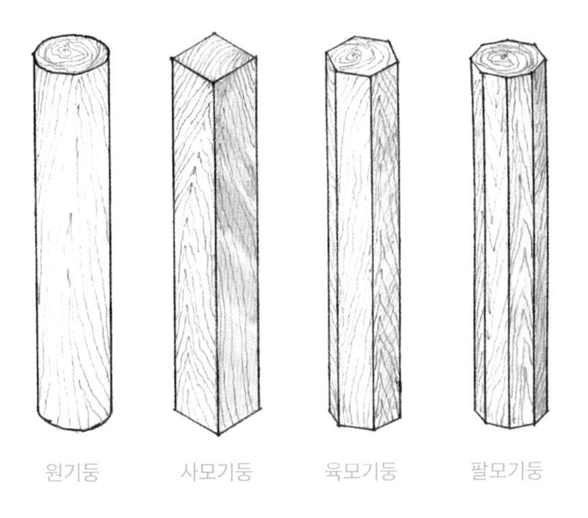

단면 모양에 따른 기둥의 종류

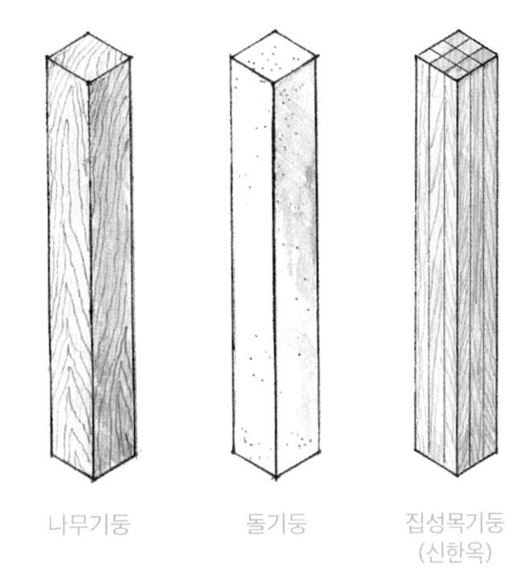

재료에 따른 기둥의 종류

◉ 보

보는 쓰임에 따라 명칭이 다양하며 구조적으로는 전단력을 담당하기 때문에 돌보다는 목재가 효율적이다. 평주머리를 앞뒤로 연결하는 가장 길고 큰 보를 대들보라고 한다. 전퇴가 있는 경우는 대청과 퇴 사이에 고주를 세우고 평주와 툇보 사이를 연결하는 보를 거는데 이를 툇보라고 한다. 3량가에서는 대들보 하나로 충분하지만 5량가 이상이 되면 보도 두 단 이상으로 건다. 이때 위에 있는 보를 종보라고 하는데 종보는 대들보 위에 세우는 짧은 기둥인 동자주 위에 건다. 7량인 경우는 보를 3단으로 걸기도 하는데 이때는 대들보와 종보 중간에 중보가 쓰인다. 그러나 살림집은 규모가 작기 때문에 5량가 이상은 거의 없다.

건물 측면에서는 측면 중앙에 있는 기둥과 내부에서 대들보에 거는 충량이 있다. 충량은 외기를 지지하며 추녀나 합각을 받쳐주는 역할을 한다. 초가나 우진각 지붕에서는 종도리에서 도리를 연결하는 굽은 보를 걸기도 하는데 이를 덕량(덧보)이라고 한다. 민가에서는 자주 사용하는 보이다.

보는 굽은 것을 사용하는 것이 구조적으로 유리하며 굽은 등 쪽을 위로 가게 한다. 또 나이테가 조밀한 북쪽 면을 아래로 향하게 하는 것이 좋다. 보는 결구를 위해 보머리 부분을 많이 따 내게 되는데 구조적으로 약해지기 때문에 단면 손실을 최소화할 수 있는 방법을 찾아야 한다.

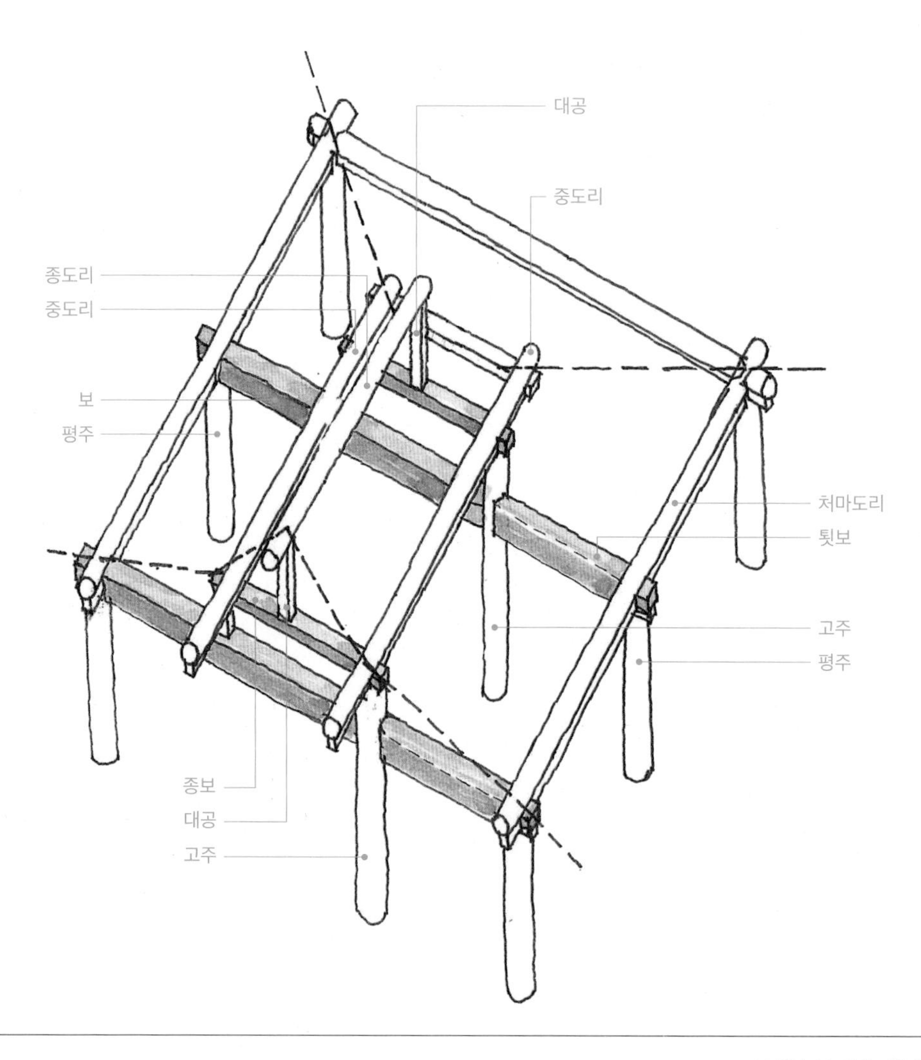

◉ 도리

도리는 보와 직각을 이루며 건물 좌우를 연결하여 서까래를 받는 부재이다. 폿집에서는 보와 도리가 공포 위에 올라가지만 포가 없는 민도리의 살림집에서는 기둥머리에서 보와 도리를 직접 연결하는 경우가 많다. 기둥머리에 사갈을 트고 여기에 보와 도리를 결구하는데 도리 아래에 창방을 별도로 두는 경우도 있다. 창방이 있으면 서까래의 하중을 도리와 함께 분담하기 때문에 유리하지만 격식있는 살림집에서만 사용하였다. 도리 아래에는 장혀를 사용하기도 하는데 살림집에서는 상인방이 이를 대신하는 경우가 많다.

도리에는 단면 모양이 원형인 굴도리와 방형인 납도리가 있는데 살림집에서는 납도리가 많이 쓰였다. 구조적으로는 도리 아래에 장혀와 창방 등이 있는 것이 유리하지만 부재가 많을수록 기밀성의 문제가 발생한다. 그래서 신한옥에서는 도리와 장혀, 도리와 장혀 및 창방을 한 부재로 일체식으로 만들기도 한다. 기밀성도 좋지만 구조적으로도 훨씬 유리하다.

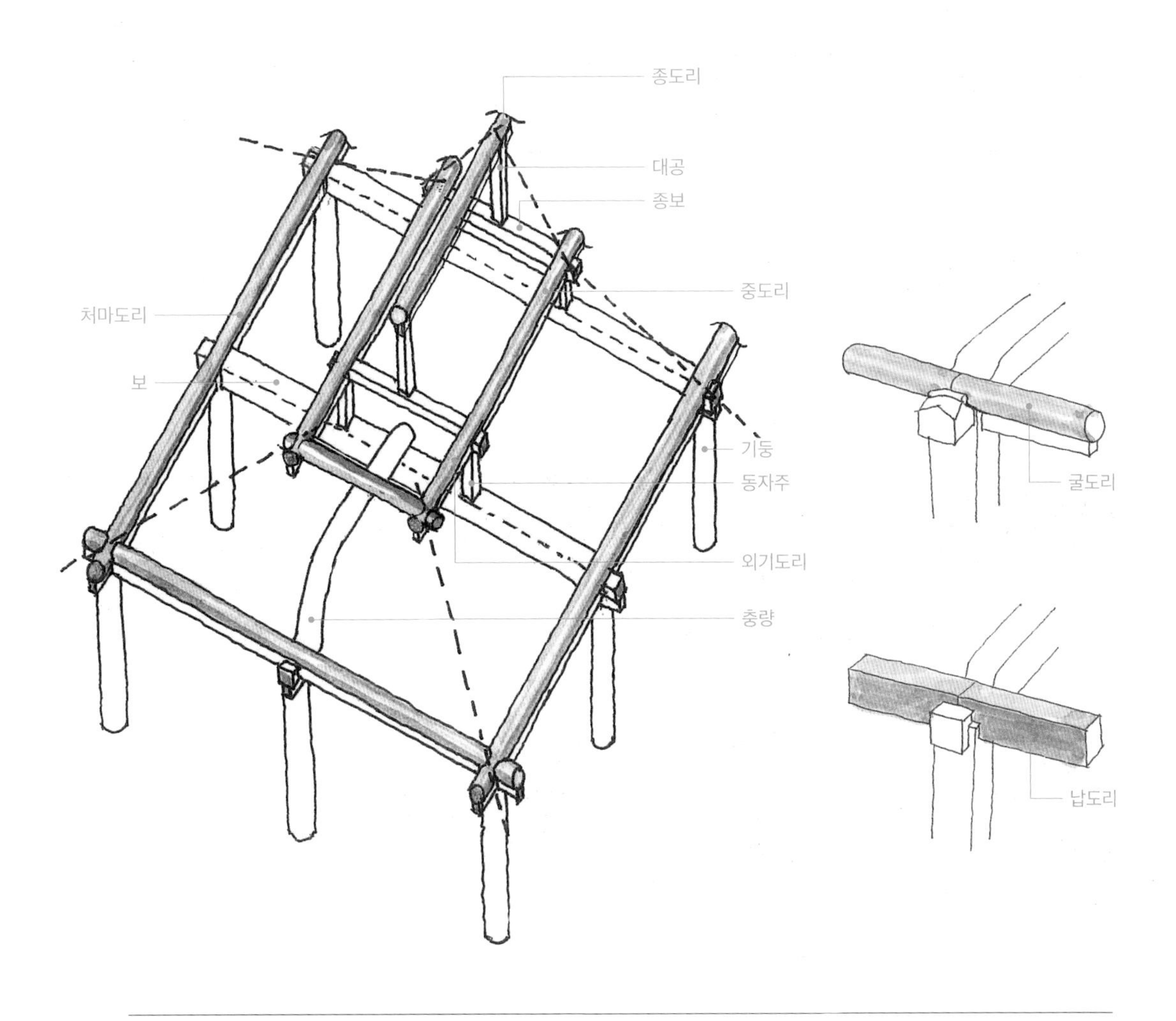

◉ 화반

화반은 주간에서 도리와 장혀 사이에 놓인다. 따라서 도리 또는 장혀로만 구성된 민도리집에서는 화반이 사용되지 않는다. 창방이 있는 주심포집에서 화반을 사용하며 도리의 하중을 창방에 전달하는 역할을 한다. 익공집의 경우 기둥머리에서는 창방과 익공이 사갈로 결구되고 그 위에 주두를 놓은 다음 주두 위에서 보와 장혀 및 첨차가 결구되는 구조이다. 보 아래에는 보아지를 두는데 이를 두공이라고도 한다. 익공집이 아니더라도 장혀가 사용되면 장혀와 직각으로 두공을 사용하기도 한다. 두공은 내부에서 보아지 역할을 한다. 두공은 보를 받쳐 전단력을 보강하는 역할을 하지만 내외부로 돌출되어 있어서 기밀성을 확보하는 측면에서는 매우 큰 걸림돌이 된다. 따라서 기밀성의 측면에서는 민도리집이 가장 유리하며 다음이 익공집이고 가장 취약한 것이 포집이다.

화반은 장혀를 받쳐서 하중을 창방에 전달하는 역할만 하면 되기 때문에 모양이 매우 자유롭다. 그래서 장식 역할도 겸하게 되며 형태는 기하학형, 식물형, 동물형 등으로 다양하다. 그 형태에 따라서 원형, 방형, 동자주형, 인자형, 화반형, 사자형, 코끼리형, 연화형 등으로 부른다.

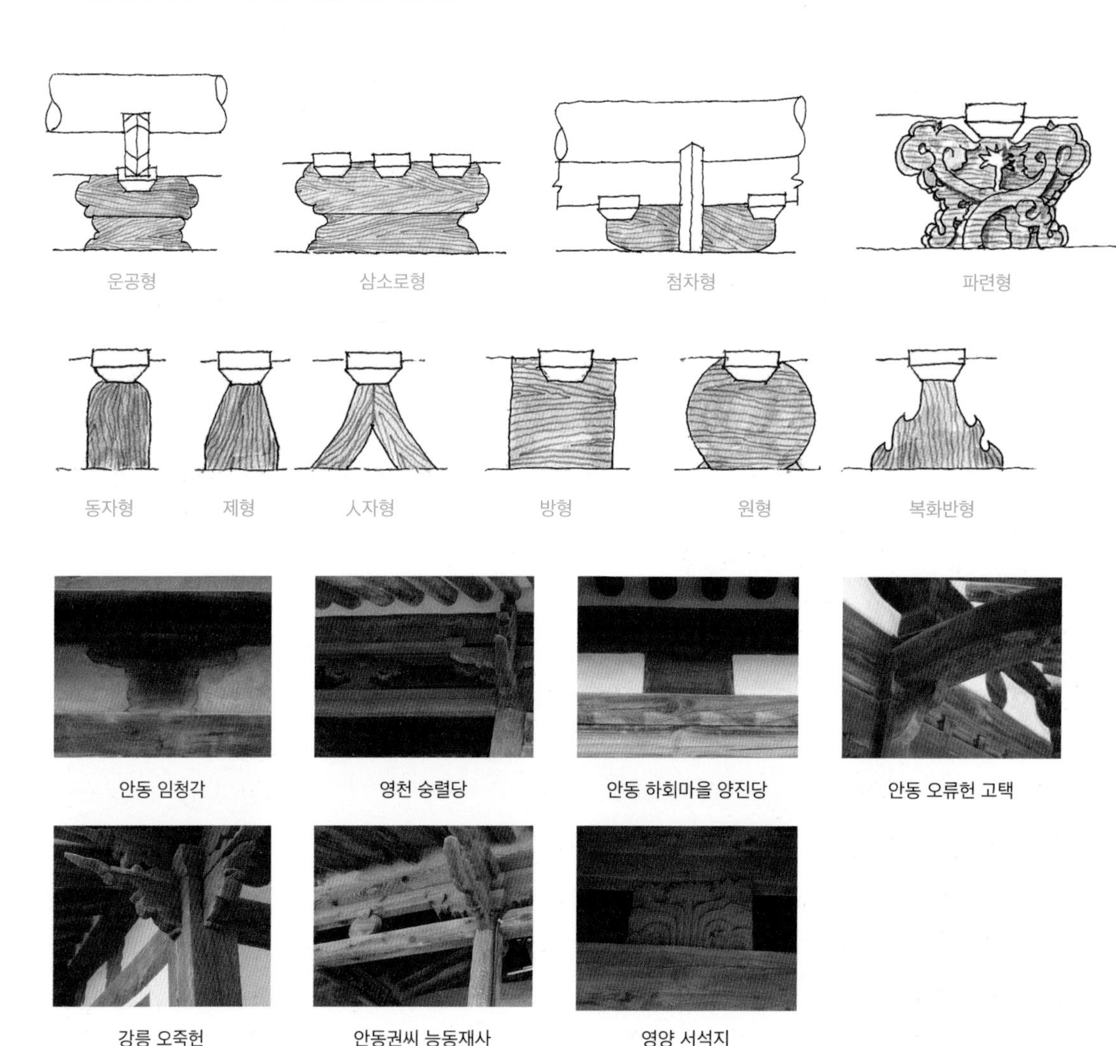

안동 임청각 / 영천 숭렬당 / 안동 하회마을 양진당 / 안동 오류헌 고택

강릉 오죽헌 / 안동권씨 능동재사 / 영양 서석지

◉ 대공

대공은 종도리를 받치는 부재로 종도리의 하중을 보에 전달하는 역할을 하며 압축력을 받는다. 3량가에서는 대들보 위에 올라가며 5량가에서는 종보 위에 올라간다. 보와 대공은 딴촉이음을 주로 사용한다. 대공도 하중만을 전달하면 되기 때문에 모양은 매우 다양하다. 고구려 고분벽화의 살림집에서는 인(人)자형대공이 나타나며 고려에서는 제형대공과 동자형대공을 볼 수 있다. 조선시대에는 판형대공이 많이 사용되었는데 이를 판대공이라고 한다. 판대공은 높이에 맞춰 여러 판재를 잇대어 만드는데 가로로 뉘워 포개서 사용한다. 판대공의 경우 뉘워서 사용하기 때문에 세워서 사용하는 동자대공 및 제형대공에 비해 건조 수축률이 높으므로 건축시 이를 고려해야 한다. 판과 판을 이을 때도 촉이음을 많이 사용했다. 판대공을 기본으로 식물 조각을 했을 때는 파련대공이라고 하는데 살림집에는 흔하게 사용하지 않았으며 공포 모양으로 첨차와 살미로 구성된 포대공 역시 살림집에서는 거의 사용하지 않았다.

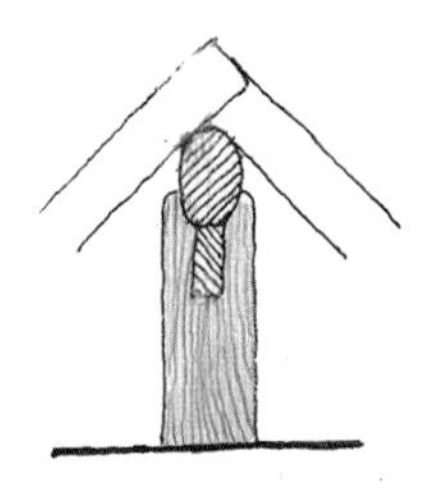
동지대공

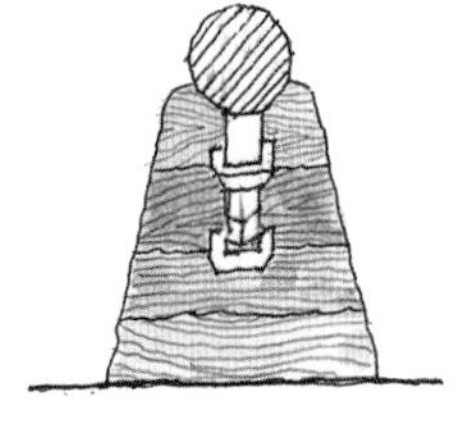
판대공

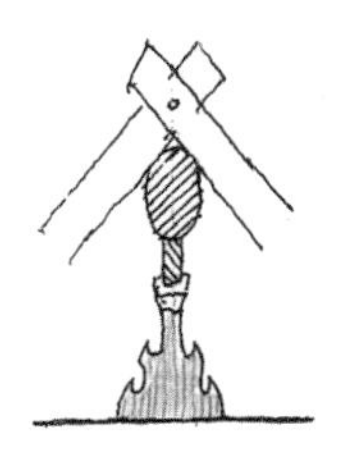
화반형대공

접시 포대공

人자형대공

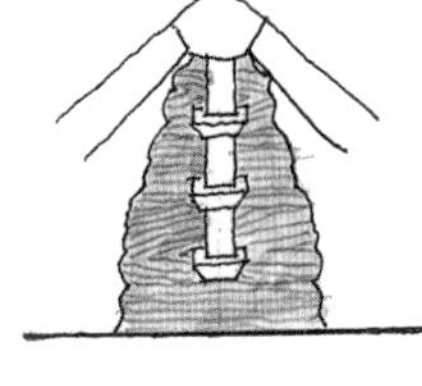
운형대공

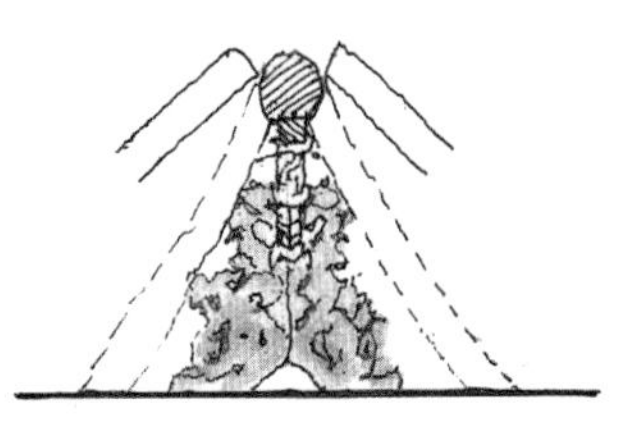
파련대공

경주 양동마을 사호당 고택

안동 예안이씨 충효당

안동 소호헌

경주 양동마을 사호당 고택

안동 송소종택

영천 만취당 고택

청도 운강고택

경주 양동마을 사호당 고택

가구 형식

가구 형식은 힘을 받는 구조부재인 기둥과 보, 도리가 어떤 형식을 갖는지에 따라 구분하며 건물의 규모, 평면 형식, 재료, 시공성 등을 고려하여 결정한다. 살림집은 규모가 크지 않기 때문에 3량가와 5량가가 대부분이다. 5량가는 안채와 사랑채 등과 같은 주전에 쓰이고 행랑과 부속채처럼 규모가 작은 경우 3량가가 일반적이다. 5량가는 대들보와 툇보가 고주를 사이에 두고 연결되는 1고주5량가가 가장 많은데 이는 평면 형식에서 전퇴를 둔 경우가 많기 때문이다. 5량가는 팔작과 우진각지붕이 많고 규모가 작은 3량가는 맞배지붕이 대부분이다.

◉ 2량가

한쪽 경사지붕인 경우는 2량가도 있으나 한국건축에서는 거의 찾아보기 어렵다. 부속으로 사용되는 창고, 차양, 부섭지붕 등에서 그 사례를 볼 수 있으나 독립된 건물로는 거의 사례가 없다.

◉ 3량가

한국은 한쪽 경사나 평지붕이 없어서 작은 규모의 건물도 최소 3량가를 이루고 있다. 3량가는 앞뒤 기둥을 대들보로 연결한 것으로 보 중간에서 대공이 종도리를 받치고 있다. 매우 단순한 구조이며 장식이 거의 없고 지붕도 맞배로 간단한 것이 특징이다. 한옥에서는 주전보다는 창고, 행랑, 문간채 등에서 주로 쓰였다.

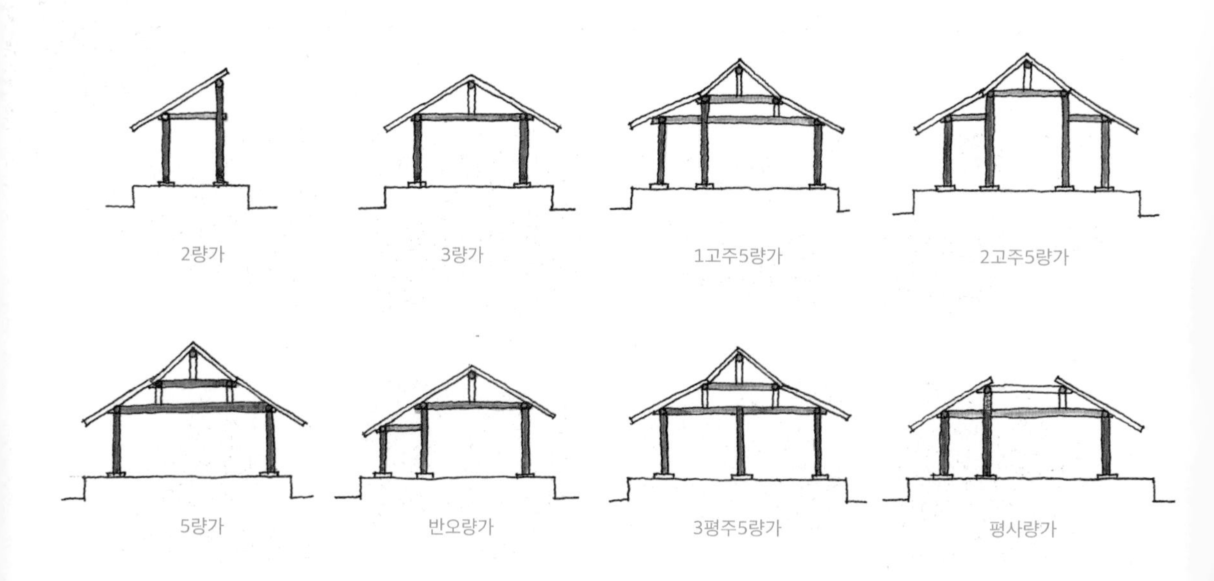

◉ 5량가

규모가 커지면 5량가를 사용하는데 살림집에서 가장 많이 쓰였다. 5량가는 퇴의 설치 유무 및 방의 배치 형식에 따라 여러 가지가 있다. 또 한 건물에도 여러 형식의 가구법을 조합하여 가구를 구성하며 한 가지 가구법만을 사용하는 경우는 드물다. 대개 대청 부분은 내부에 기둥이 없는 것이 편리하므로 2평주5량가가 쓰이고 대청과 전퇴를 구분하여 쓸 경우는 1고주5량가가 쓰인다. 대청은 2평주5량가로 하더라도 양쪽에 방을 만드는 경우 이 부분은 1고주5량가나 3평주5량가로 만드는 경우가 많다. 어차피 방을 들이는 경우는 벽으로 분할하기 때문에 2평주5량가로 하여 구조적인 부담을 가질 필요가 없다. 본채를 5량가로 했더라도 날개채가 단칸으로 빠져나가는 경우 이 부분은 3량가로 처리한다.

◉ 평사량가

평사량가는 종도리가 없는 경우이다. 종보 위에 대공과 종도리가 쓰이지 않고 중도리 위에 평으로 서까래를 건 다음 그 위에 적심을 채워 지붕을 만든다. 규모가 작은 살림집에서 중도리 사이가 가까울 경우 굳이 대공과 종도리, 단연을 사용하지 않고 평사량가로 단순화하여 가구를 구성한다.

◉ 반오량가

사당의 경우는 3량가의 본체 전면에 전퇴를 붙이는데 이때 전면은 5량가처럼 처리되므로 이를 반오량가라고 한다. 살림집보다는 사당과 같이 전퇴가 필요하고 가능하면 가구를 단순화할 때 사용한다.

◉ 신한옥

신한옥은 보칸의 규모가 전통 한옥과 비슷한 경우라면 전통 가구법을 그대로 사용할 수 있지만 보칸의 규모가 커지면 대들보의 단면이 커지는 등 무리가 있어 새로운 가구법을 사용한다. 대들보가 커지면 실내에서 중압감이 생기므로 집성목 등을 사용해 재료 성능을 높여 단면을 줄일 필요가 있다. 또 규모가 일정 이상을 초과하면 대들보를 생략하고 단퇴량 구조나 솟을합장 구조를 응용하거나 빗보 등을 사용하여 구조와 시각적인 문제를 해결할 수 있다. 처인성 역사교육관 신한옥 사례에서 볼 수 있다.

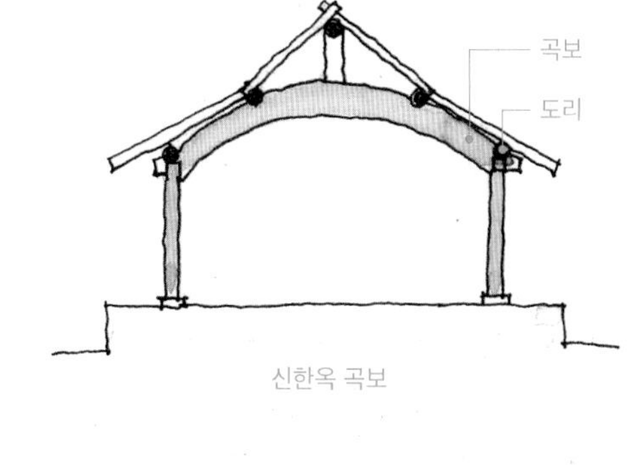

신한옥 곡보

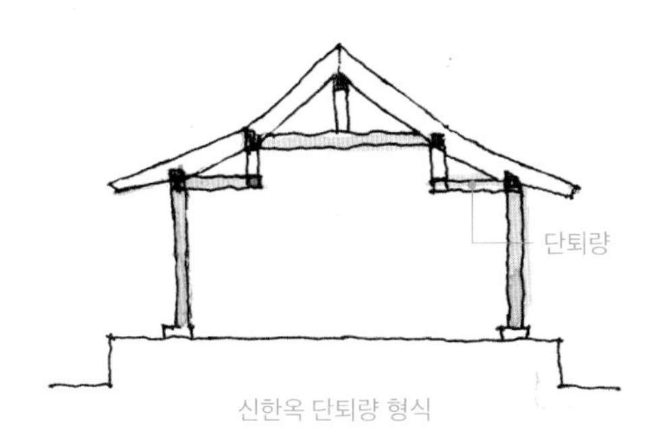

신한옥 단퇴량 형식

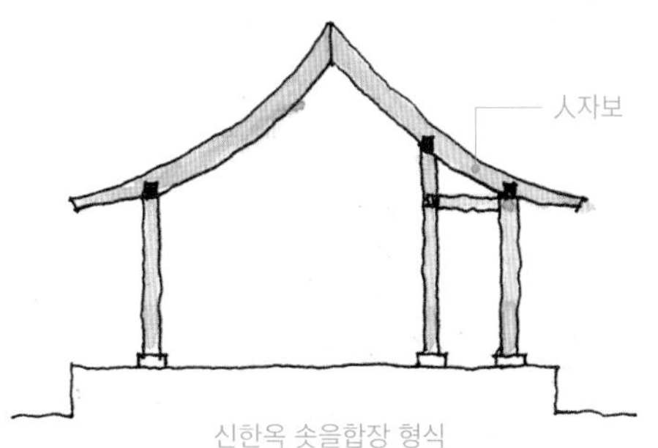

신한옥 솟을합장 형식

가구 구성 사례

가구는 3량가, 5량가 등의 도리 숫자로 분류하지만 실제 건물에서는 하나의 가구법으로 구성되는 경우는 드물다. 안채와 사랑채의 경우, 본채 부분은 보칸을 1.5칸 또는 2칸 5량가로 하지만 양쪽 날개채로 빠져 내려온 부엌이나 행랑 부분은 1칸 3량가로 하는 경우가 많다. 이 경우 3량가와 5량가 가구가 연결되는 부분에 주목해야 한다. 3량가 부분은 우진각이나 맞배가 많고 5량가 부분은 팔작이 많다. 이처럼 실제 가구는 다양한 가구법의 조합으로 만들어지며 이는 평면의 형태와 규모에 따라 달라지고 지붕의 모양을 결정하는 요인이 되기도 한다.

◉ 3량가 우진각

3량가는 최소단위 가구법으로 살림집에서도 본채보다는 행각, 별채, 사당 등에서 사용한다. 앞뒤 기둥을 대들보로 연결하고 대들보 중앙에 대공을 세워 종도리를 건 가구법이다. 3량가 양쪽을 우진각지붕으로 처리하는 경우는 행랑보다는 별체인 경우가 많다. 본채에서도 가끔 사용하지만 매우 드물다. 측면에서는 종도리에서 연장된 굽은 덧보를 걸고 모서리에서 추녀를 그 꼭짓점에 걸어 가구한다. 덧보를 사용하지 않을 경우에는 종도리 끝에 직각으로 짧은 멍에도리를 결구하여 여기에 추녀를 건다.

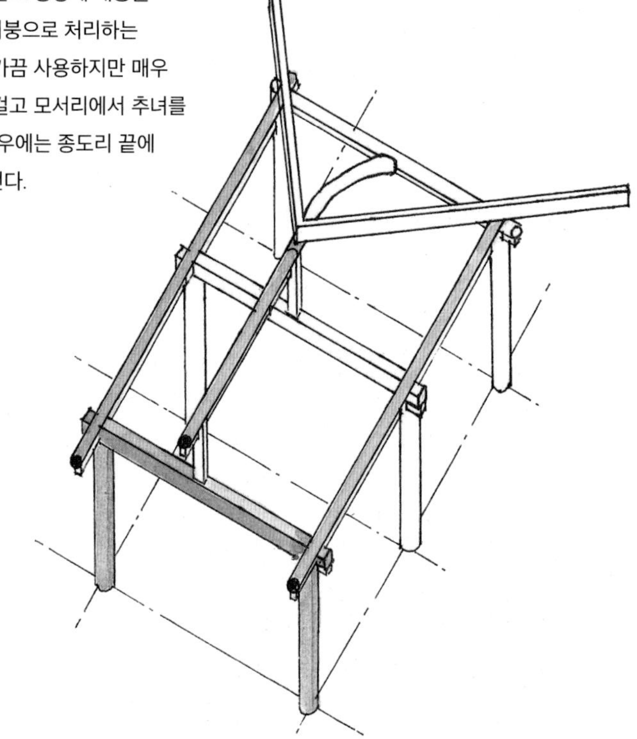

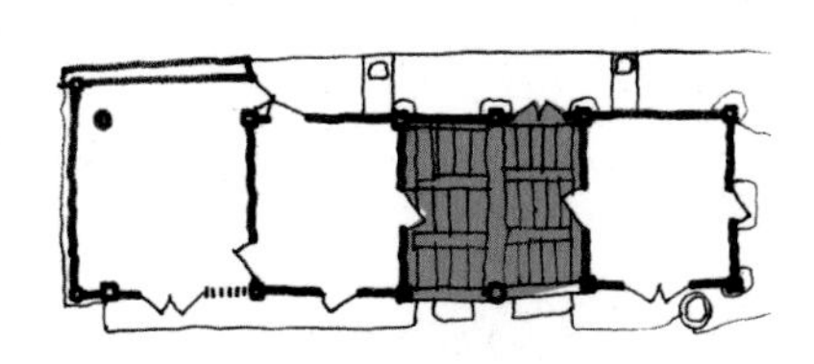

달성 조길방 고택 안채

◉ 3량가 맞배

주로 문간채나 행랑의 경우는 측면에 창이 없기 때문에 맞배로 처리하는 경우가 많다. 3량가 맞배는 추녀가 없기 때문에 매우 단순하고 경제적인 구조이며 도리뺄목에 박공을 걸어 처리한다.

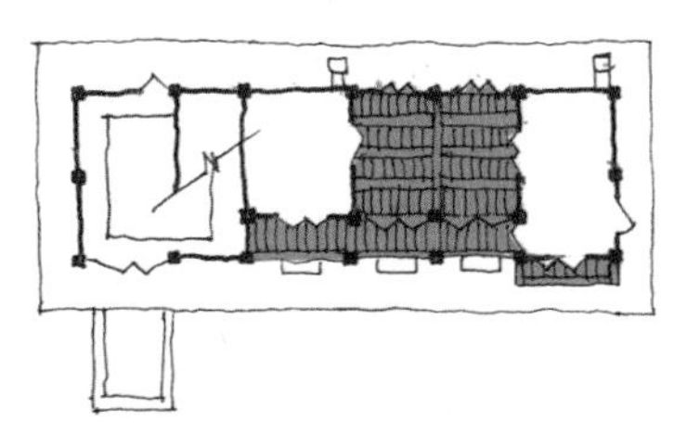

구례 운조루 고택 사랑채

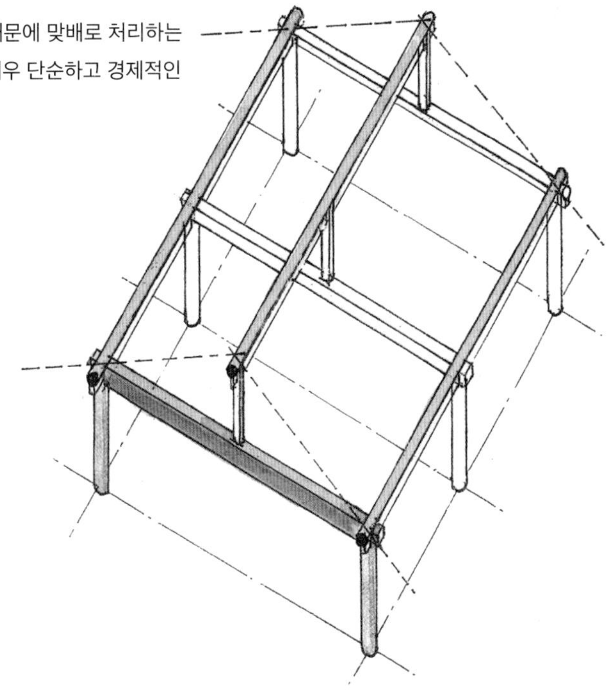

◉ 2평주5량가+1고주5량가 팔작

본채를 5량가로 구성할 경우 대청은 고주를 생략하여 2평주5량가로 처리하고 양쪽 온돌칸은 전퇴에 고주를 두어 1고주5량가로 처리하는 경우가 많다. 전퇴가 있는 경우 퇴와 방 사이에 고주를 세워 벽체를 들인다. 때로는 2평주5량가로 하고 보조기둥을 세워 처리하는 경우도 많다.

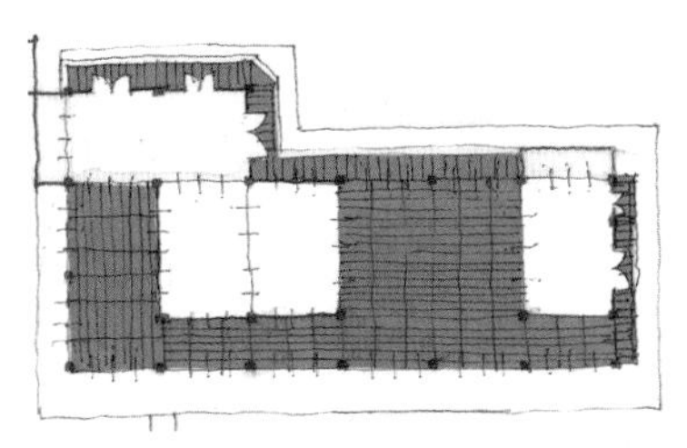

아산 윤보선 대통령 생가 바깥사랑채

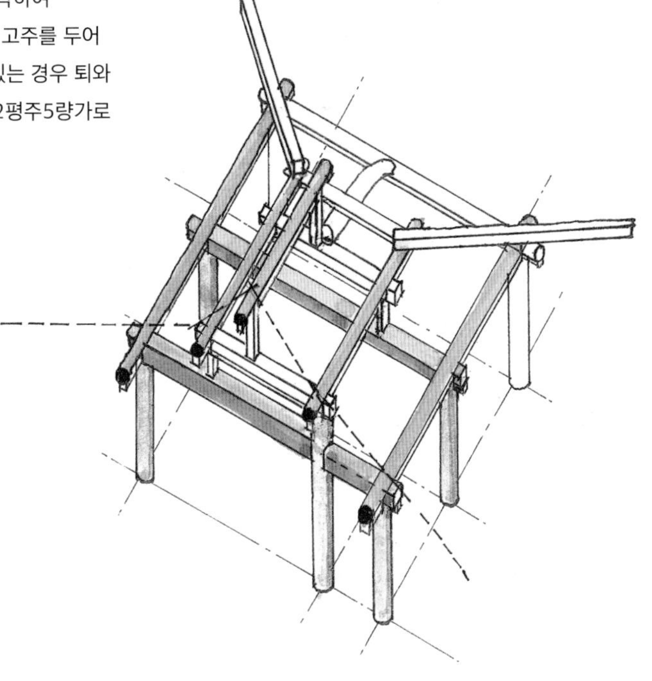

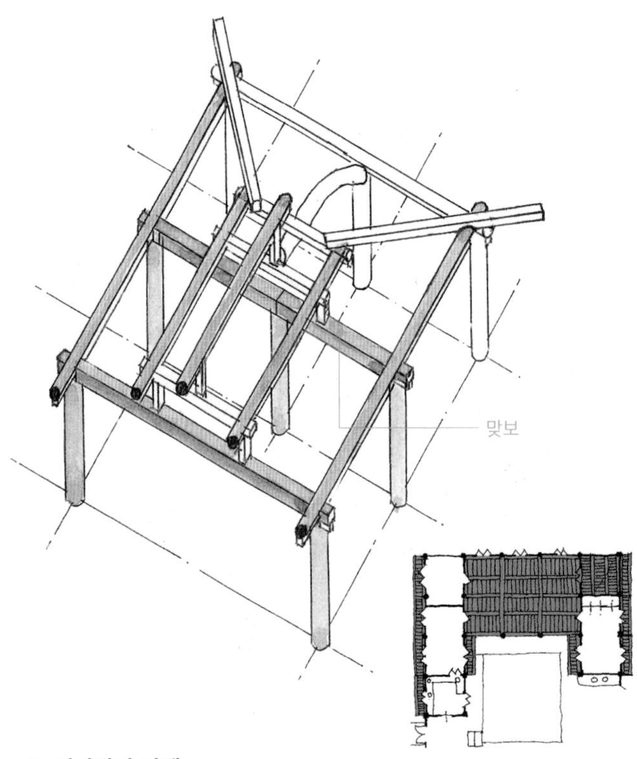

◉ 2평주5량가+3평주5량가 팔작

양쪽 온돌방을 전퇴없이 전후 2칸으로 구성하는 경우는 중앙에 기둥을 세워 벽을 들인다. 이때 가운데 기둥에서 대들보가 반으로 나뉘어 연결되는데 이를 3평주5량가라고 한다. 이때 보를 맞보라고 하는데 대들보에 비해 단면을 작게 할 수 있어서 효율적이다. 2평주5량가로 하고 가운데에 보조기둥을 세워 양통을 만들 수 있지만 보의 단면이 비경제적이다. 시각적으로는 잘 구분되지 않아 잘 관찰해야 한다.

거촌리 쌍벽당 안체

◉ 평사량가 맞배

평사량가는 종도리와 대공을 생략하고 중도리 사이에 수평으로 짧은 서까래를 걸어 구성한 가구법이다. 의외로 살림집 가구법에 자주 나타난다. 규모가 작아 중도리 사이가 가까운 경우 번잡하게 단연과 종도리 대공을 사용할 필요가 없다. 매우 경제적이고 합리적인 가구법이며 종도리 위치에는 많은 적심을 채워 누수에도 유리하다. 그러나 적심이 튼튼하지 못할 경우 시간이 지나면서 주저앉아 용마루가 춤을 추는 것이 단점이다.

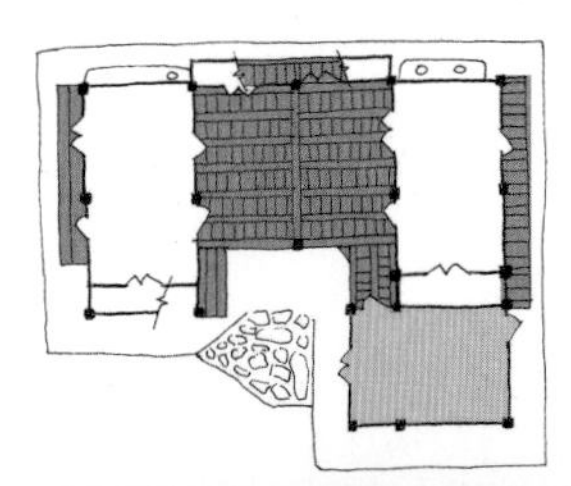

수원 광주이씨 고택 부엌

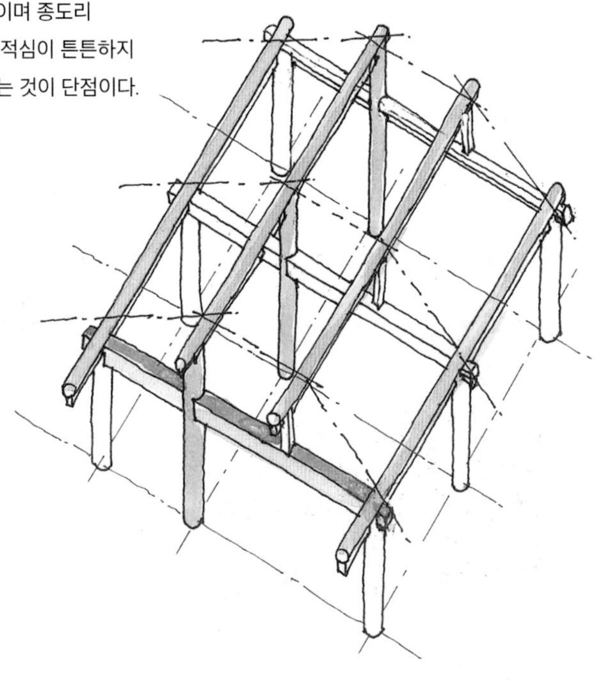

◉ 반오량가 맞배

반오량가는 전퇴가 있는 사당 건물에서 주로 나타난다. 전면은 5량으로 하고 뒷면은 3량으로 한 비대칭 가구법이다. 일반 5량가에서는 대들보와 툇보가 같은 높이에서 결구되는데 반오량가는 툇보가 대들보에 비해 낮게 걸리는 특징이 있다. 경제적인 가구법이지만 측면에서 봤을 때 지붕의 모양과 하중이 비대칭인 단점이 있다.

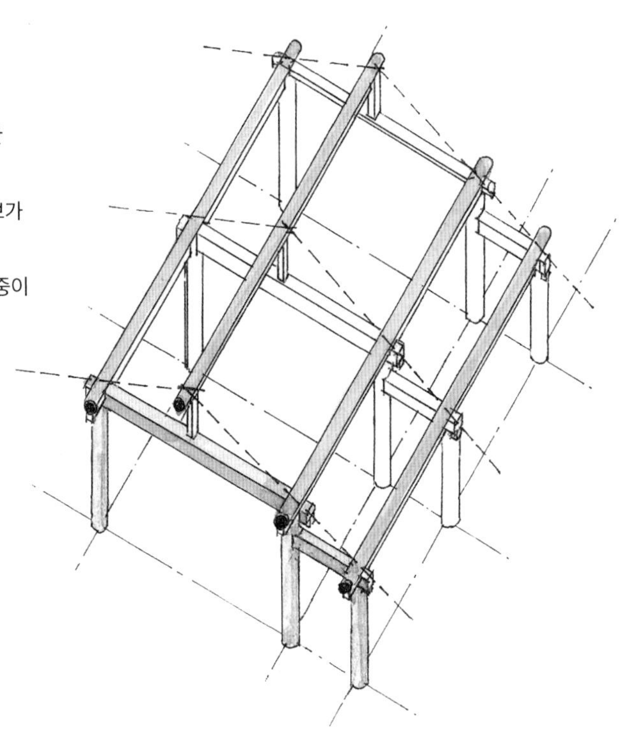

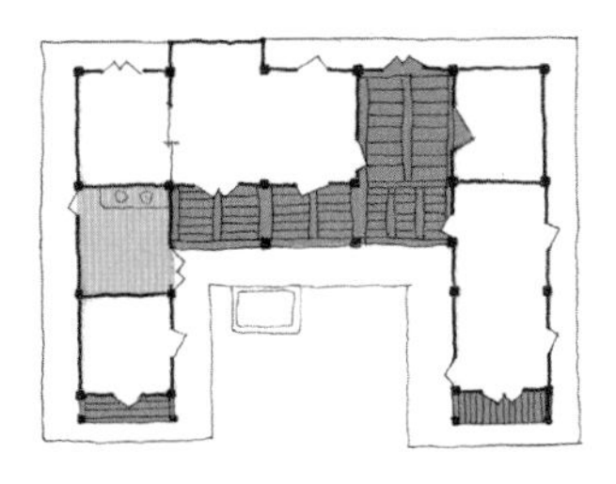

안동 향산고택 안채

◉ 신한옥

은평 화경당은 전통가구법을 사용했으나 기둥은 집성목이고 보는 원목으로 구성했다. 보도 집성목을 사용했으면 단면을 줄일 수 있었으나 원목에 대한 선호 때문에 노출되지 않는 보는 원목으로 했다. 홍성 어린이집의 경우는 대들보 대신에 인(人)자형 트러스를 사용했다. 따라서 종보를 사용하지 않았으며 대공간을 3량가로 만들 수 있었다. 용인시 처인성 역사교육관에서는 전통 가구법을 온전히 벗어난 단퇴량 가구법, 솟을합장형 가구법을 개발해 사용했으며 인(人)자보를 써서 도리의 사용을 생략할 수 있었다. 따라서 부재의 단면을 혁신적으로 줄일 수 있었고 보칸을 15m로 크게 하면서도 보가 주는 중압감을 느낄 수 없다.

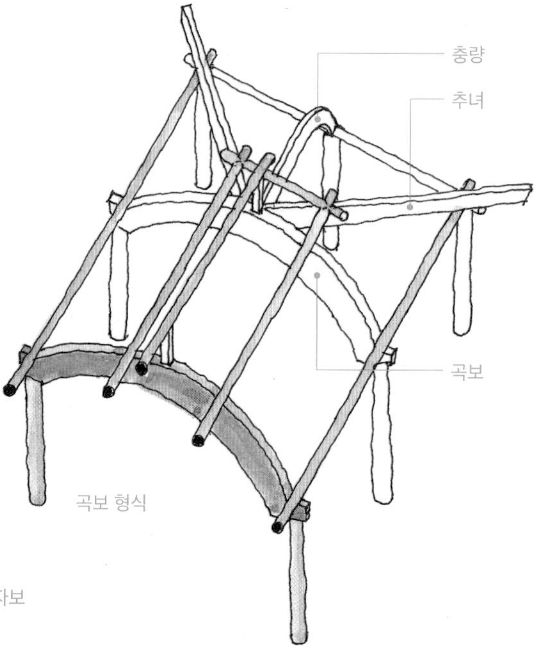

곡보 형식

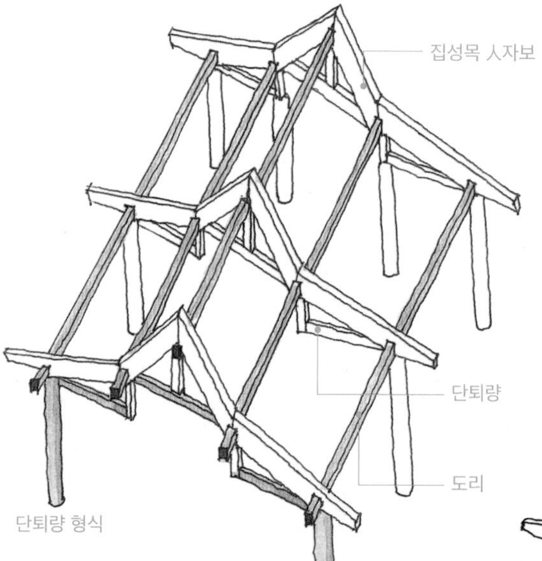

단퇴량 형식

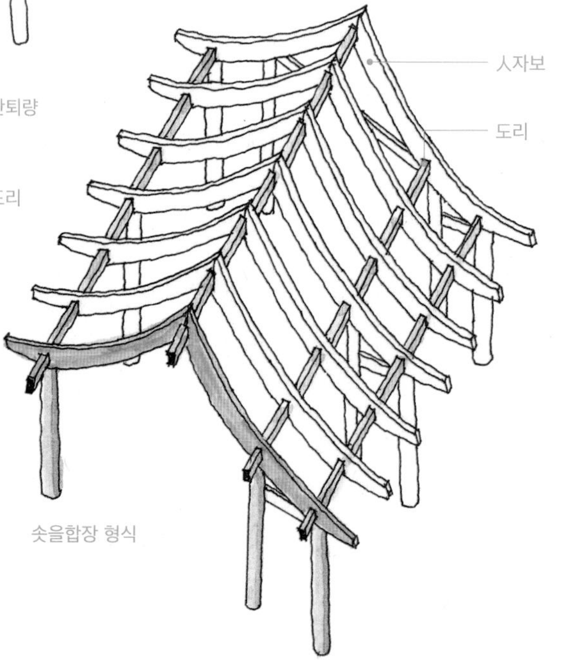

솟을합장 형식

가구부의 결구

가구부는 못을 사용하지 않고 부재 자체에 장부를 만들어 결구하지만 지붕 가구인 서까래와 장식 부재 등은 못을 사용하여 고정한다. 한옥은 못을 사용하지 않는다는 말은 가구부를 두고 하는 말이며 한옥 전체에서 못을 쓰지 않는 것은 아니다. 가구부의 구조 성능을 좌우하는 것은 부재 단면의 크기이지만 장부의 형태와 규격도 상당히 영향이 있다. 따라서 가구부의 이음과 맞춤 부위 모양과 상세 규격은 한옥의 구조 성능을 만드는데 매우 중요한 부분이라고 할 수 있다. 목재는 건조에 의한 수축 현상이 있으니 이를 고려하여 이완되지 않도록 해야 한다.

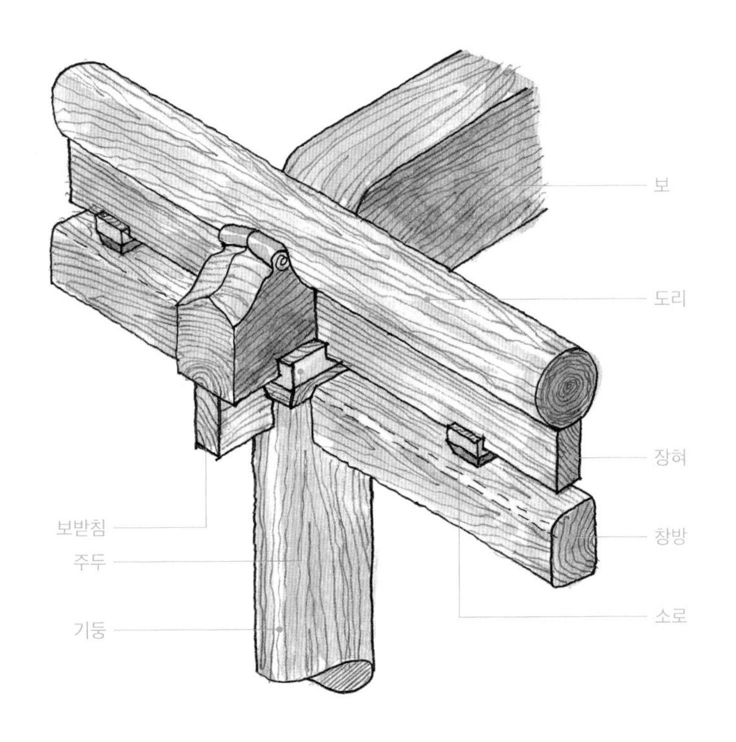

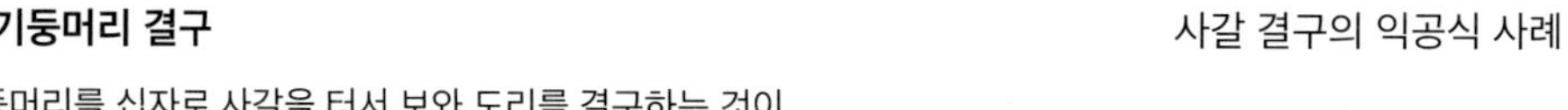

◉ 기둥머리 결구

기둥머리를 십자로 사갈을 터서 보와 도리를 결구하는 것이 일반적이다. 이를 사개맞춤이라고 한다. 사갈에는 보머리 옆면을 따내 위에서부터 끼우며 좌우로는 도리를 숫주먹장으로 하고 사갈을 암주먹장으로 하여 위에서부터 끼워 넣는다. 도리 아래에 장혀가 있는 경우는 기둥 측면을 더 아래까지 장혀 암장부를 따낸다. 장혀는 통장부로 하는 경우가 많다. 창방이 있는 익공집의 경우는 창방과 두공이 십자로 사갈에 결구되며 도리와 보는 주두 위에 올라간다. 보와 도리의 단면을 최대한으로 살릴 경우는 기둥의 사갈이 얇아져서 부러지는 경우가 있기 때문에 사갈을 어느 정도 남겨두는 것이 효율적인지를 고려해야 한다.

사갈 결구

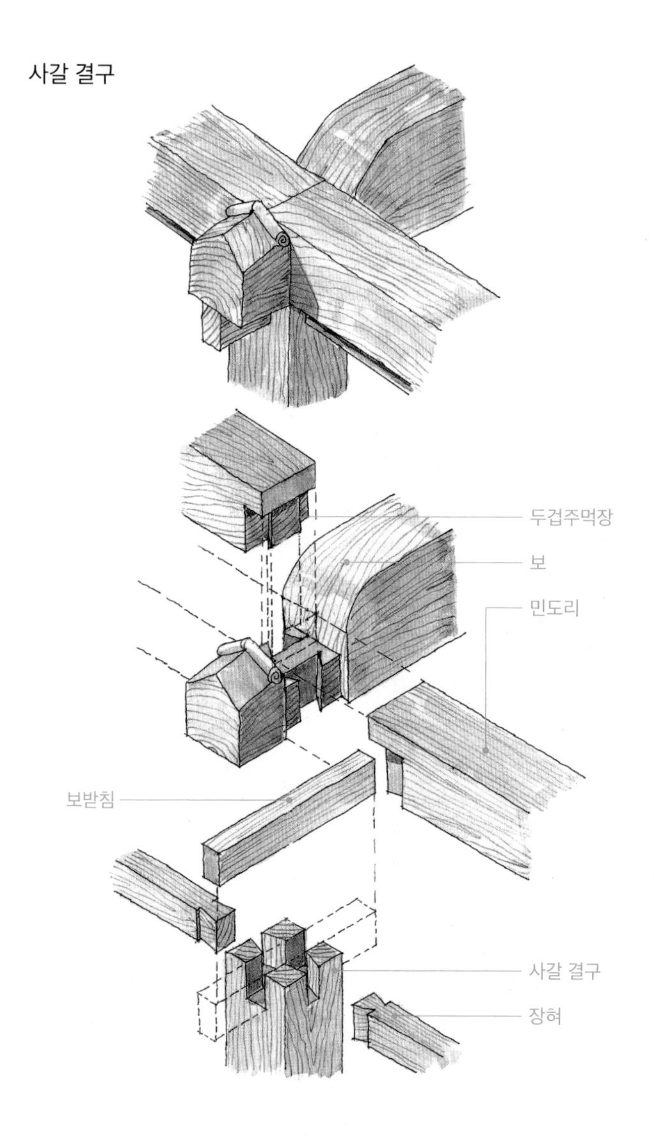

사갈 결구의 익공식 사례

초익공 단면

이익공 단면

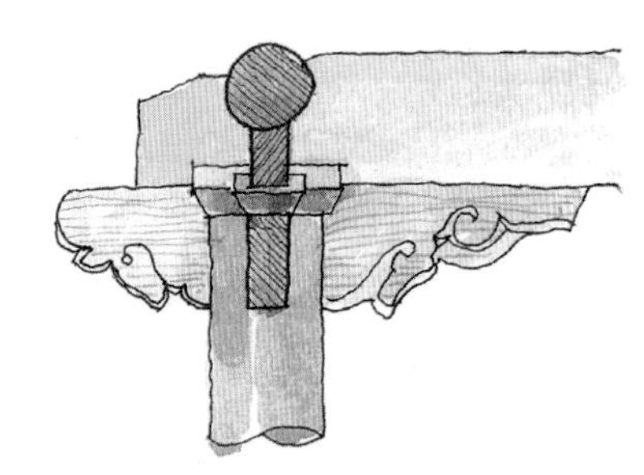

물익공 단면

직절익공 단면

◉ 보 결구

기둥머리에서 보는 사갈에 결구되기 때문에 양쪽을 사갈 폭에 맞추어 따내게 된다. 보 양쪽으로는 도리가 주먹장으로 결구되는 것이 보통이다. 납도리의 경우는 보머리 측면만 따내면 되지만 굴도리를 사용하는 경우는 도리가 앉을 자리 마련을 위해 보머리 윗부분도 따내게 된다. 이 경우 보머리가 너무 단면 결손이 많아지기 때문에 도리 밑면을 따내고 보 윗면을 조금이라도 더 남겨두며 좌우는 굴도리가 앉을 수 있도록 원형으로 다듬는데 이를 숭어턱이라고 한다. 따라서 굴도리를 사용하는 경우 보는 기둥머리에서 숭어턱맞춤으로 한다. 기둥이 고주와 결구되는 경우는 쌍장부맞춤이 일반적이다. 고주에 암장부를 내고 보에 숫장부를 내서 꽂고 측면에서 쐐기를 박아 빠져나오지 않도록 한다. 쐐기는 단단한 박달나무, 오리나무, 느티나무, 참나무 등을 사용했다. 충량이 대들보에 결구될 때는 두겁주먹장맞춤을 주로 사용했다. 보 측면에 주먹장 암장부를 내고 보에 주먹장 숫장부를 내어 위에서부터 끼우는데 장부 위에는 덧살을 남겨두어 보 위에 걸칠 수 있도록 한다. 이 부분을 두겁이라 하며 따라서 이를 두겁주먹장맞춤이라고 한다.

상투걸이 결구

사개맞춤이 사용되기 이전의 고식에서는 상투걸이맞춤이 사용되기도 했다. 기둥머리를 사갈로 트는 것이 아니라 제혀촉을 남기거나 딴혀촉을 박아 여기에 도리와 보를 끼워 넣는 맞춤법이다. 이를 상투걸이맞춤이라고 하는데 상투걸이 촉은 하부가 넓은 제혀촉이 구조적으로 유리하다. 보의 단면 결손이 적어서 유리하지만 도리와 보의 회전 및 움직임을 강하게 잡아주지 못하는 단점이 있다.

숭어턱 맞춤

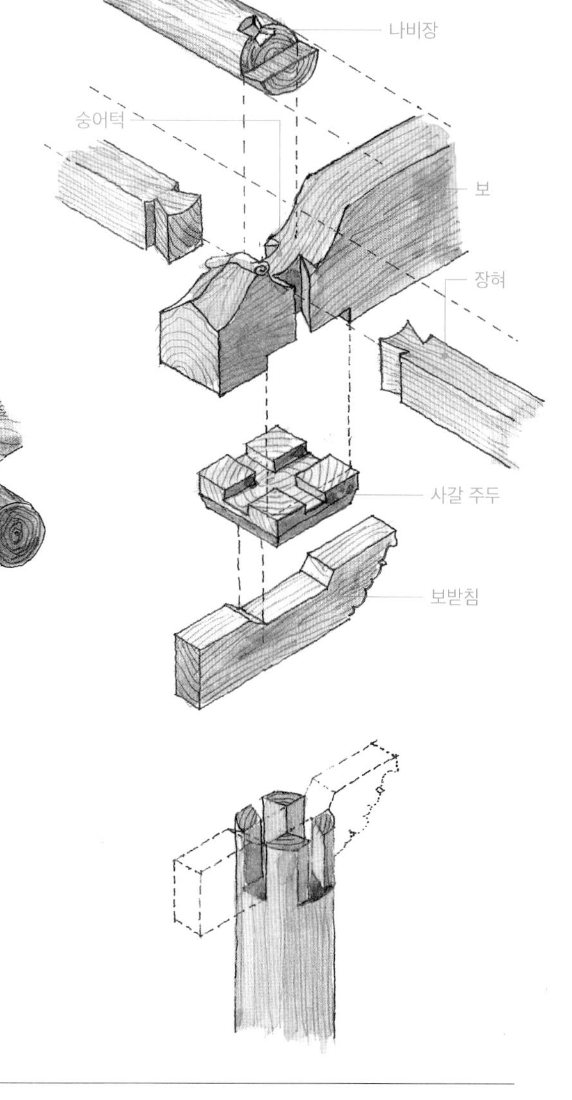

◉ 도리 결구

도리는 기둥 위에서는 좌우로 빠지지 않도록 주먹장맞춤으로 하는 것이 일반적이다. 그런데 도리는 보보다 위로 올라와 있는 것이 서까래를 거는데 유리하기 때문에 두겁주먹장으로 하는 것이 보통이다. 따라서 사갈은 보 부분이 낮고 도리 부분이 높아 단차가 있게 된다. 도리와 보를 같은 높이로 할 경우는 보의 춤이 높기 때문에 서까래를 걸 때 받침목을 사용해야 하는 단점이 있다. 그리고 두겁주먹장으로 하는 경우 도리의 건조 수축률이 크기 때문에 두겁 부분이 사갈에 걸쳐 찢어지는 경우가 많다. 따라서 두겁주먹장맞춤을 할 경우에는 수축률을 고려하여 처음에는 두겁이 약간 떠 있도록 치수를 설정하는 것이 중요하다.

모서리에서 도리가 수직으로 만날 경우에는 서로 반턱씩 따내 맞추는 업힐장 받을장의 왕찌맞춤을 한다. 맞배지붕의 경우는 뺄목이 있고 여기에 박공을 고정하기 때문에 전후면 도리를 업힐장으로 하고 측면을 받을장으로 하는 것이 유리하다. 도리의 경우도 수평의 전단력을 받는 부재이기 때문에 나이테가 조밀한 북쪽면을 아래로 하는 것이 유리하다.

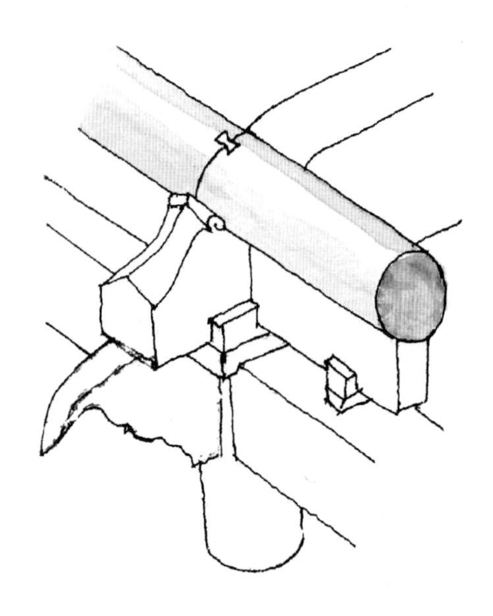

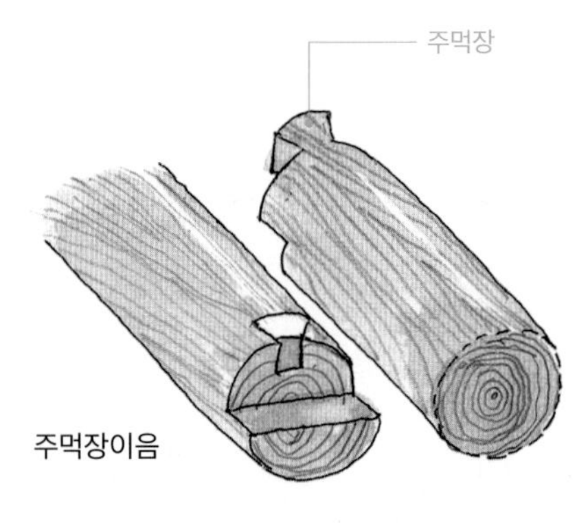

주먹장이음

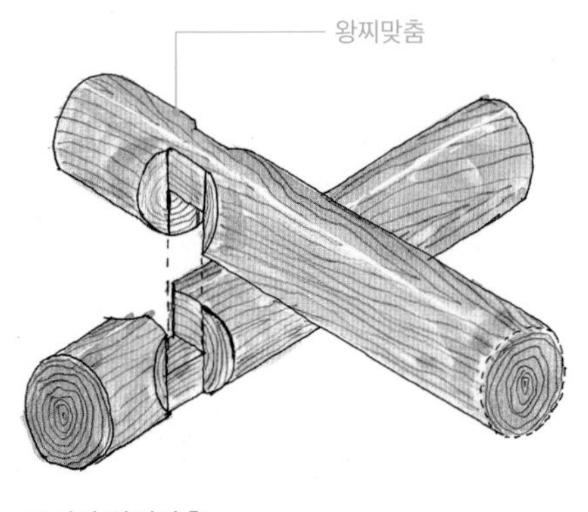

모서리 왕찌맞춤

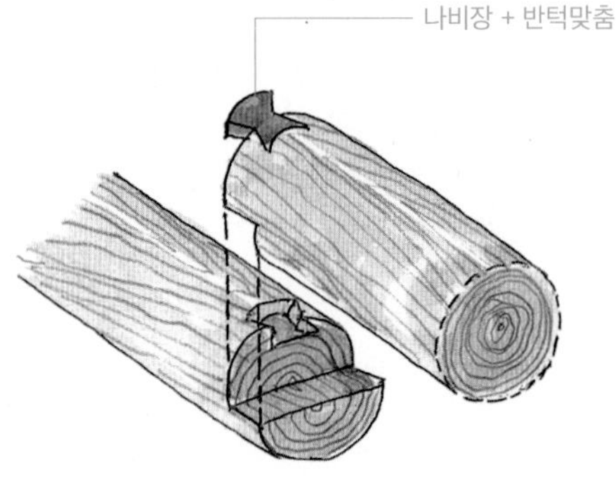

나비장이음

◉ 신한옥 가구부의 결구

신한옥은 규모도 커지고 내진성능을 갖춰야 해서 전통 결구법만으로는 부족하다. 따라서 철물 결구법이 주로 사용되는데 한옥의 특성에 맞는 결구 철물의 개발이 아직은 부족한 상태이다. 내진성능에 가장 취약한 부분은 초석 위에 기둥을 올린 부분이다. 전통 한옥은 기초와 초석, 초석과 기둥을 아무런 결구 없이 올려놓은 정도이기 때문에 내진에서는 취약하다. 전통 한옥에서도 초석과 기둥이 수평 이동하지 않도록 자연석초석 위에 기둥 하부에 그렝이를 떠서 밀착하도록 올리는 방법을 사용했으나 구조적 성능은 미미하다. 이 경우 건물의 하중이 무거우면 누르는 수직 하중으로 인해 수평 이동을 어느 정도는 막을 수 있기 때문에 한옥은 지붕이 무거운 것이 유리하다. 하지만 내진을 위해서는 철물로 고정하는 것이 유리하다. 기초부터 초석을 관통하여 기둥 하부를 연결해야 해서 어렵지만 지옥철물 등을 개발하여 기둥 하부를 고정하였다. 그러나 초석을 관통하여 결구한다는 것이 쉬운 것이 아니어서 미래 신한옥은 초석을 생략하는 설계 및 구법의 개발이 필요하다.

기둥과 보 등도 철물을 이용해 결구하였다. 이때 철물을 목재 속에 숨기는 것이 관건이며 쉽게 조립할 수 있게 접합철물을 개발해 사용하였다.

신한옥 기둥머리 결구

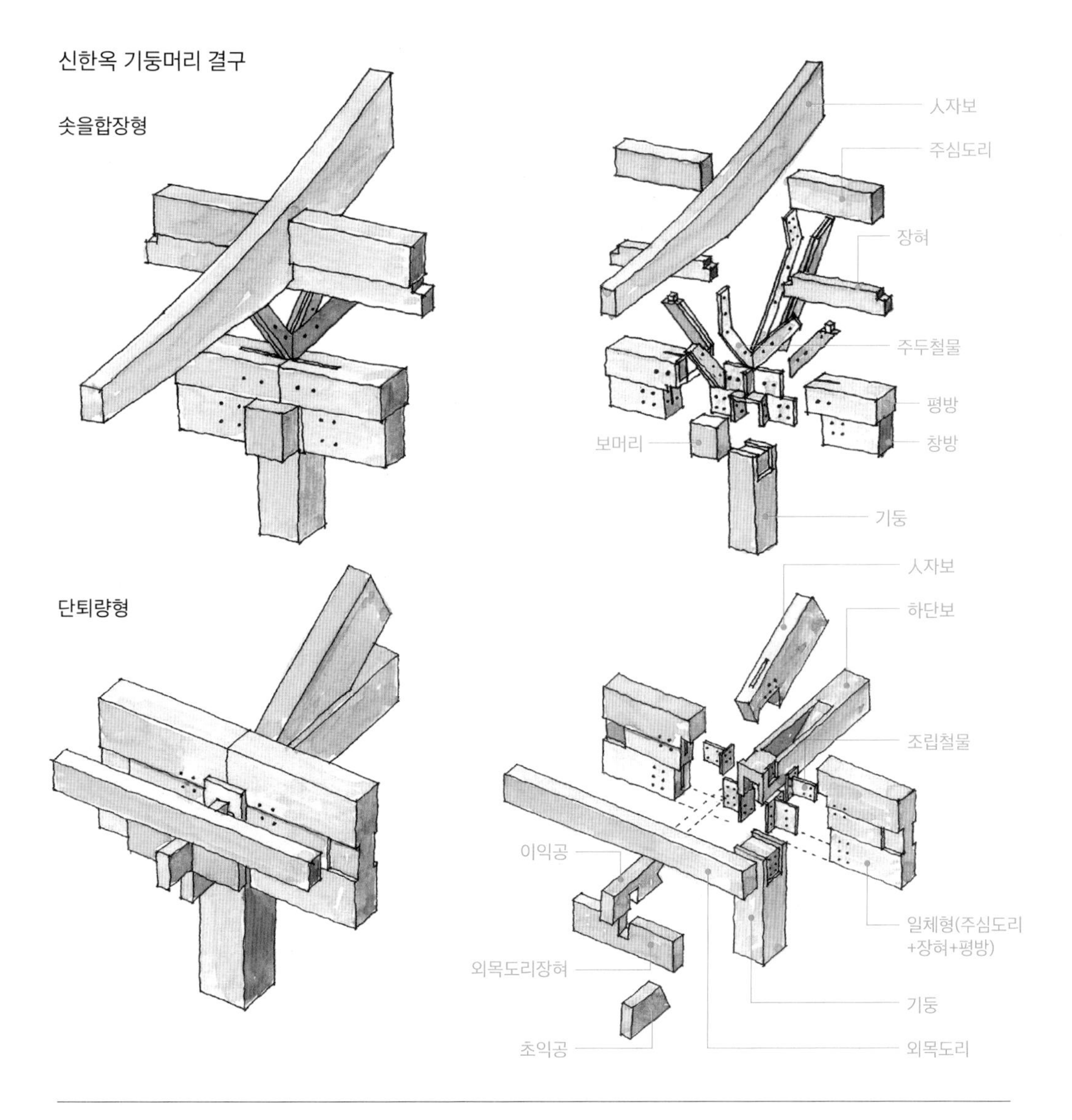

신한옥 기둥머리 결구

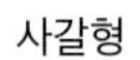

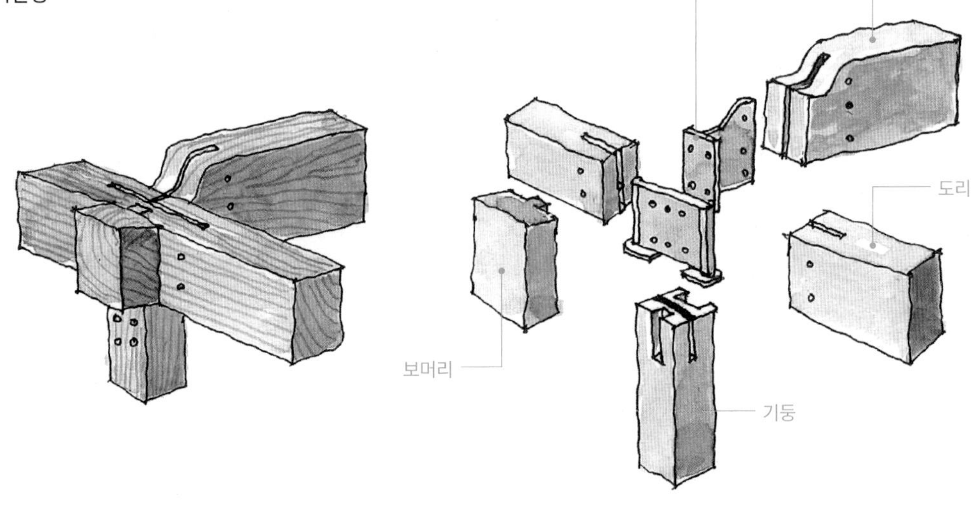

평방과 인(人)자 보의 결구

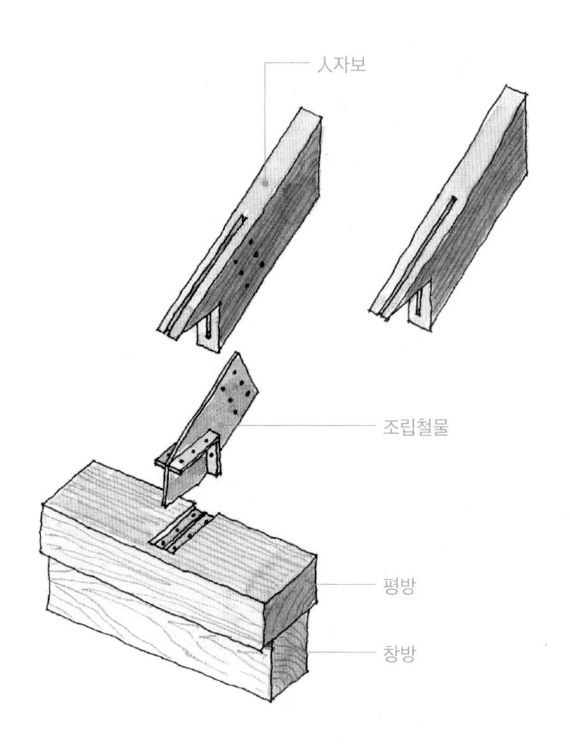

종도리의 결구

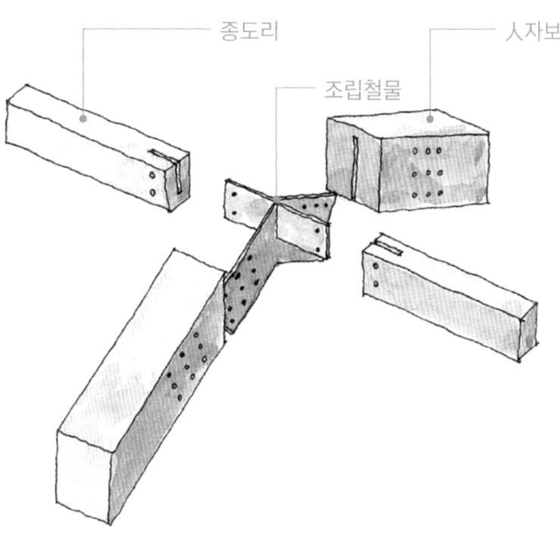

중도리의 결구

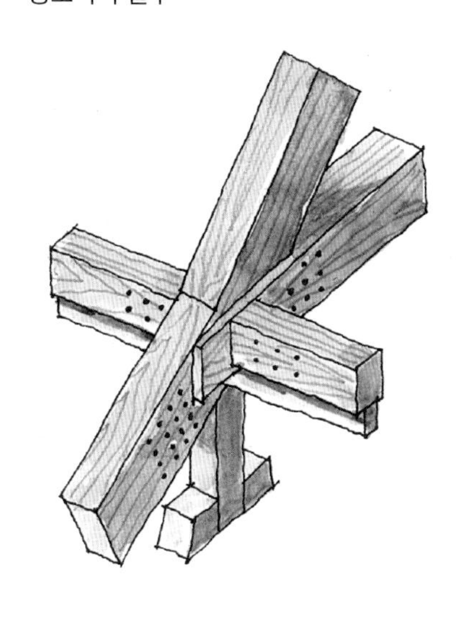

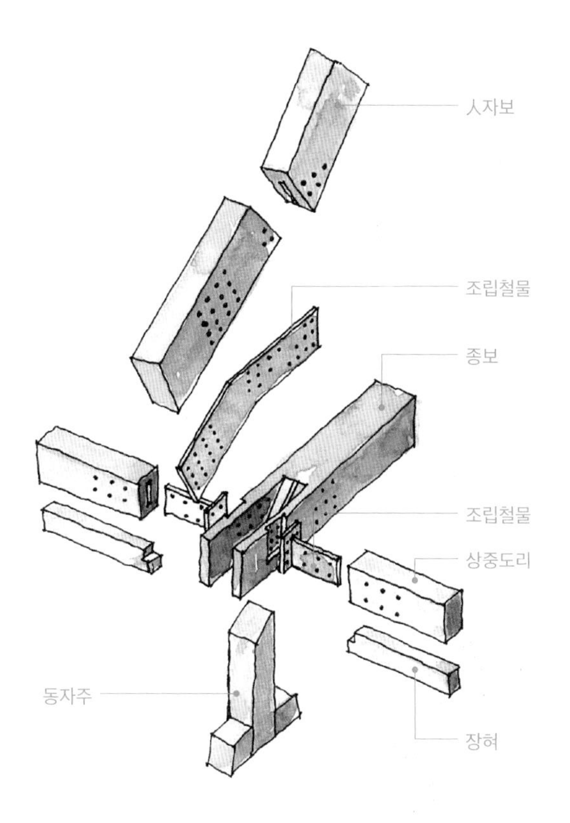

결구의 종류

결구는 부재끼리 만나는 부분의 결속을 가리킨다. 서까래를 못을 박아 고정하는 것은 결구라고 하지 않으므로 결구는 목재와 목재가 보통 암수로 결속되는 것을 지칭한다고 할 수 있다. 결구 방식은 연결되는 부재의 방향과 구조재인지 판재인지에 따라 맞춤, 이음, 쪽매로 분류한다.

◉ 이음

이음은 같은 길이 방향으로 결구되는 것을 일컫는다. 암·수장부가 없을 경우는 맞댄이음이라고 하고 암·수장부가 있는 경우는 장부이음이라고 한다. 맞댄이음은 길이 방향으로 인장을 받지 않는 기둥 간의 이음, 창방의 나비장이음 등이 있다. 인장을 받는 부재는 대개 장부이음을 하는데 도리의 경우 주먹장부이음이나 두겁장부이음이 많다. 또 뒤틀림이나 인장에 특히 강하게 하기 위해서는 엇걸이산지이음이나 엇걸이턱이음 등을 이용하였다.

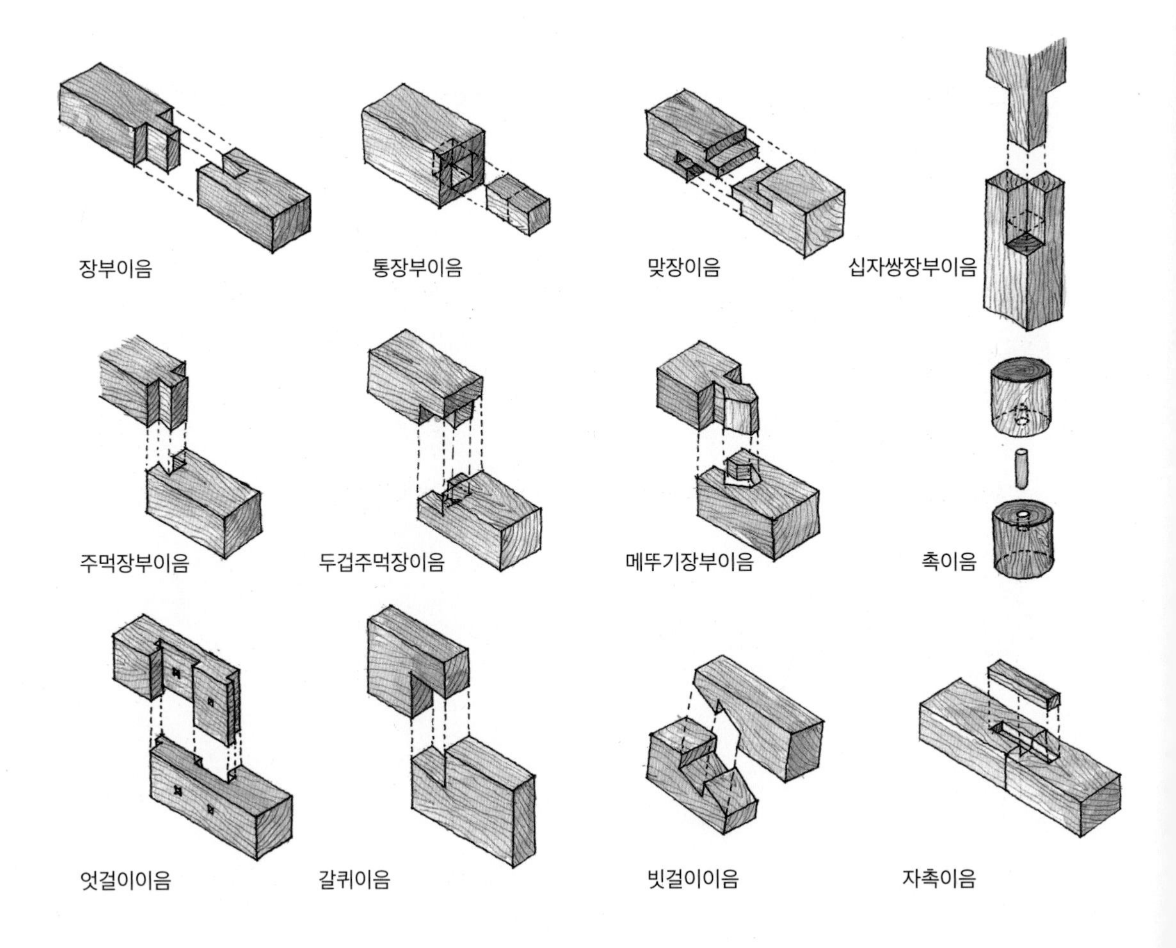

◉ 맞춤

구조재가 길이와 단면 방향으로 결구되는 것을 맞춤이라고 한다. 대표적인 것이 기둥머리 사갈에서 도리와 익공 및 두공이 십자로 결구되는 것을 사개맞춤이라고 한다. 민도리집에서는 익공과 두공 대신에 보와 도리와 십자로 결구된다. 두 부재에 암·수장부를 만들어 결구하는 것을 장부맞춤이라고 하는데 장부맞춤은 장부의 숫자와 모양에 따라 다시 나뉜다. 대표적으로 기둥머리에 도리를 맞출 때는 기둥머리에 암장부를 내고 도리에 주먹장 숫장부를 만들어 맞춤하는 주먹장부맞춤이 일반적이다. 기둥에 인방재를 결구할 때는 쌍장부맞춤이 많이 사용된다. 도리와 도리 등이 모서리에서 십자로 만날 때는 반턱으로 업힐장 받을장을 만들어 맞춤한다. 이를 반턱맞춤이라고 할 수 있는데 부재가 45도로 만나기 때문에 연귀맞춤이라고도 한다.

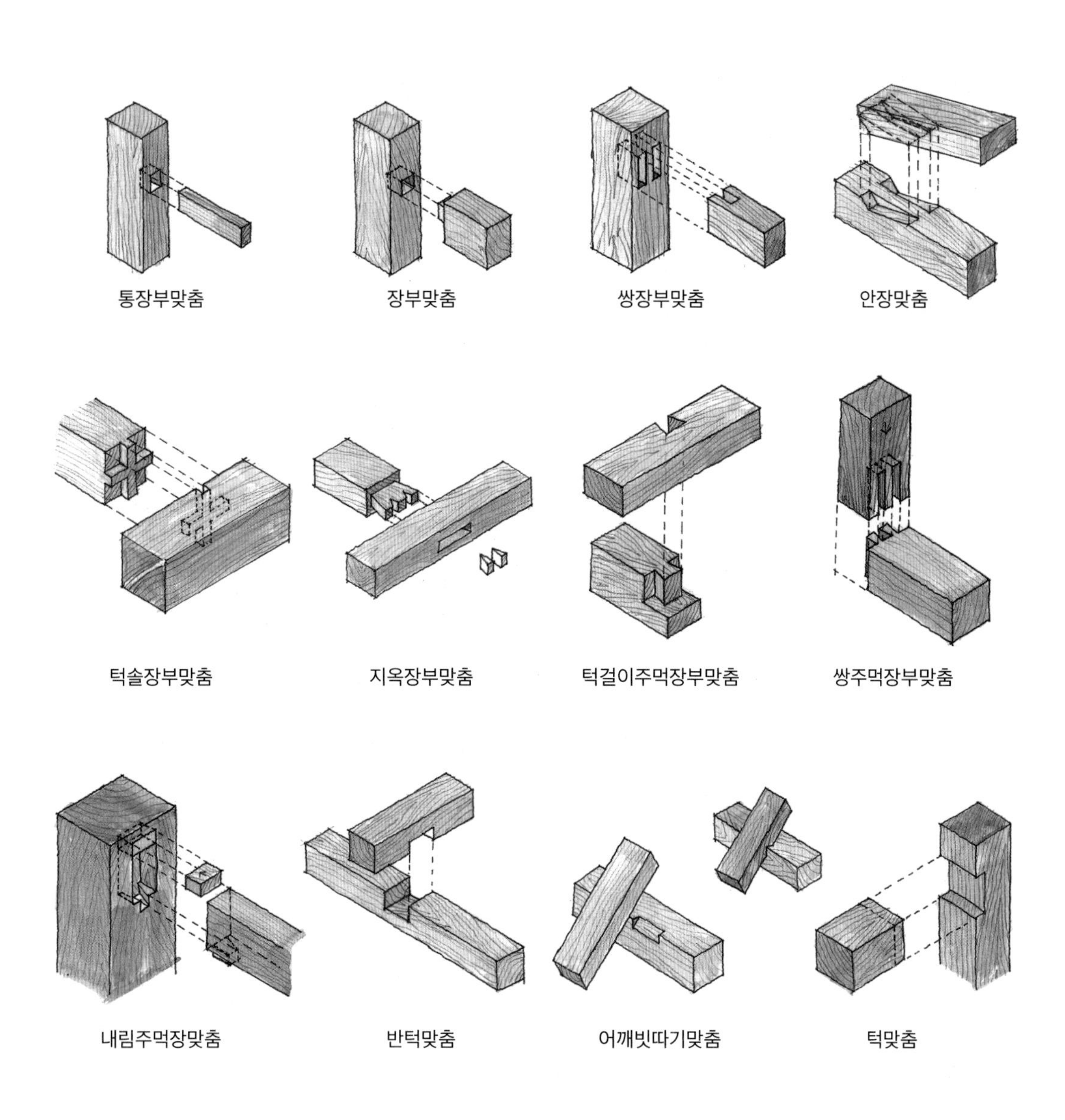

3 지붕틀

지붕 형식

- 맞배지붕
- 우진각지붕
- 팔작지붕
- 모임지붕
- 까치구멍집
- 부섭지붕

서까래

- 선자연
- 마족연
- 평연
- 부연

지붕에 사용되는 기법

- 처마 내밀기
- 앙곡과 안허리곡
- 방구매기

신한옥의 지붕틀

- 곡보형 지붕틀
- 단퇴량 지붕틀
- 솟을합장 지붕틀

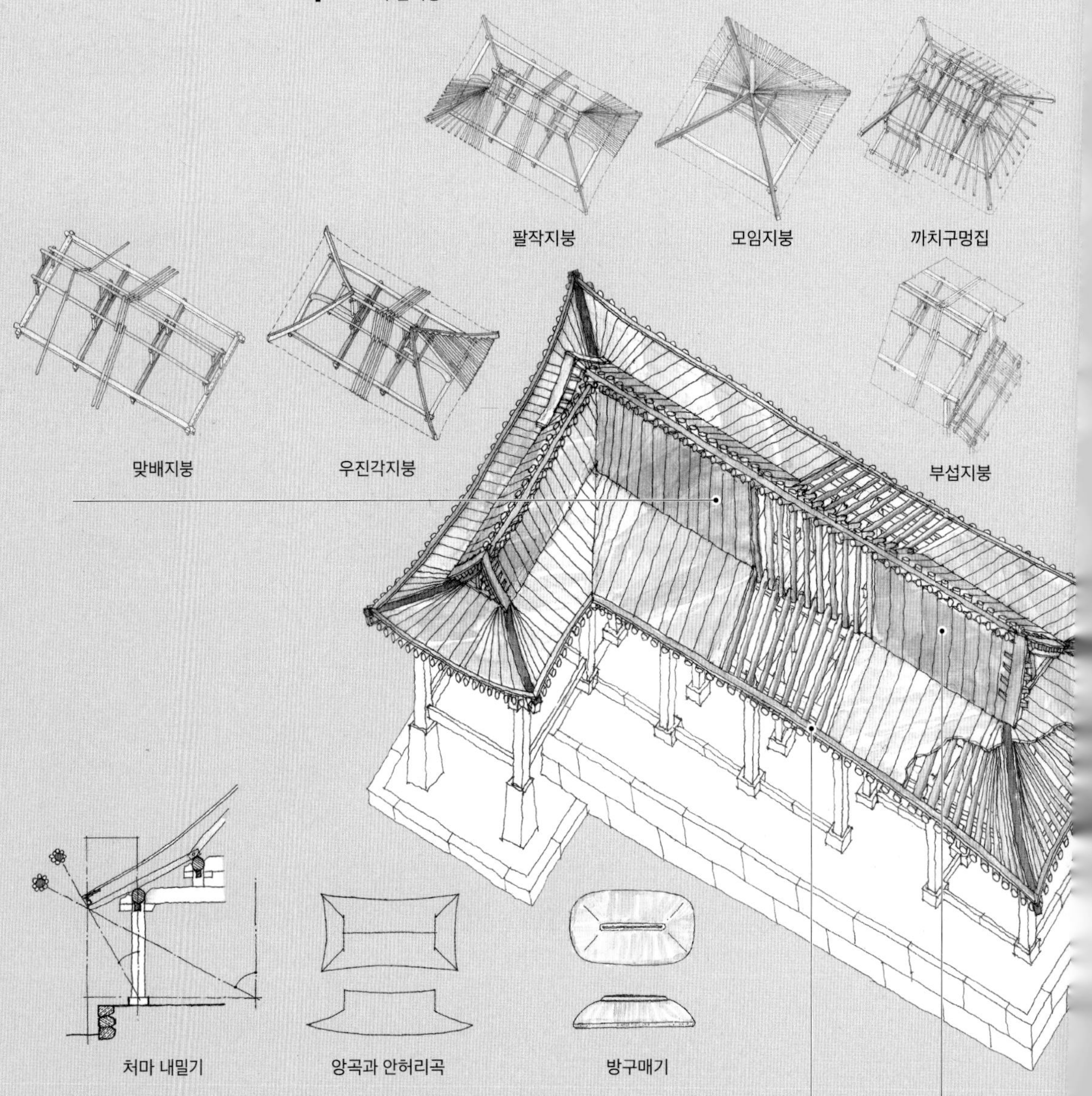

서까래 이상에서 지붕 마감 재료를 고정하기 위한 목조가구 부분을 지붕틀이라고 할 수 있다. 지붕틀은 서까래, 부연, 개판, 착고, 평고대, 연함 등으로 구성된다. 우진각, 팔작, 맞배 등 지붕의 모양에 따라 서까래의 종류와 거는 방향 규격 등은 달라지는데 살림집에서는 말구가 4~4.5치 정도 되는 것을 사용하였다. 신한옥은 규모가 커지면서 서까래 단면이 커지는 경향이 있는데 이는 자연목을 구하지 못하고 직선으로 곧은 가공목을 사용하는 영향도 있는 것으로 판단된다. 서까래는 도리에 연정(椽釘)이라는 못으로 고정하는데 서까래끼리는 맞댄이음으로 하지 않고 엇갈려 설치하는 것이 일반적이다. 서까래는 서로 연동하기 위해 도리에 못으로 고정하고 종도리에서는 연침을 박아 하나로 연결되도록 한다.

처마를 좀 더 길게 빼고 장식 효과도 주기 위해 방형의 짧은 서까래를 덧거는데 이를 부연이라고 한다. 서까래 사이는 싸리나무, 대나무, 장작 등으로 발을 엮어 깐 다음 흙으로 마감하는데 이를 산자엮기라고 한다. 요즘은 판재 가격이 싸지면서 산자엮기보다 개판을 까는 것이 경제적이 되었다. 전통 한옥에서는 서까래와 보가 트러스 구조를 이루지 못한다는 것이 구조적으로는 단점이다. 신한옥에서는 서까래 대신 빗보 등을 사용하여 하부 가구 부분과 트러스 구조가 되도록 하는 구법의 개발이 필요하다.

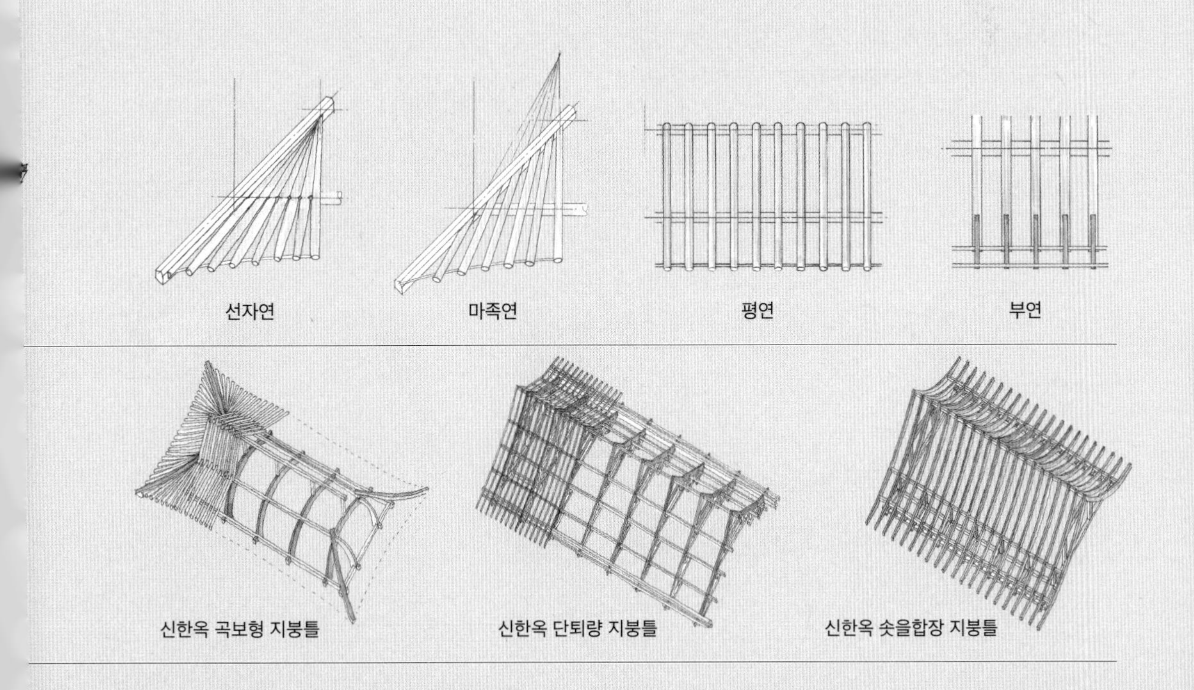
선자연 / 마족연 / 평연 / 부연

신한옥 곡보형 지붕틀 / 신한옥 단퇴량 지붕틀 / 신한옥 솟을합장 지붕틀

지붕 형식

지붕 마감재료를 지지하기 위한 가구를 지붕틀이라고 할 수 있다. 목조 지붕틀에서는 도리 이상 부분을 가리키는 것으로 지붕틀은 지붕의 경사, 마감 재료, 시대 및 지역에 따라 다르다. 원형이나 방형의 초기 움집에서는 벽과 지붕이 구분되지 않았고 지붕틀은 원추형이 일반적이었다. 움집의 규모가 커지면서 장방형이 탄생하였고 이때 우진각지붕과 맞배지붕이 나타났다. 벽이 발생하여 지붕과 분리되면서 도리가 사용되기 시작하였고 처마의 개념이 생겼으며 본격적으로 지붕틀이 발달하였다. 서까래와 추녀 등 지붕틀의 주요 부재들이 나타나고 기능과 부재의 합리적인 사용을 위해 팔작지붕이 탄생하였으며 지붕장식과 재료도 다양화 하였다.

◉ 맞배지붕

도리와 서까래만으로 구성된 지붕틀이다. 추녀가 없기때문에 목재 소요량이 가장 적고 공법이 간단하며 강직한 맛이 있다. 하지만 측면에 처마가 없기 때문에 측면에 창호 등이 없고 보 칸이 작은 건물에 사용한다. 측면은 도리를 어느 정도 돌출시키고 지붕을 만들어 비바람을 막을 수 있게 하지만 온전하지 않기 때문에 측면 가구가 상하지 않도록 풍판 등을 설치하기도 한다. 도리뺄목은 시대가 올라갈수록 많이 뺐으며 시대가 내려올수록 작아졌다. 도리뺄목이 작아지면서 풍판이 탄생한 것으로 추정된다. 한옥에서 도리뺄목은 보통 3자 정도가 일반적이다. 맞배지붕에서도 지붕 앙곡을 위해 양쪽 끝에 갈모산방을 둔다.

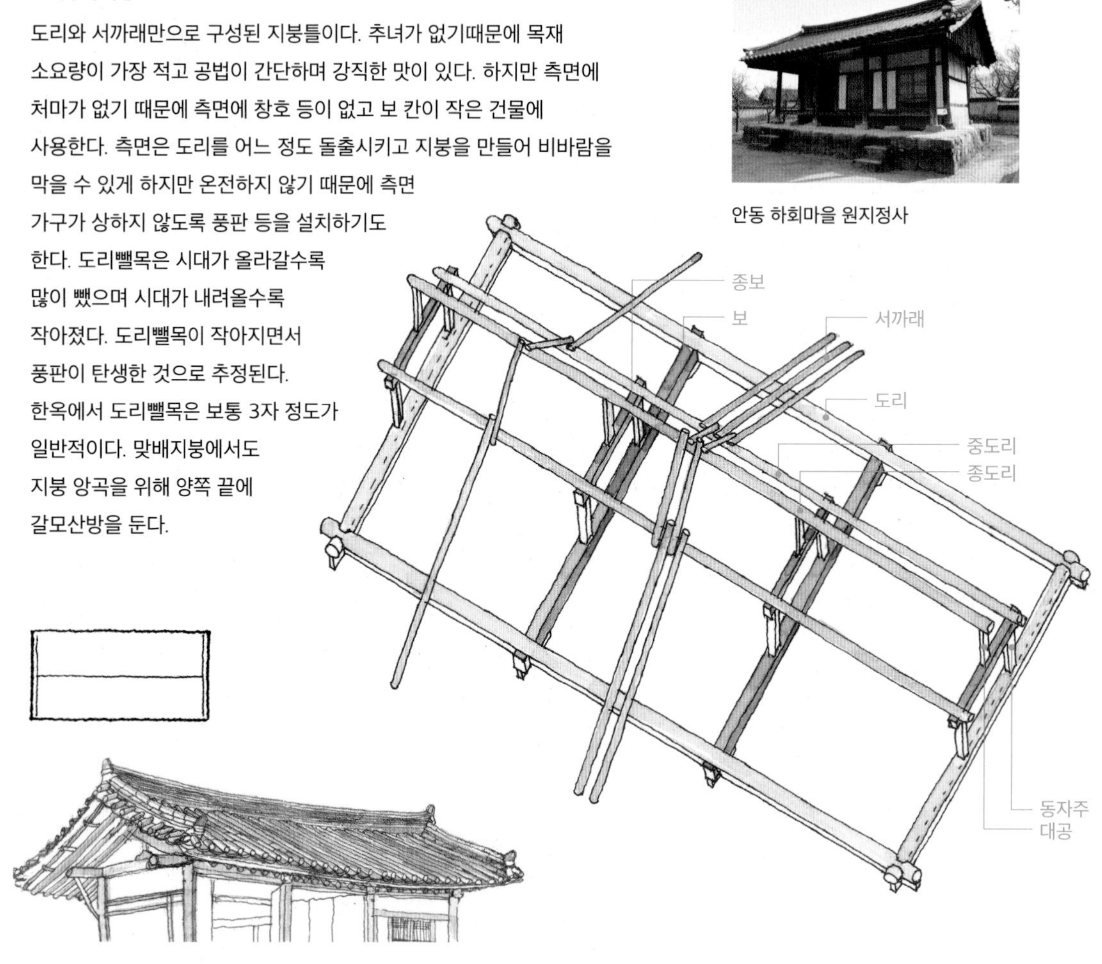

안동 하회마을 원지정사

한옥은 평지붕이 없으며 한쪽 경사지붕도 거의 없으며 대부분 양쪽 경사지붕이다. 지붕틀을 만들 때 가장 중요하게 고려하는 것이 지붕의 물매이다. 지붕 물매는 서까래 물매에 의해 결정되지만 꼭 일치하는 것은 아니다. 물매는 강수량, 지붕 재료와 관계가 있으며 처마내밀기는 지역에 따라 다르다. 보통 기와지붕의 경우 평연의 물매는 4~5치 물매이며, 단연은 9~10치 물매 정도이다. 밑변이 10치일 때 높이가 4치인 것을 4치 물매라고 한다. 장연과 단연의 물매가 다른 것은 처마부분을 들어서 채광을 양호하게 하기 위함이다. 따라서 지붕물매를 잡기 위해서 단연과 장연이 만나는 부분에 적심을 많이 채우게 된다.

◉ 우진각지붕

추녀가 사용되고 사면에 처마가 있는 지붕 형식이다. 맞배지붕은 측면이 단칸인 행각이나 문간채 등에서 많이 쓰이지만 우진각지붕은 측면이 1.5~2칸 정도의 본채에서 주로 사용한다. 물론 단칸에서도 측면에 창호 등이 있어서 비가림이 필요한 경우에는 우진각으로 하기도 한다. 추녀는 단칸인 경우에는 종도리뺄목에 멍에도리를 걸어 여기에 걸치거나 덕량을 걸고 그 위에 올리기도 한다. 1.5~2칸인 경우는 대공 위 종도리에 바로 건다. 규모가 더 커지면 추녀가 과중해지기 때문에 이 경우는 팔작지붕으로 하는 것이 합리적이다. 살림집은 규모가 그리 크지 않기 때문에 우진각지붕을 많이 사용했다. 그러나 요즘 한옥은 과시욕으로 팔작지붕을 선호하는 경향이 있다.

곡성 제호정 고택 사랑채

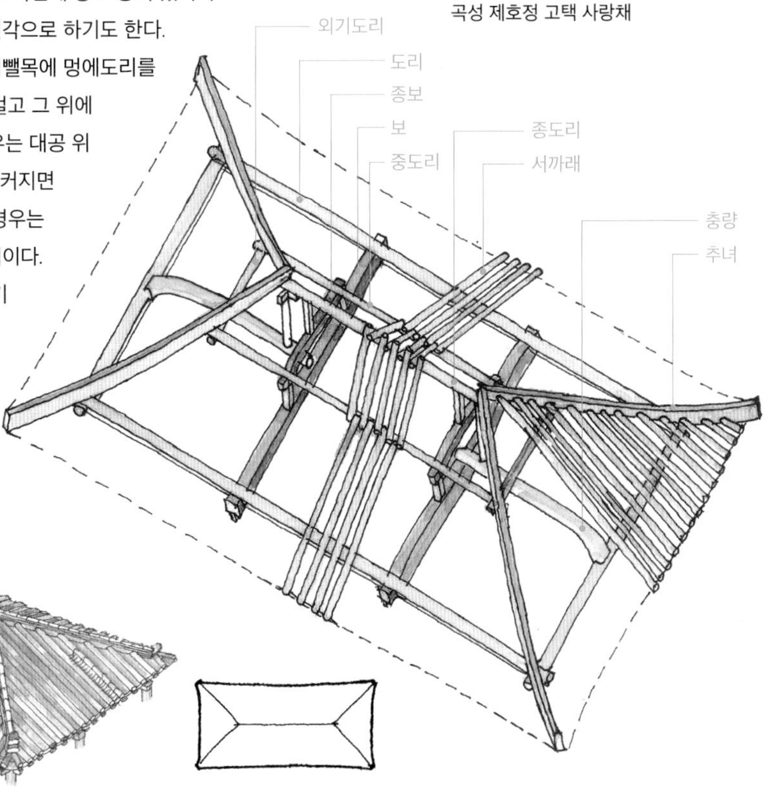

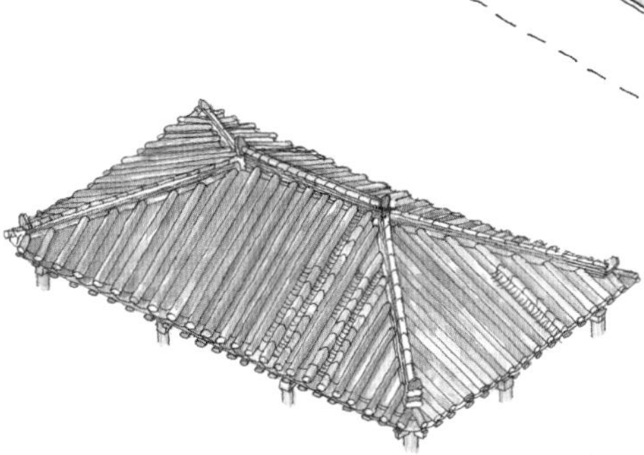

◉ 팔작지붕

팔작지붕은 우진각지붕 위에 맞배지붕을 올린 것과 같은 형태이다. 측면 1칸 이상의 비교적 규모와 격식이 있는 본채에 사용했다. 추녀와 측면 서까래를 걸기 위해서 충량에 지지되는 외기를 만들고 여기에 측면 서까래와 추녀를 거는 것이 일반적이다. 외기 안쪽은 가림을 위해 우물천장 형식의 눈썹천장을 둔다. 팔작지붕은 5량가 이상이 많고 단연과 장연을 걸게되며 측면에는 삼각형 모양의 합각이 만들어진다. 팔작지붕은 추녀가 비교적 짧으면서도 측면 규모가 큰 건물에 사용할 수 있는 것으로 가장 늦게 사용하기 시작한 지붕 형식이다. 지붕 모양이 권위적이며 지붕마루가 용마루, 내림마루, 추녀마루 모두 갖추어진 복잡한 지붕을 구성한다는 것이 단점이라고 할 수 있다.

안동 하회마을 충효당

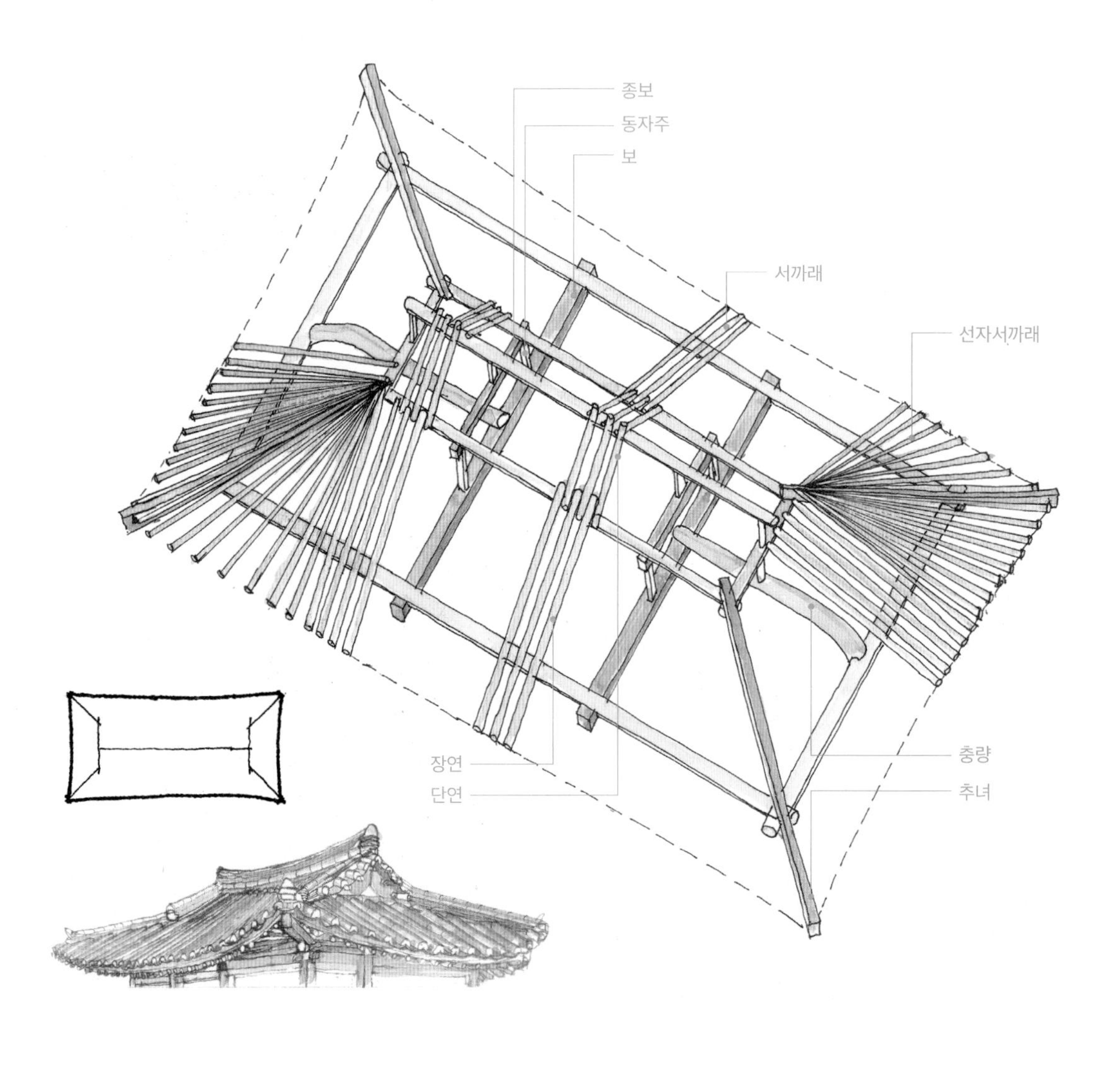

◉ 모임지붕

중도리와 처마도리 없이 추녀와 서까래로만 구성된 지붕 형식이다. 서까래도 평연은 없고 마족연 또는 선자연으로만 구성된다. 정면과 측면의 경간이 같은 정방형 건물에 사용하는 지붕 형식이다. 정자나 탑 등에 주로 사용되며 일반적이지는 않다. 규모가 클 경우에는 추녀가 길어지기 때문에 부담이 있는 지붕 형식이다. 고구려에서는 귀접이 가구 형식을 사용했던 것을 볼 수 있다. 모임지붕은 추녀가 하나의 꼭짓점에서 모이기 때문에 추녀를 걸 수 있는 중심기둥을 사용하는데 이를 심주 또는 찰주, 허가주라고 한다.

양산 우규동 별서

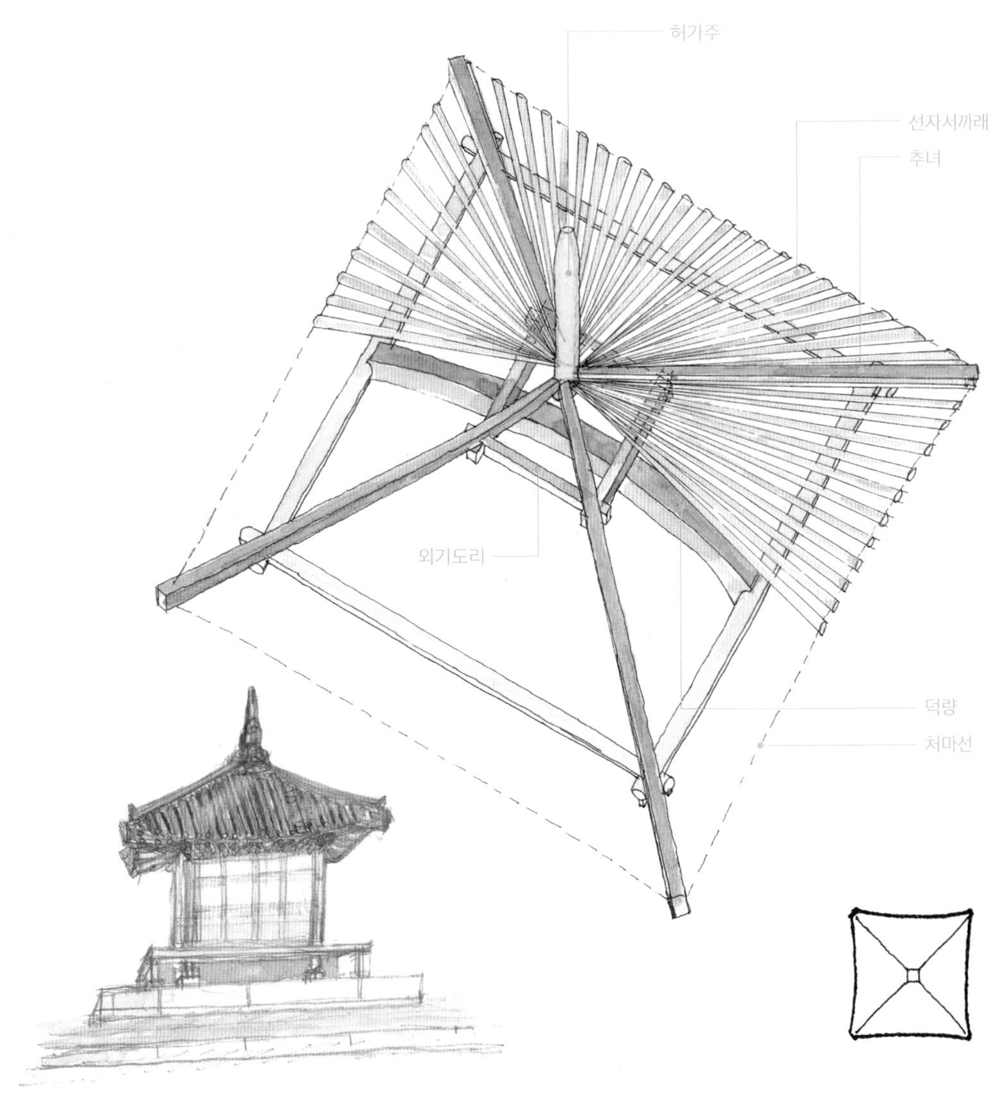

◉ 까치구멍집

원시움집이나 강원도 너와집에서와 같이 우진각지붕의 양 측면에 작은 합각을 만들어 환기구로 사용할 수 있도록 한 지붕 형식이다. 합각지붕과 달리 외기가 없으며 우진각지붕의 추녀 상부에 좌우로 멍에목을 걸고 여기에 측면 서까래를 걸어 상부에 작은 환기구를 낸 지붕 형식이다. 외관에서는 작은 합각이 만들어진 것과 같이 보이지만 가구 형식은 우진각지붕과 같다. 초가지붕에서도 측면에 부엌이 있는 경우 까치구멍집으로 만든다.

봉화 설매리 3겹 까치구멍집

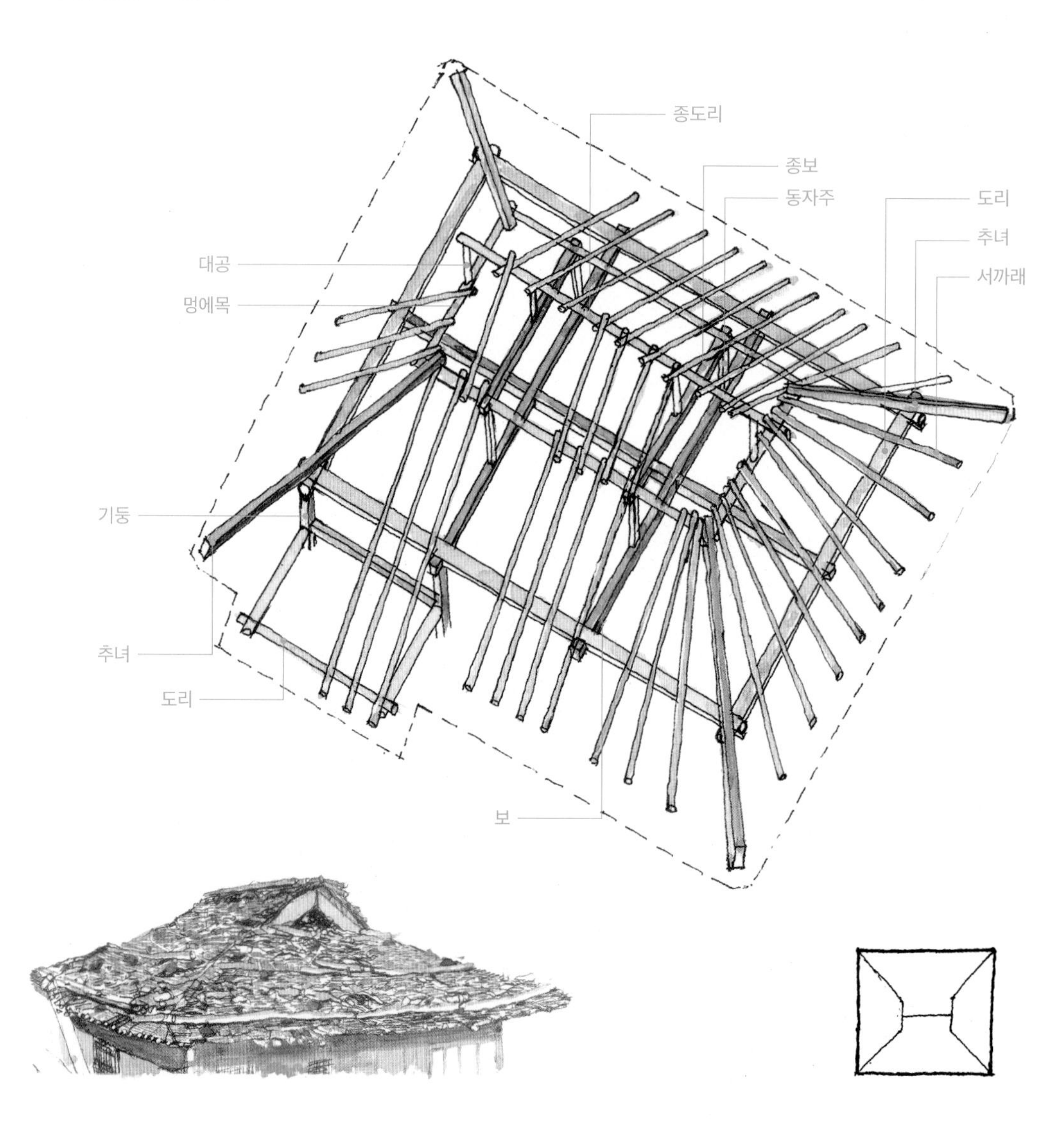

◉ 부섭지붕

맞배지붕집 측면에 비 가림을 위해 별도의 한쪽 경사지붕을 덧단 지붕 형식이다. 측면기둥에 멍에도리를 걸고 외곽에 별도의 기둥을 세워 처마도리를 건 다음 여기에 서까래를 걸어 지붕을 만든다. 별도의 기둥을 세우지 않는 경우는 기둥에 뺄목이나 까치발을 설치하고 여기에 도리를 걸어 지붕을 만드는 경우도 많다. 부섭지붕은 외관에서 보면 팔작지붕처럼 보이지만 가구구성은 전혀 다르다. 안동, 양동, 영주 등지의 살림집 본채에서도 팔작지붕의 효과를 내기 위해 부섭지붕을 많이 사용한다.

가일 수곡고택

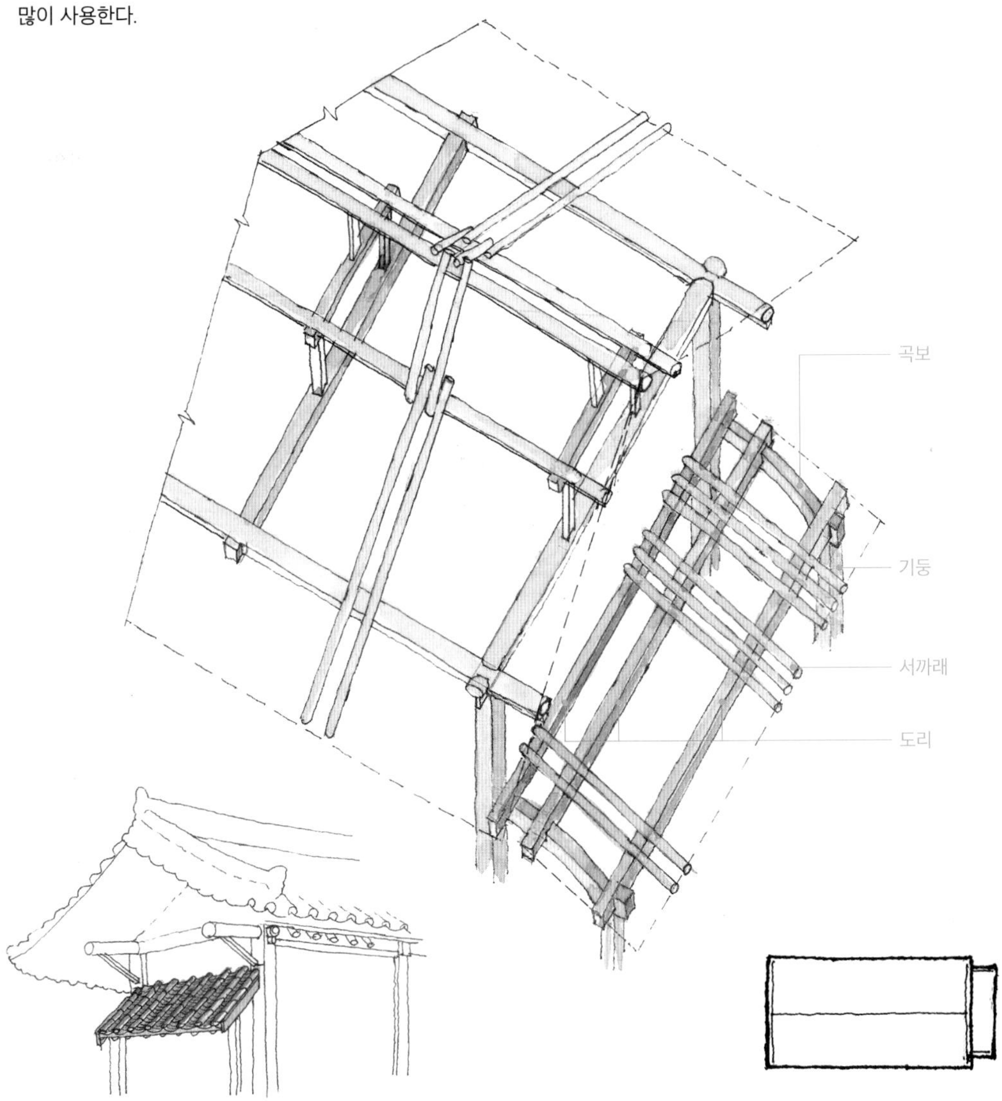

서까래

서까래는 한자로는 연목(椽木)이라고 표기한다. 한국에서는 대부분 둥근 서까래를 사용하지만 일본은 대부분 각서까래(方椽)을 사용한다. 그렇다고 해서 한국에 방연이 없는 것은 아니다. 상주 양진당, 송소종택, 창덕궁의 청의정, 취운정, 관람정, 종친부 행각 등에서 심심치 않게 볼 수 있다. 고려시대 연곡사 부도에서도 볼 수 있으며 방연에 대한 기록은《산릉의궤》에서도 나타난다. 시대가 올라갈수록 사용 빈도가 높았던 것으로 추정된다. 다만 한국에서는 임진왜란이후 산림이 황폐화되고 목재 공급이 원활치 않아 서까래 정도는 10~15년생 작은 소나무를 껍질만 벗겨 사용하던 것에서 보편화되었다고 볼 수 있다. 둥근 서까래와 각서까래가 구조적인 측면에서는 큰 차이는 없으나 당골막이 부분에서 기밀성의 차이가 크기 때문에 신한옥에서는 각서까래를 고려해야 한다.

살림집의 서까래는 직경이 다양한데 요즘은 점차 굵어져서 150mm 이상을 사용하기도 하지만 조선시대에는 이것보다 가늘었다. 120~135mm 정도가 적합한데 다만 자연목을 껍질 정도만 벗겨서 사용하고 직선화하기 위해 많은 가공을 하지 않는 것이 내구성에는 좋다. 그리고 서까래 위에는 적심과 보토 등을 이용해 습기가 전달되지 않도록 해야 썩지 않고 오래간다. 서까래는 위치에 따라 장연, 단연, 중연으로 구분하고 건 모양에 따라 평연, 선자연, 마족연 등으로 구분한다.

◉ 선자연

추녀 양쪽에 부챗살처럼 건 서까래를 가리킨다.
팔작지붕의 선자연은 정면과 측면의 중도리가 만나는 왕찌도리에서 꼭짓점이 모이지만 우진각지붕은 종도리 끝단에서 꼭짓점이 형성된다. 또 모임지붕은 추녀가 모이는 찰주에서 꼭짓점이 만들어지기 때문에 선자연의 길이가 매우 길다. 따라서 살림집의 경우는 우진각지붕과 모임지붕에서 정선자보다는 엇선자나 말굽서까래를 거는 것이 일반적이다. 정선자는 기법이 까다로워 건물 내부 부분은 판재로 처리하고 선자연 모양만 낸 판선자라는 것을 사용하기도 하지만 전통적인 기법이라고 보기는 어렵다.

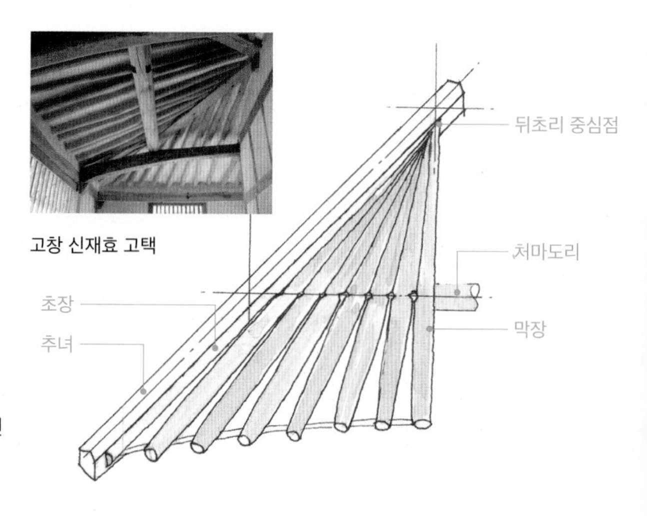

고창 신재효 고택

◉ 마족연

말굽서까래라고도 부르며 살림집에서 많이 사용한다. 선자연 꼭짓점이 종도리 끝단이나 중도리 교차점에서 만나지 않고 추녀 옆에 엇비슷하게 건 서까래이다. 엇선자와 다른 점은 엇선자는 중도리를 지나 내부 가상의 꼭짓점에서 만나지만 말굽서까래는 만나지 않는다. 말굽서까래는 내부 길이가 긴 우진각이나 모임지붕에서 자연스럽게 굽은 얇은 서까래를 사용해야 하는 조건에서 쓰이기 시작했다고 할 수 있다. 마족연은 추녀 옆면에 못으로 고정한다.

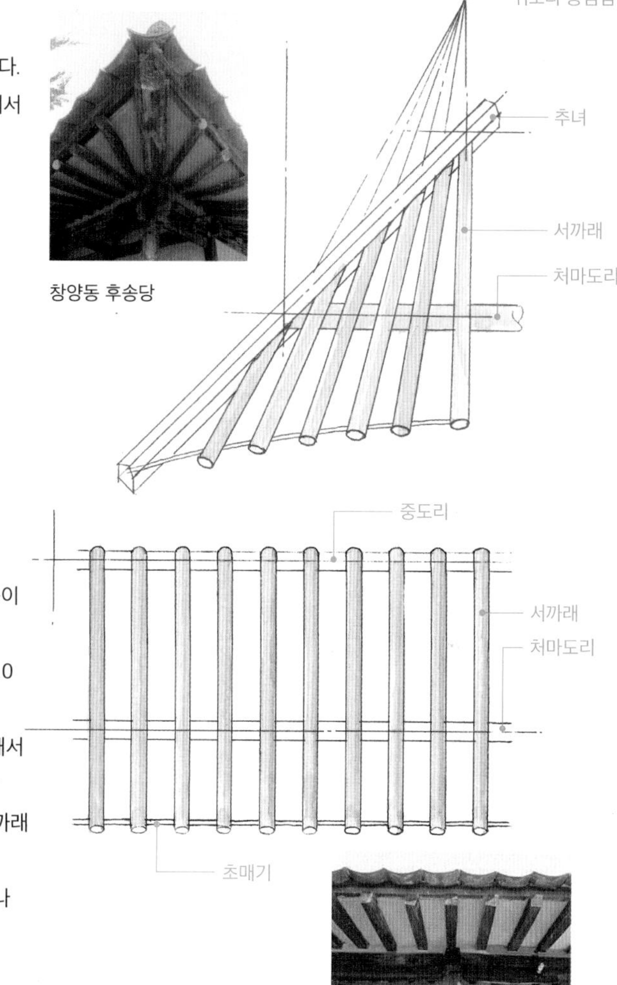

창양동 후송당

안동 송소종택 안채

◉ 평연

추녀 양쪽을 제외하고는 모두 평연으로 건다. 건물 가운데 부분의 장연과 단연, 합각부분의 허가연이 모두 평연이며 맞배지붕의 경우는 평연으로만 지붕이 구성된다. 장연의 경우 평연구간에서도 약간의 서까래곡이 있으며 서까래 말구는 수직이 아닌 1/10 정도의 경사로 사절한다. 그리고 처마로 빠져나온 부분은 끝으로 갈수록 굵기를 줄여주는 배걷이를 해서 시각적인 부담감을 줄여준다. 신한옥에서는 이러한 기법까지 사용하기에는 품이 많이 들어 어렵다. 서까래 간격은 개략 한 자 정도가 일반적이지만 서까래가 굵어지면 간격을 더 넓혀야 하며 하중이 적은 초가나 작은 부속건물 등은 더 넓게 배치하기도 한다.

◉ 부연

부연은 서까래 끝에 겹처마를 만들기 위해 덧대는 방형의 짧은 덧서까래를 가리킨다. 부연을 달면 처마 내밀기도 깊게 할 수 있으며 처마가 들려 채광이 좋고 화려한 장식도 겸할 수 있다. 부연은 서까래 길이의 한계를 극복하여 처마를 길게 뺄 수 있는 좋은 방법이기도 하다. 하지만 지붕틀의 구조가 복잡해지고 부연 사리를 막을 수 있는 착고판 등의 부재가 늘어나게 된다. 신한옥에서는 이러한 것들이 모두 건축비를 상승시키는 요인이 된다.

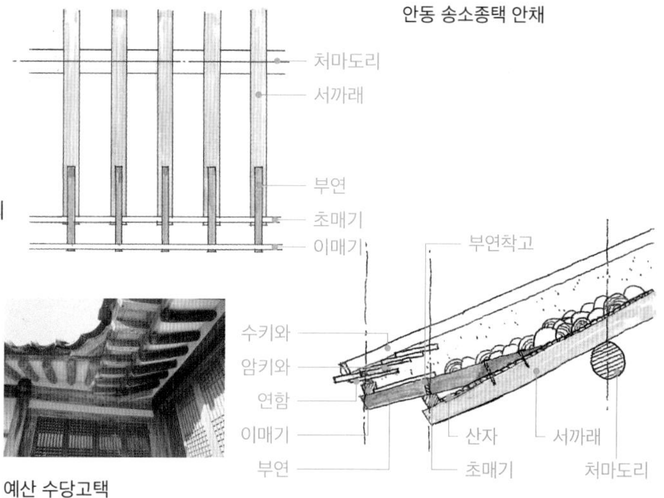

예산 수당고택

지붕에 사용되는 기법

한·중·일 동양 삼국의 지붕을 비교하면 한국이 가장 자연스럽다. 이는 지붕선이 인위적인 곡선이 아니라 현수선이라는 자연곡선을 사용하기 때문이다. 일단 처마는 위로 치켜 올라가는 앙곡과 양쪽 처마 쪽으로 갈수록 앞으로 튀어나오는 안허리곡이 결합하여 만들어진다. 중국 건물은 추녀 부근에서만 앙곡을 급격히 주고 일본 건물은 안허리곡이 없어서 인위적이고 역동성이 떨어진다. 그러나 이 두 곡선을 모두 사용하면 서까래의 길이와 굽은 정도가 모두 다른 것을 사용해야하기 때문에 쉽지 않다. 지붕의 모양이 다른 것은 기술의 차이보다는 미학의 차이로 볼 수 있다.

◉ 처마 내밀기

처마 내밀기는 목조건축에서 비바람에 벽체와 가구부재들을 보호하는 역할을 한다. 많이 뺄수록 비바람에는 유리하겠지만 구조와 채광에는 불리하기 때문에 태양의 남중고도를 고려하여 적정한 처마 내밀기를 결정했다. 보통 중부지방을 중심으로 기둥 밑에서 처마 끝을 연결하는 가상선을 그리면 그 내각이 30도 정도가 되도록 하였다. 따라서 처마는 절대 길이가 있는 것이 아니고 건물의 높이에 따라 변동하였음을 알 수 있다. 보통 살림집에서는 이 비례로 하면 4자 정도이다. 구조적으로는 처마도리를 기준으로 내민길이가 안으로 물린 길이보다는 적어야 하기 때문에 건물의 측면 폭과 중도리 위치에 관계가 있다.

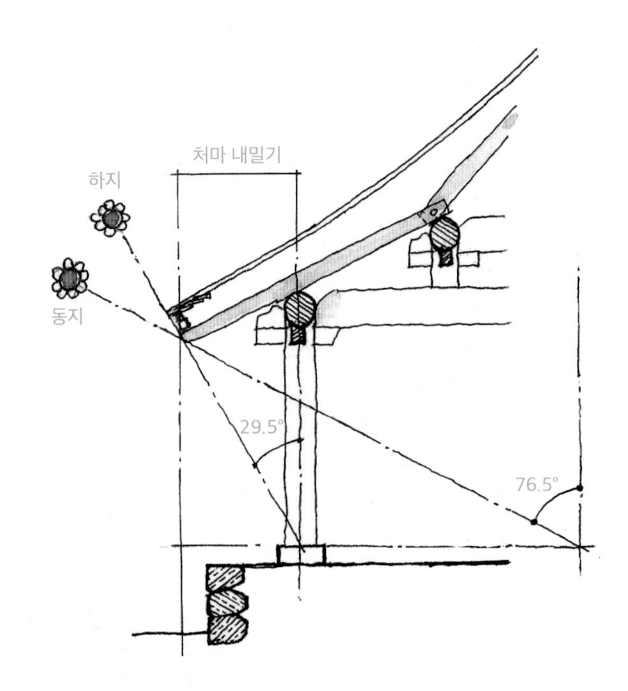

◉ 앙곡과 안허리곡

앙곡과 안허리곡도 지역과 기문(技門)에 따라 약간씩 차이가 있다. 조희환 대목 기문에서는 안허리곡은 처마도리와 중도리 간격과 관계가 있다. 보통 살림집 본채 정도의 규모에서 처마도리와 중도리 한 자당 2치5푼의 안허리곡을 두었다. 툇간이 5자라면 안허리곡은 1자2치5푼 정도가 되는 것이다. 앙곡은 9치에서 한 자 정도를 둔다. 앙곡은 건물 중앙의 가장 낮은 서까래에서부터 추녀 쪽으로 자연스러운 현수선을 그려야 하는데 보통은 선자연 구간에서 갈모산방을 사용해 급격히 올라가는 것이 일반적이다. 요즘은 평연을 곡이 없는 서까래를 사용하여 평연 구간은 앙곡이 없고 선자연 구간에서만 앙곡이 급격한 경우가 많다.

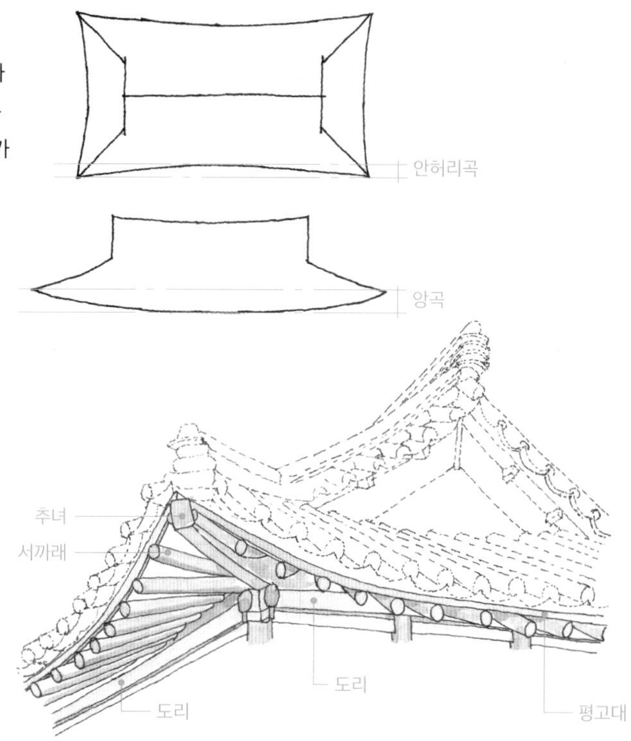

◉ 방구매기

기와지붕에서는 앙곡과 안허리곡을 사용하지만 초가지붕에서는 다르다. 초가지붕은 처마뿐만 아니라 지붕곡도 기와지붕과는 반대이다. 기와지붕의 용마루곡은 가운데가 처진 현수곡선이지만 초가지붕은 가운데가 위로 올라간 볼록한 모양이다. 처마곡도 앙곡은 없으며 안허리곡은 기와지붕과 반대로 건물 중앙 부분이 가장 많이 튀어나오고 추녀 쪽으로 갈수록 짧게 처리한다. 이를 방구매기라고 하며, 또 서까래 끝에는 마치 눈썹처럼 기스락을 설치하여야 빗물이 서까래와 추녀를 타고 흐르는 것을 방지하여 부식을 막는다.

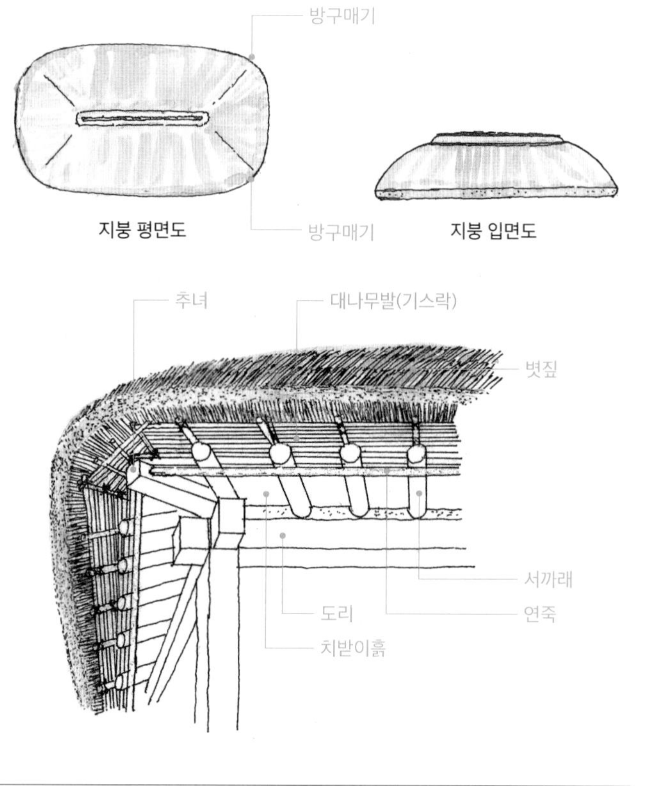

신한옥의 지붕틀

신한옥도 살림집 규모 정도에서는 전통 한옥과 다름없이 도리, 장연, 단연의 구성은 유사하다. 다만 그 윗부분 지붕 속을 적심과 보토 대신 단열재로 채우는 것에 차이가 있을 뿐이다. 그러나 규모가 커지고 건물도 높아지면 전통 한옥의 처마 내밀기를 적용하기 어렵기 때문에 1층 높이 정도에 눈썹천장을 설치하는 등 미학적 재해석이 필요하다. 또 안허리곡과 앙곡을 주기 어려우며 도리와 서까래, 가구부재 간의 관계도 재정립하여 구조적 강도가 보강될 수 있도록 재해석해야 한다. 전통 한옥의 도리와 서까래는 삼각형을 이루기 때문에 모양으로는 트러스와 같이 보이지만 실제로는 부재 간에 강접으로 연결되어 있지 않기 때문에 취약하다. 따라서 신한옥에서는 같은 모양을 가지면서도 트러스가 구성되도록 연결부위와 결구방법 등을 조정해야 한다. 그리고 건물 몸체의 가구부재와 지붕부재를 별도로 보지 않고 하나로 연동시켜 경간을 넓히고 구조를 보강할 필요가 있다.

◉ **곡보형 지붕틀**

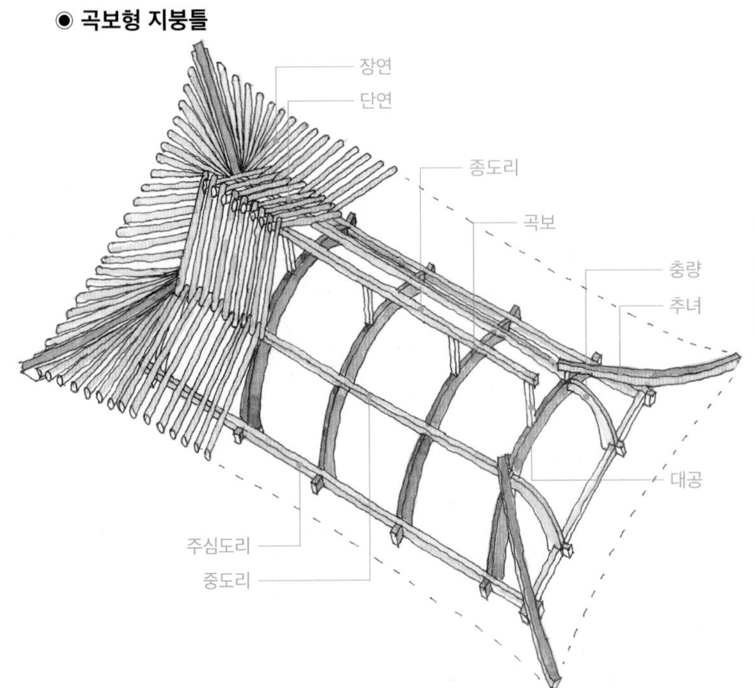

수원 한옥기술 전시관.
곡보를 사용하면 대들보와 종보를 하나로 통합한 효과가 있으며 실내 층고를 높일 수 있어서 시원하다. 또 곡선부재이기 때문에 집성재를 사용한다면 보의 단면을 현격히 줄일 수 있는 이점이 있다.

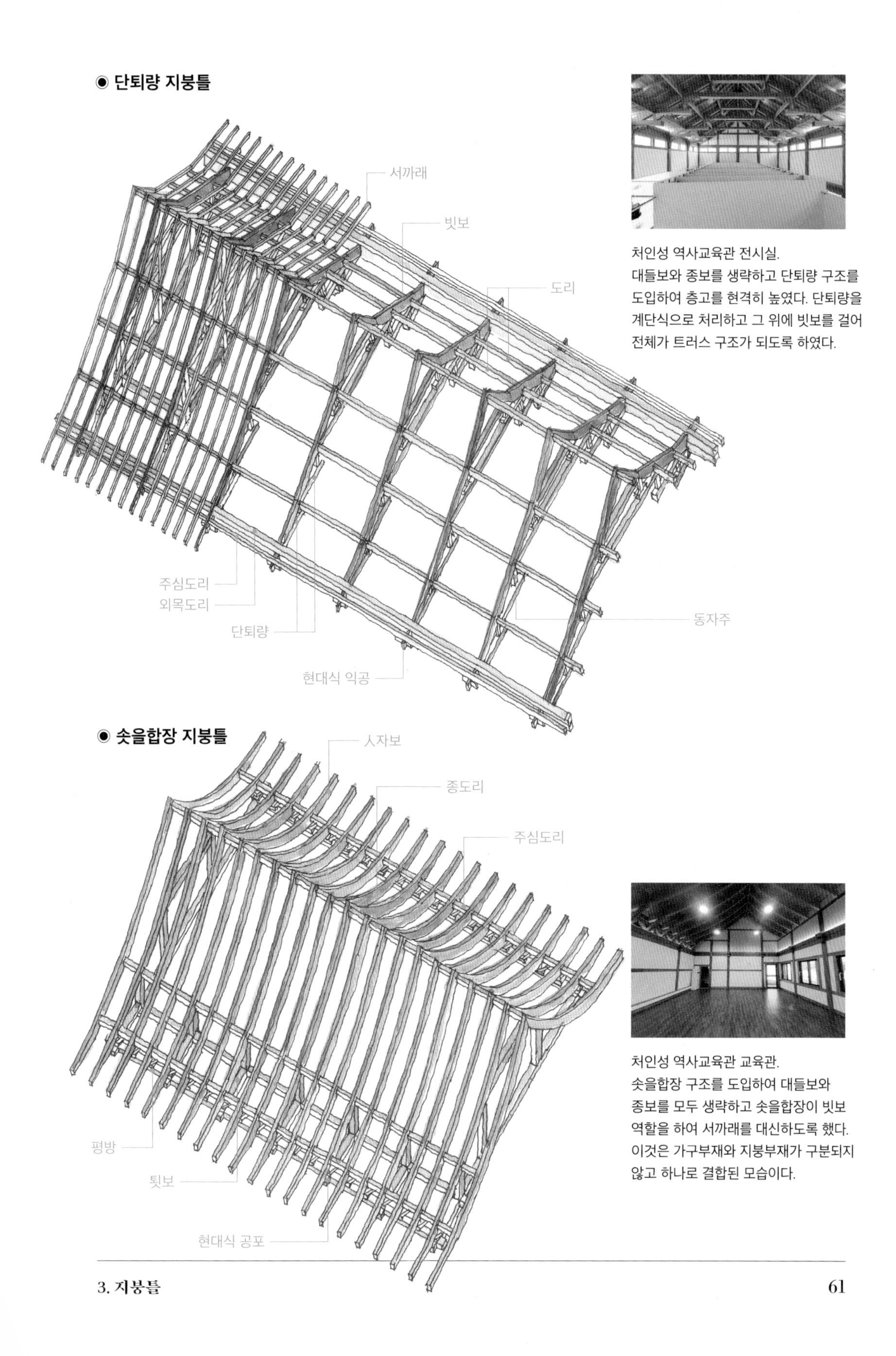

처인성 역사교육관 전시실.
대들보와 종보를 생략하고 단퇴량 구조를 도입하여 층고를 현격히 높였다. 단퇴량을 계단식으로 처리하고 그 위에 빗보를 걸어 전체가 트러스 구조가 되도록 하였다.

처인성 역사교육관 교육관.
솟을합장 구조를 도입하여 대들보와 종보를 모두 생략하고 솟을합장이 빗보 역할을 하여 서까래를 대신하도록 했다. 이것은 가구부재와 지붕부재가 구분되지 않고 하나로 결합된 모습이다.

4 지붕 마감

지붕 재료

- 초가
- 기와
- 너와
- 굴피

지붕의 구성

- 초가지붕
- 기와지붕
- 너와 및 굴피지붕
- 기와의 종류
- 신한옥 건식지붕

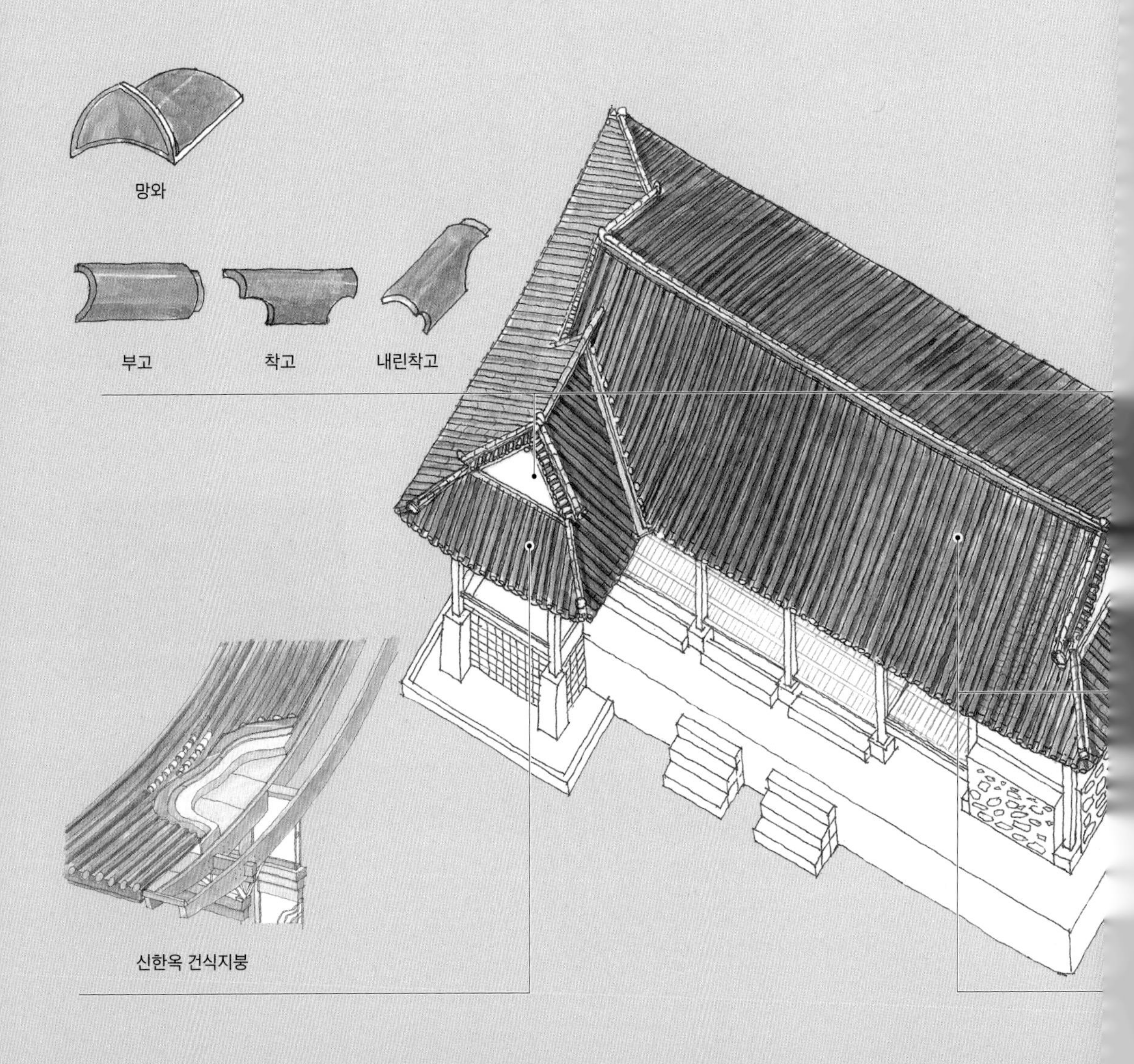

지붕의 마감은 주변에서 쉽게 구할 수 있는 재료를 사용하는 것이 특징이다. 따라서 나라와 지역마다 마감 재료는 다르다. 농경사회로 벼농사가 본격화되면서 한옥에서 가장 많은 지붕 재료는 볏집이 차지하게 되었다. 그러나 벼농사가 어려운 산간지역에서는 억새나 갈대, 삼의 속대인 겨릅대를 사용하기도 했다. 일본은 히노끼가 많아서 우리나라에서 볼 수 없는 히노끼 껍질이 지붕 재료로 사용되었고, 감나무를 너와 형태로 만들어 사용한 사례를 볼 수 있다. 지붕 마감 재료는 재료 조달의 경제성과 방수 성능이 중요한데 기와는 비싸지만 방수 성능과 내구성이 뛰어난 지붕 재료이다. 현대 건축도 기와의 사용은 매우 흔하지만 유지관리와 경제성 면에서 동기와, 함석기와, 시멘트기와, 동판기와, 너와 등 다양한 재료가 개발되어 사용되고 있다.

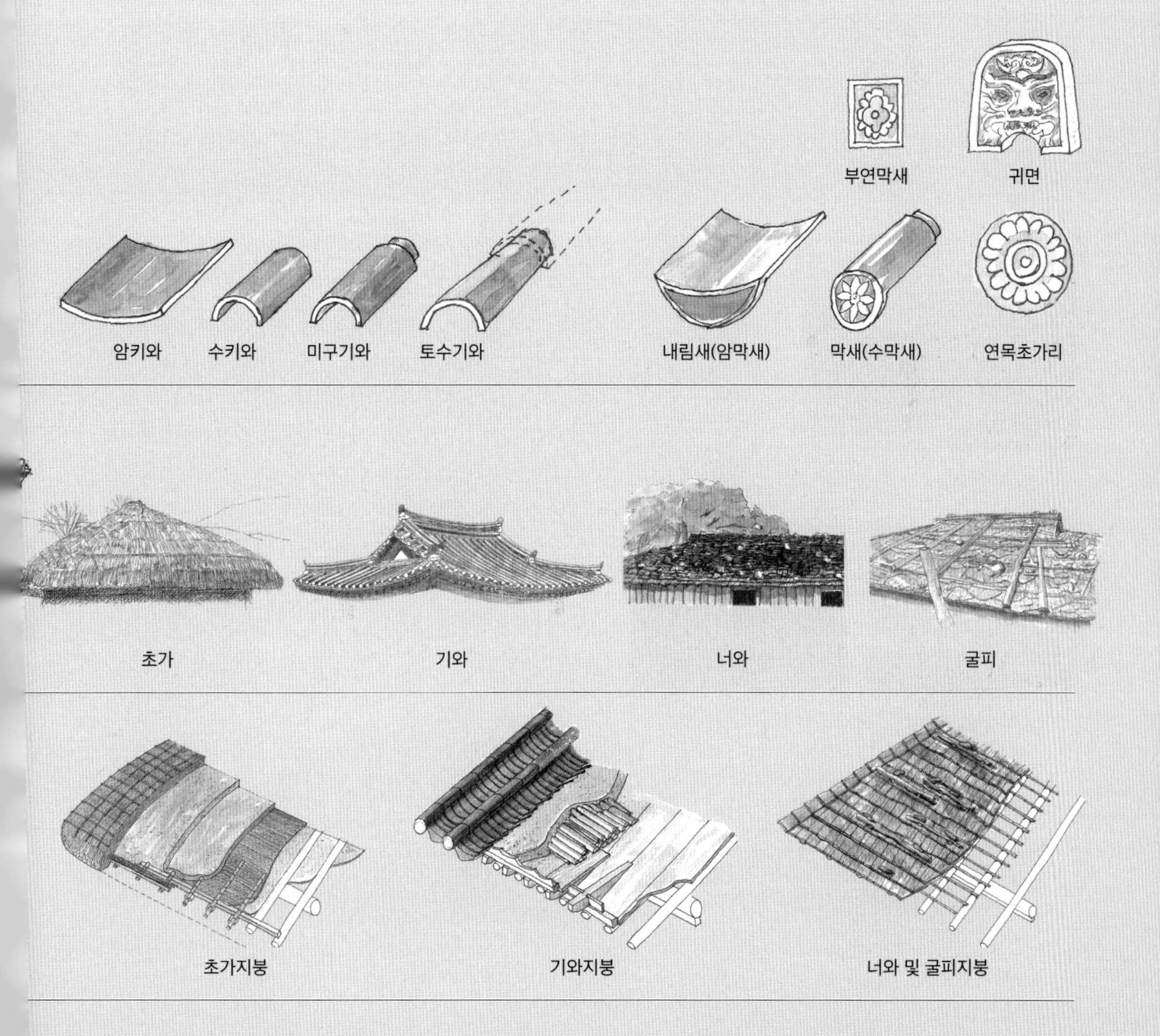

지붕 재료

선조들은 지붕 재료로 지역에서 쉽게 구할 수 있는 것을 주로 사용했다. 원시 움집의 지붕 재료는, 강가에서는 갈대, 산에서는 억새, 삼대 등이 사용되었고 벼농사가 시작되면서 볏집이 보편화되었다. 농토가 없고 목재가 풍부한 강원도 산간에서는 나무너와를 사용했고 점판암이 생산되는 지역에서는 돌너와를 얹었다. 지붕 재료는 내구성과 수명도 중요한데 볏집이 가장 많고 보편적이었지만 약해서 1~2년마다 이엉을 이어야 했다. 갈대와 샛집, 겨릅집(저릅집)은 조금 더 수명이 길어서 3~5년은 가능했고 나무너와는 부분적으로 너와를 교체하면 10~20년은 유지할 수 있었다. 이에 비해 돌너와는 반영구적으로 사용할 수 있었으며 흙으로 구운 토기와는 30년 정도의 수명을 갖는다. 지금 남아 있는 한옥에서 자연재료인 샛집과 갈댓집, 겨릅집은 거의 사라졌고 볏집도 농법이 달라지면서 재료의 수명이 더욱 짧아져 수량이 급격히 줄어들었다.

그래서 지금은 기와집이 대부분이다. 기와는 수명이 긴 지붕 재료라고 볼 수 있다. 우리나라에서는 기원전인 고조선시대부터 사용된 흔적이 발굴조사를 통해 밝혀졌다. 처음에는 가마

볏집. 아산 외암마을

샛집. 제주 성읍민속마을

겨릅집. 정선 아라리촌

◉ 초가(볏집, 샛집, 갈대집, 겨릅집)

재료가 벼, 새, 갈대, 삼대 등 초본류로 만들어진 한옥을 통칭하여 초가집이라고 부른다. 그러나 재료에 따라 볏집, 샛집, 갈대집, 겨릅집으로 구분해야 한다. 청동기 시대 이후 벼농사가 시작되면서 쉽게 구할 수 있는 볏집이 보편화되었다. 수명은 짧지만 누구나 이을 수 있어서 경제적이었으며 매년 추수 후에는 지붕을 손봤다. 그러나 지금은 기계로 수확을 하기 때문에 볏집도 짧아졌고 중간중간 꺾임도 발생하여 볏집의 수명이 급격히 짧아졌으며 이엉과 용마름 잇기 기술도 사라져 경제성을 잃었다.

가 발달하지 않아 연붉은색이나 연회색이었으며 수명도 비교적 짧았다. 그러나 기원후부터는 탄소를 주입한 검은색 기와가 발명되면서 성능과 수명이 급격히 증가했다. 기와는 초가에 비해 무겁기 때문에 가구 부재가 굵어지는 결과를 가져왔으나 건물의 수명을 늘리는 데 크게 기여했다.

◉ 기와(토기와, 오지기와, 동기와)

기와는 흙을 불에 구워 만든다. 흙은 주변에서 쉽게 구할 수 있었으나 기와를 굽는 장작은 공급이 원활치 않았다. 그래서 기와 가마는 장작을 찾아 옮겨 다녔다. 기와는 900℃ 이하에서 굽는 토기에 속하였으나 사국시대 이후에는 소성온도가 올라가고 탄소를 주입하여 강도와 방수 능력을 향상시켰다. 지금은 소성온도가 1,000℃가 넘기 때문에 점차 도기화 되고 있는 것이 특징이다. 도자기화 하면 강도와 방수 능력은 좋아지지만 연료 소모량이 과중해지고 통기 능력이 떨어지는 단점이 있다. 기와는 방수 능력과 함께 실내 습기를 배출하는 통기 능력도 중요한 기능 중 하나이다.

기와지붕. 합천 묘산 묵와고가

청기와. 정암사

오지기와는 소성이 끝날 무렵 가마에 식염을 넣어 식염 증기가 응축되면서 기와 표면에 피막을 만들어 방수 능력을 향상시킨 기와이다. 적갈색이 많으며 근대기에 많이 사용했으나 지금은 잘 사용하지 않는다.

유약기와는 기와 표면에 유약을 바르고 약간 높은 온도에서 구워 강도와 방수 능력을 향상시킨 기와이다. 유약기와는 황색, 청색, 녹색 등으로 다양한데 살림집에서는 사용하지 못했으며 궁궐 등에 사용했다.

최근에는 동판으로 만든 동기와가 많이 사용된다. 내구성이 강하고 가벼워서 좋으나 가격이 비싸고 통기성이 없는 것이 단점이다. 단열과 결로 방지를 위한 조치가 필요하다. 동기와도 전통기와의 수키와와 암키와 모습과 같으며 약간 녹이 슬면 토기와와 구분되지 않을 정도로 색과 질감이 유사하다.

동기와. 월정사

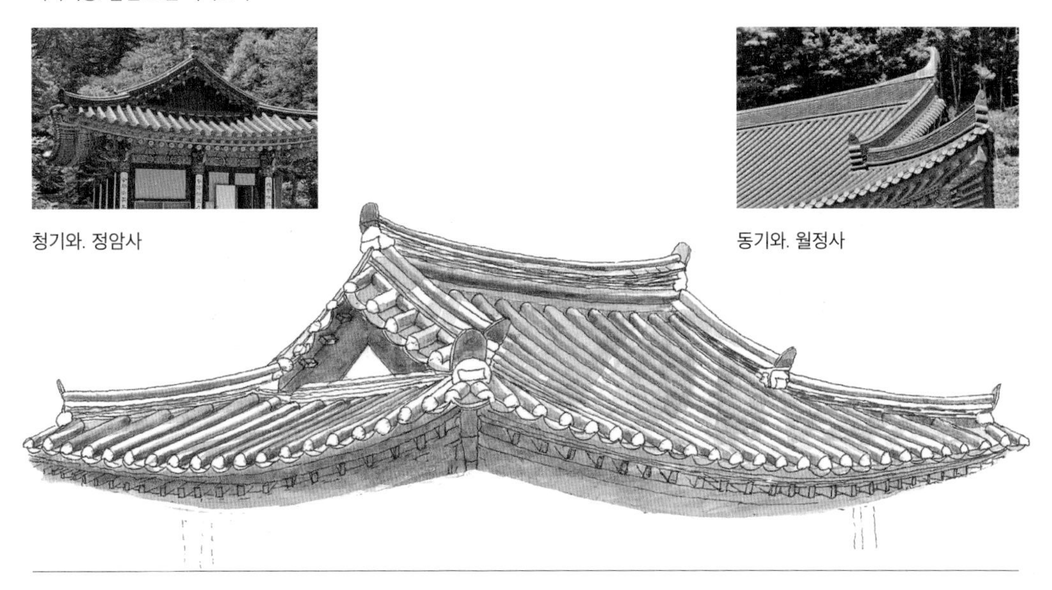

◉ 너와(나무너와, 돌너와)

너와는 판재 형태의 지붕 재료로 목판과 석판으로 나눌 수 있다. 목판은 소나무, 돌판은 얇게 떠지는 점판암을 주로 사용했다. 나무너와로 사용되는 소나무 판재는 폭은 한 자 정도이고 도끼로 얇게 떠서 제작한다. 톱으로 만들면 섬유 골이 생기지 않아 배수 능력이 떨어지고 쉽게 부식한다. 나무너와는 부식된 것만 골라 계속 갈아 끼우면 반영구적으로 사용할 수 있는 장점이 있다. 돌너와는 점판암으로 만들며 형태는 자유롭다. 파손된 것만을 갈아 주면 역시 반영구적으로 사용할 수 있다. 돌너와 지붕의 용마루와 추녀마루 등에는 기와를 올리기도 한다. 너와지붕은 재료 공급의 어려움 때문에 지금은 거의 사용하고 있지 않고 있으며 너와 재료도 현대 재료로 바뀌고 있다.

나무너와지붕. 삼척 신리 소재 너와집

돌너와지붕. 고성 왕곡마을

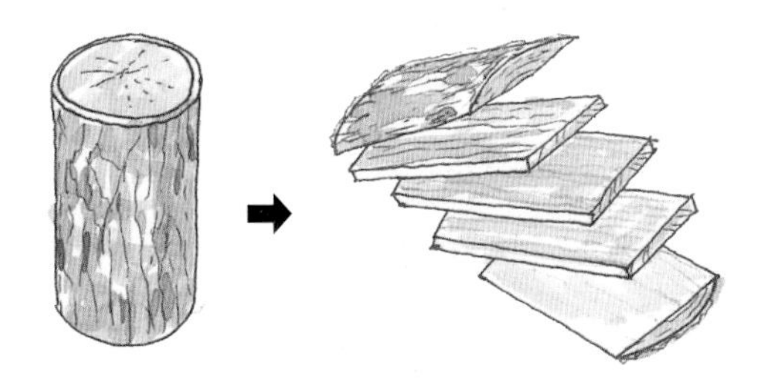

돌너와지붕. 이탈리아 알프스 지역

◉ 굴피

한국에서 굴피는 주로 굴참나무 껍질을 벗겨 사용하였으며 너와보다는 크게 사용하고 비늘 모양으로 겹쳐 이어 방수되도록 한다. 굴피는 9월 말에서 10월경에 채취하며 가로세로 겹쳐 쌓아 판판하게 하고 잘 말려 두었다가 사용한다. 굴피지붕은 부식된 것만 갈아주면 너와지붕과 같이 반영구적으로 사용할 수 있다. 집 한 채를 짓기 위해서는 굴피의 소요량이 많고 공급이 어려워 널리 보급되지는 못했다. 일본은 히노끼 껍질을 사용하였으나 역시 현대 사회에서는 공급이 어려워 문화재수리 정도에서 어렵게 사용되고 있다.

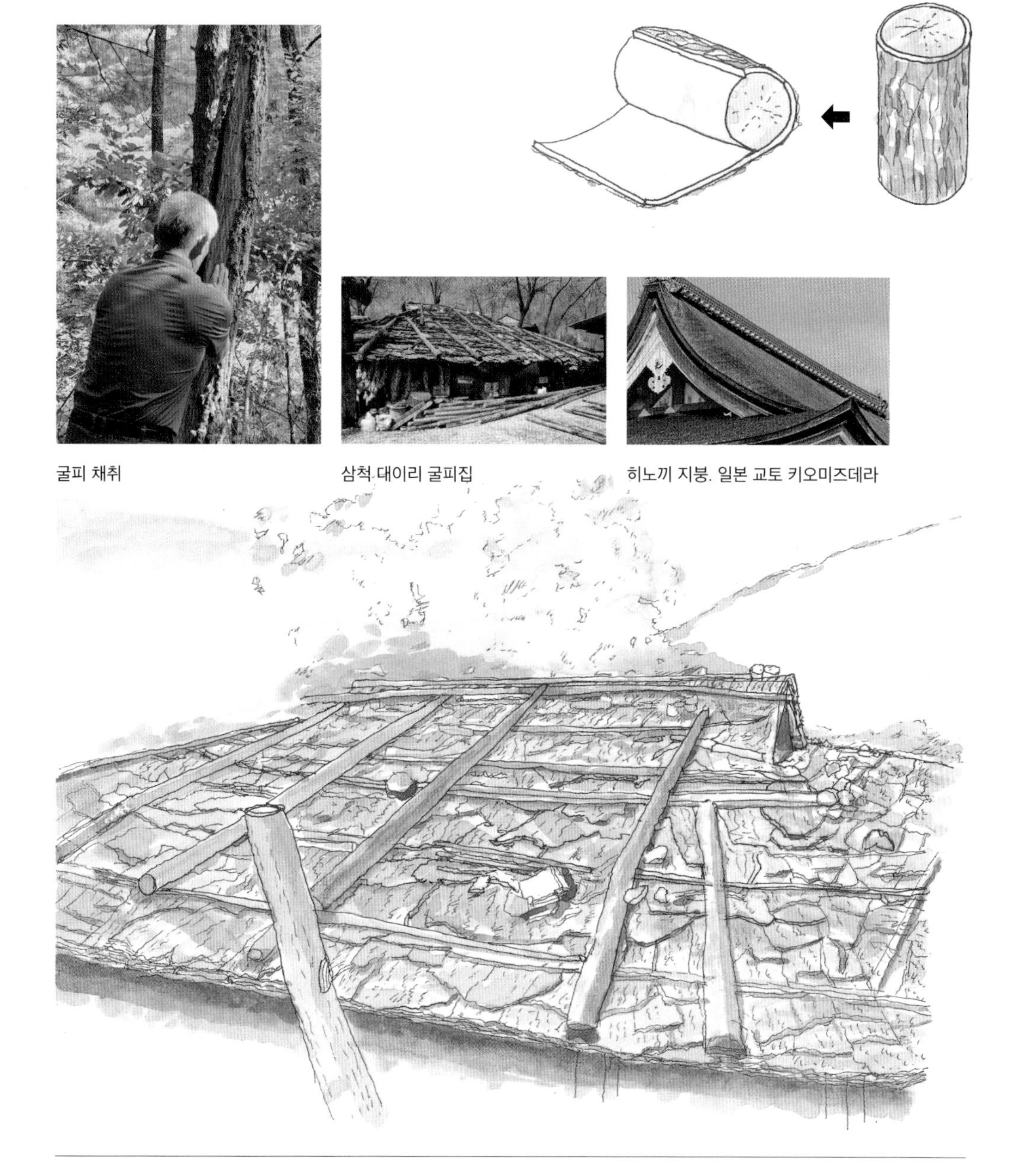

굴피 채취

삼척 대이리 굴피집

히노끼 지붕. 일본 교토 키오미즈데라

지붕의 구성

지붕의 구성은 서까래와 지붕재 사이의 부분으로 방수와 단열 성능을 발휘하고 서까래에 지붕 재료를 고정하는 역할을 한다. 따라서 지붕의 구성은 지붕 재료에 따라 달라진다. 초가는 기와에 비해 방수 능력이 떨어지기 때문에 물이 많이 모이는 처마 부분에서 급격히 경사를 준다. 그러나 기와는 방수 능력이 뛰어나기 때문에 배수보다는 오히려 처마 부분의 기와 손상을 최소화하기 위해 경사를 완만하게 처리한다. 또 초가는 가벼워서 서까래가 얇고 서까래가 얇으니 방수와 단열을 위한 보토를 쓰지 않으며 대신 가벼운 볏짚, 지저깨비, 솔가지, 왕겨 등

◉ 초가지붕

초가지붕은 팔작은 없고 맞배도 매우 드물며 대부분 우진각이다. 환기를 위해 양쪽에 까치구멍을 두기도 한다. 지붕 모양도 기와지붕과 달리 처마의 앙곡과 안허리곡이 없다. 오히려 안허리곡과 반대로 지붕 중간이 가장 많이 튀어나오는 방구매기를 사용한다. 또 지붕마루선도 기와지붕과 반대로 중앙이 위로 솟아오르게 한다.
초가의 구성은 서까래 위에 산자엮기하고, 서까래 끝에는 평고대 위에 차양을 빼듯이 대나무, 수수깡, 싸리나무 등으로 기스락을 달아낸다. 산자엮기 위에는 알매흙을 펴 깔며 그 위에 군새를 채운다. 군새로는 지저깨비, 솔가지, 장작, 볏단 등 다양한 재료가 사용되었으며 군새로 지붕곡을 잡는다. 군새 위에 이엉을 까는데 이엉은 여러 겹을 깔아 방수에 유리하도록 하고 용마루에는 용마름을 엮어 올려 완성한다. 마지막으로 초가가 바람에 날리지 않도록 새끼줄로 묶어주는데 이 새끼줄을 고사새끼라고 한다. 고사새끼는 처마서까래에 걸린 연죽에 고정한다. 산자엮기 아래는 서까래 사이를 진흙을 개서 바르는데 이를 치받이라고 한다. 기와지붕에는 없는 기스락은 처마에 떨어지는 빗물이 서까래나 추녀를 적시지 않도록 하는 효과가 있다.

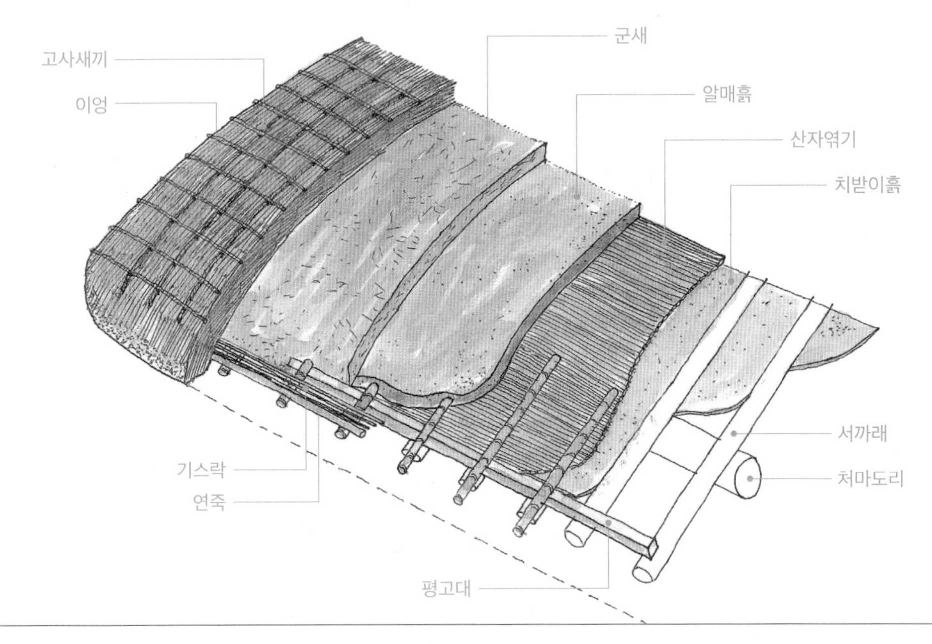

으로 두껍게 적심을 한다. 이에 비해 기와지붕은 보토를 두껍게 하고 적심은 서까래가 서로 움직이지 않을 정도로 깔아준다. 너와나 굴피지붕은 보토와 적심이 없는 것이 특징이다. 그래서 단열을 위해 온돌 부분은 더그매 천장으로 하는 경우가 많다.

◉ 기와지붕

추녀를 걸고 추녀 사이에 평고대를 건너지르고 평고대선에 맞추어 서까래를 건다. 서까래 위에는 산자엮기나 개판을 깔고 그 위에 적심을 채운다. 적심은 원목을 서까래와 수직으로 깔아 서까래가 움직이는 것을 방지하고 지붕곡을 만드는 역할을 한다. 적심 위에는 건토로 보토를 올리고 보토 위에 진흙을 갠 알매흙을 일정 두께로 펴 깐다. 알매흙 위에 암키와를 깔고 암키와 사이에 홍두깨흙을 올리고 수키와를 잇는다. 홍두깨흙은 수키와를 고정하는 역할을 하지만 너무 과중하게 채우면 삼투압 작용에 의해 누수될 수 있으며 와초가 자라는 원인이 되기도 한다. 개판은 그 자체가 마감이 되지만 산자엮기 했을 경우는 그 아래에 진흙으로 치받이하여 마감한다. 처마에 막새를 사용했을 경우는 그것으로 마감이 완성되지만 막새를 쓰지 않았을 경우는 수키와 마구리를 삼화토로 마감하는데 이를 와구토라고 한다. 용마루와 추녀마루 등에는 적새, 암마룻장, 숫마룻장을 올려 마감한다.

겹처마인 경우는 초매기 위에 부연을 걸고 부연 끝에 이매기를 건다. 홑처마는 초매기, 겹처마는 이매기 위에 연함을 올리고 기와를 잇는다. 연함 위에는 받침기와를 먼저 놓고 초장기와 또는 막새를 올린다. 용마루와 추녀마루 끝에는 장식기와인 망와를 놓는다.

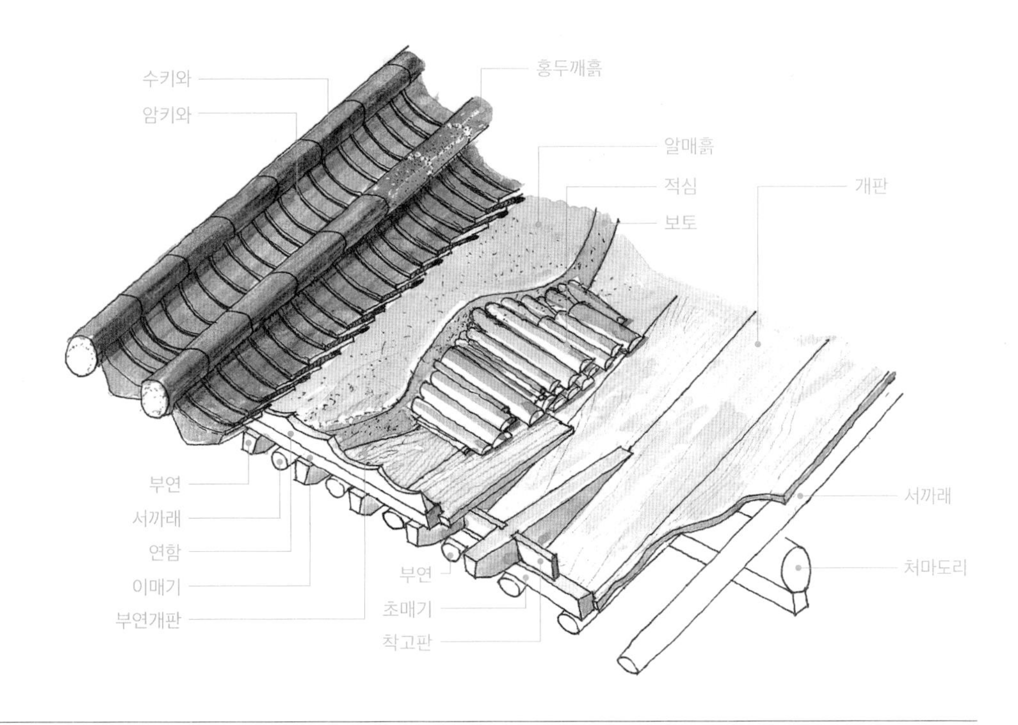

◉ 너와 및 굴피지붕

너와 및 굴피지붕은 초가나 기와지붕과 달리 평고대나 산자엮기, 개판깔기가 없다. 서까래 위에 너와나 굴피를 걸거나 지지하는 너스레라는 얇은 원목을 일정 간격으로 서까래와 수직 방향으로 걸어준다. 너스레는 서까래에 칡 줄로 묶어서 고정한다. 굴피처럼 가벼운 재료일 경우는 너스레를 생략하고 칡 줄로 엮어주기도 한다. 너스레 위에 너와나 굴피를 겹쳐 깔고 지붕 위에는 너와나 굴피가 날리지 않도록 누름목을 간간이 건너질러 서까래에 묶어 고정한다. 누름목과 돌을 동시에 올리는 경우와 누름돌만 올리는 경우도 있다. 돌너와의 경우는 바람에 날리지 않기 때문에 누름목이나 누름석이 없다는 것이 특징이며 지붕마루는 기와로 마감하기도 한다.
너와지붕은 적심과 보토가 없기 때문에 단열은 불가하다. 건조하면 너와 사이로 하늘이 보이기도 하고 비가 오면 차분히 가라앉아 밀실해진다. 불을 때면 연기가 너와 사이로 새 나가기도 하며 그을음은 너와를 탄소코팅하여 방충과 부식에 강하게 하는 효과가 있다.

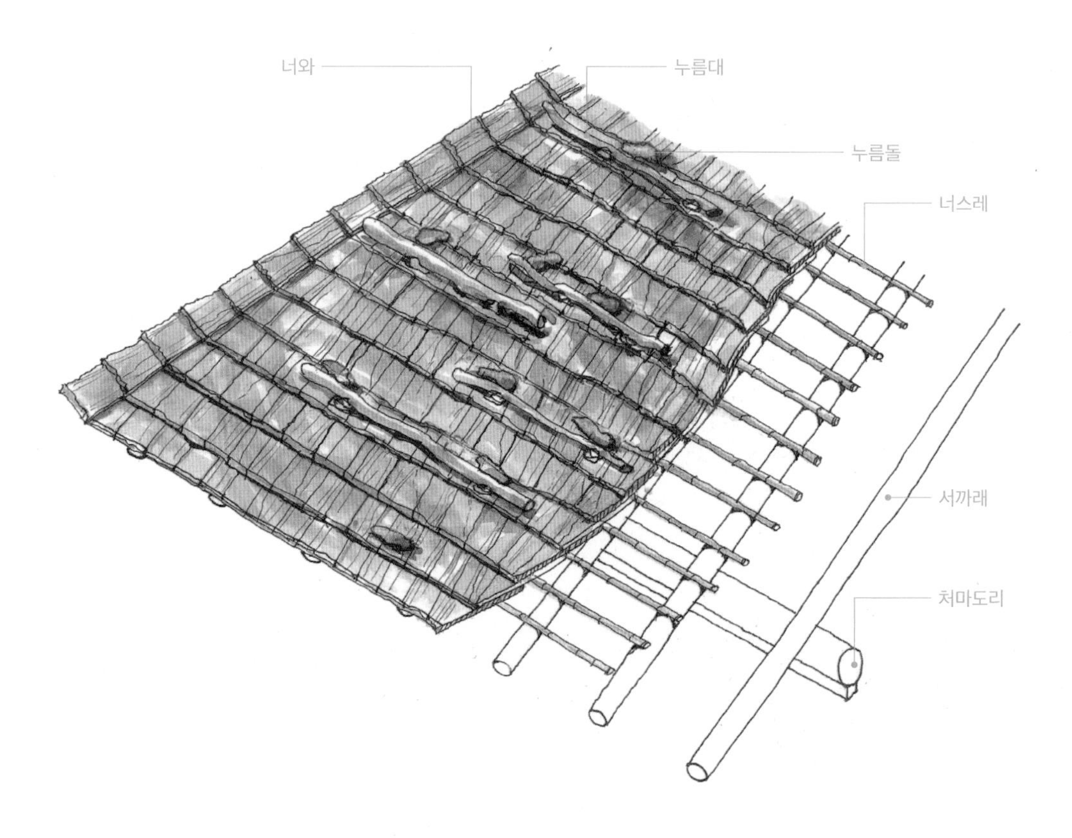

◉ 기와의 종류

평기와로는 암키와와 수키와가 있고 이것이 가장 기본이 되는 기와이다. 처마에서 와구토를 사용하지 않기 위해서는 드림새가 있는 막새를 사용하는데 막새는 암막새와 수막새가 있다. 장식기와로는 용마루 양쪽과 추녀마루 끝에 망와가 있다. 망와는 수막새와 같이 드림새가 있는 것인데 방향이 위로 올라가 있다는 것이 차이점이다. 조선시대 이전에는 머거불 대신에 귀면기와를 사용하기도 하였으며 추녀 끝에는 막새로 토수가 사용되었다. 살림집과 달리 궁궐과 사찰 건물에서는 치미, 취두, 잡상 등의 장식기와가 사용되었다.

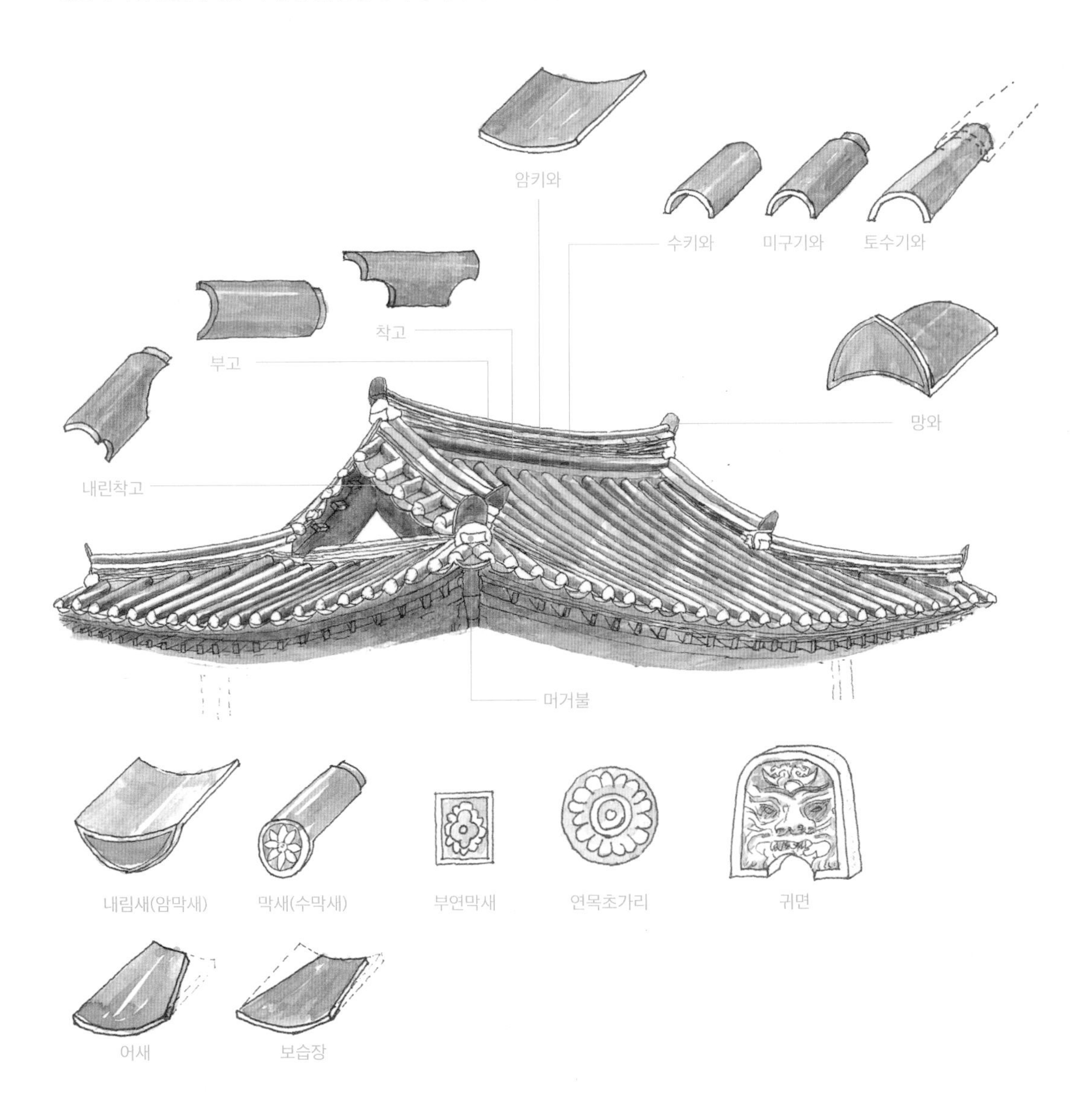

◉ 신한옥 건식지붕

전통 한옥의 두꺼운 보토와 적심은 누수와 단열에 효과가 있지만 지붕하중을 증가시켜 가구에 부담을 주게 된다. 또 알매흙과 홍두깨흙 등은 물을 사용하기 때문에 겨울에는 공사가 어렵다. 그래서 신한옥에서는 지붕에도 단열재를 설치하고 건식공법을 도입했다. 기와도 진흙으로 고정하지 않고 볼트로 고정할 수 있어서 겨울에도 공사할 수 있고 내진 성능이 보완되었다. 그리고 신한옥에서는 서까래 위에 산자엮기를 하지 않는다. 현대에는 산자엮기보다 개판을 까는 것이 더 경제적이다. 개판 위에는 지붕곡을 잡기 위해 덧지붕을 설치하고 구조합판을 깐 다음 각목을 일정 간격으로 걸고 그 사이에 단열재를 깐다. 단열재 위에는 방수합판을 깔고 방수합판 위에는 방수포를 덮어 방수기능을 강화한다. 그 위에 기와를 건식으로 깔아 완성한다. 신한옥 기와는 전통 한옥과 같은 토기와이지만 내진 성능과 건식공법이 가능하도록 보강한 것이다. 기와를 얇게 하여 무게를 줄이고 누수 방지턱을 두었으며 기와잇기 수량을 줄여 지붕을 경량화하였다.

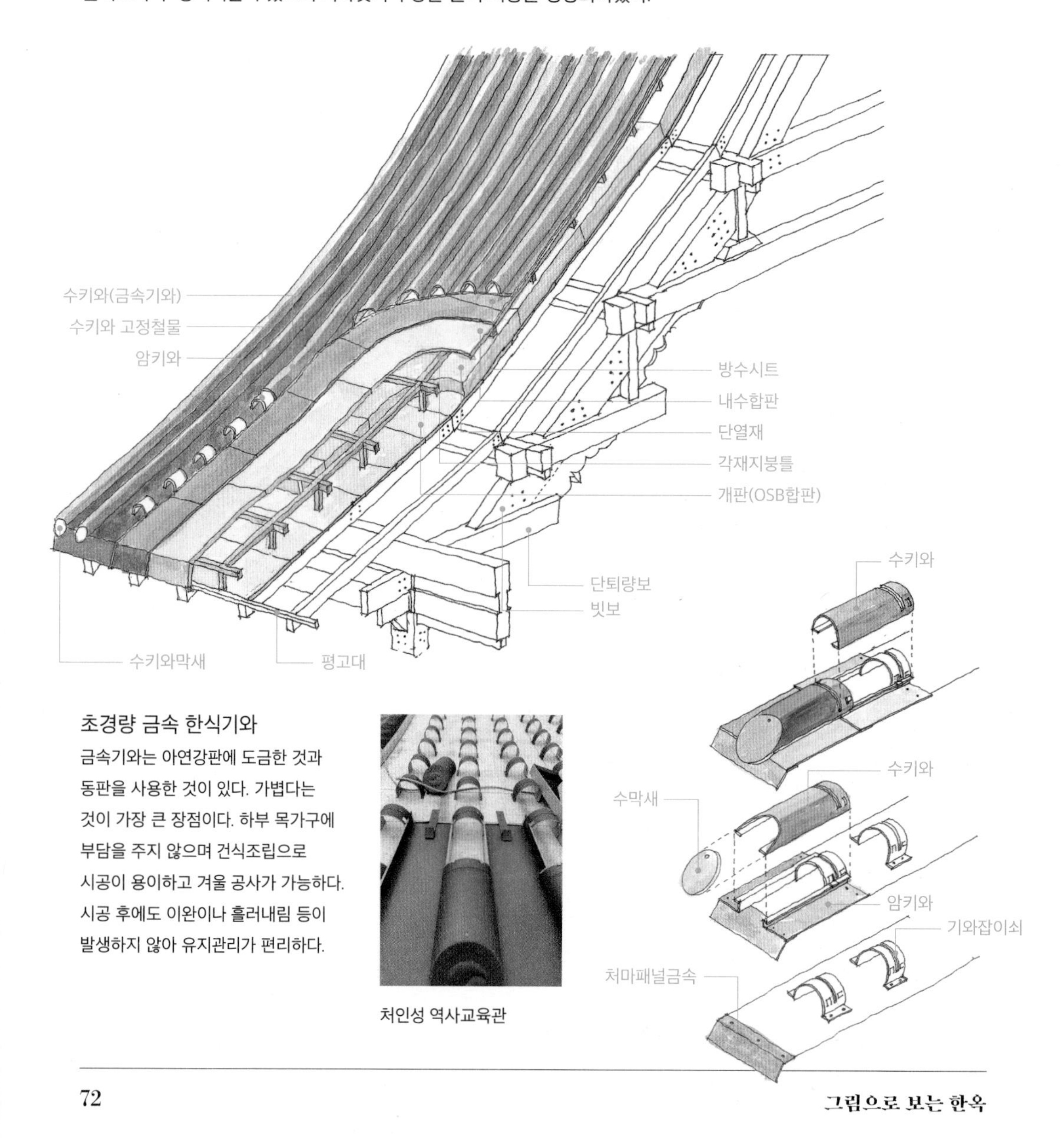

초경량 금속 한식기와

금속기와는 아연강판에 도금한 것과 동판을 사용한 것이 있다. 가볍다는 것이 가장 큰 장점이다. 하부 목가구에 부담을 주지 않으며 건식조립으로 시공이 용이하고 겨울 공사가 가능하다. 시공 후에도 이완이나 흘러내림 등이 발생하지 않아 유지관리가 편리하다.

처인성 역사교육관

건식기와. 예닮헌, 은평한옥마을

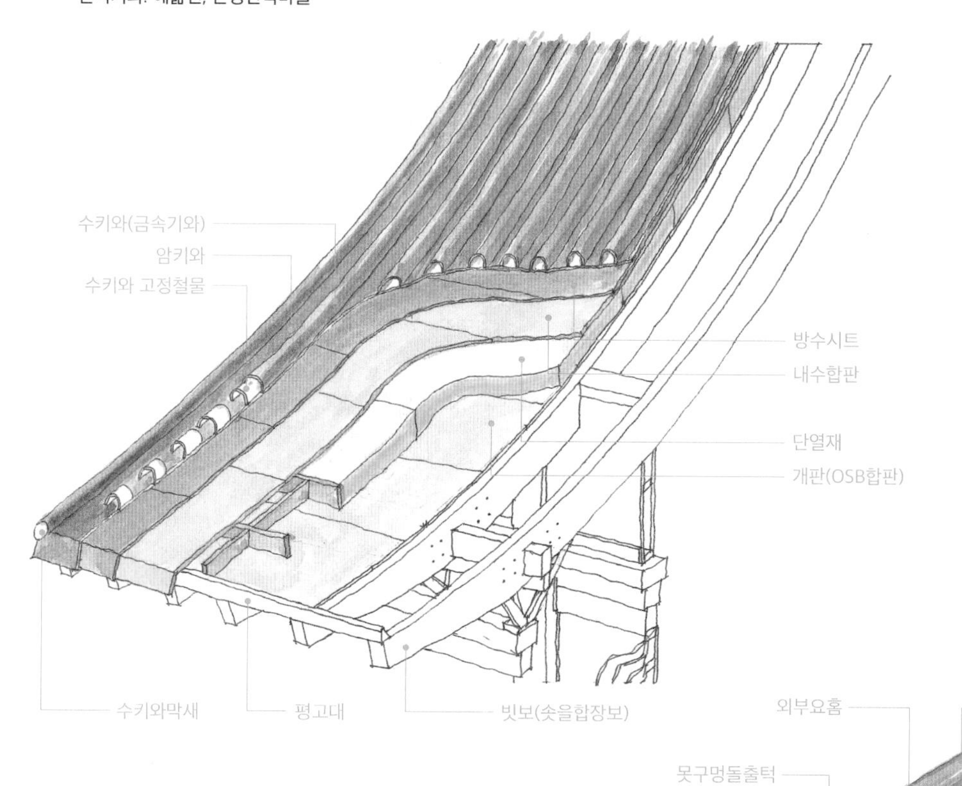

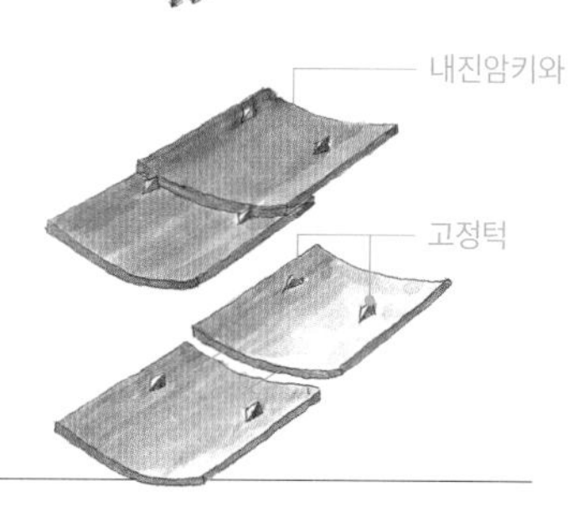

내진기와

전통 흙기와에 내진 기능을 보강한 기와이다. 지진에 관한 역사 기록에 기와가 흘러내렸다거나 날아다녔다는 기록이 제법 많다. 한옥에서 내진에 가장 취약한 부분이 기와이다. 그래서 내진기와는 기와의 무게를 경량화하고 모든 기와를 볼트로 고정할 수 있도록 만든 것이다. 그러나 지붕마루의 취약성은 여전히 보강되어야 한다.

안성 시화당

5 벽

판벽

- 판벽 고정용 철물
- 판벽과 심벽
- 기둥과 띠장목의 결합
- 기둥과 인방의 결합
- 판재의 맞춤

심벽

- 심벽
- 사벽
- 외엮기 상세

석축벽

토축벽

전축벽

샛벽

귀틀벽

화방벽

신한옥 벽

- 목재틀 벽체
- 금속틀 벽체
- 금속판 벽체
- 조립식 벽체

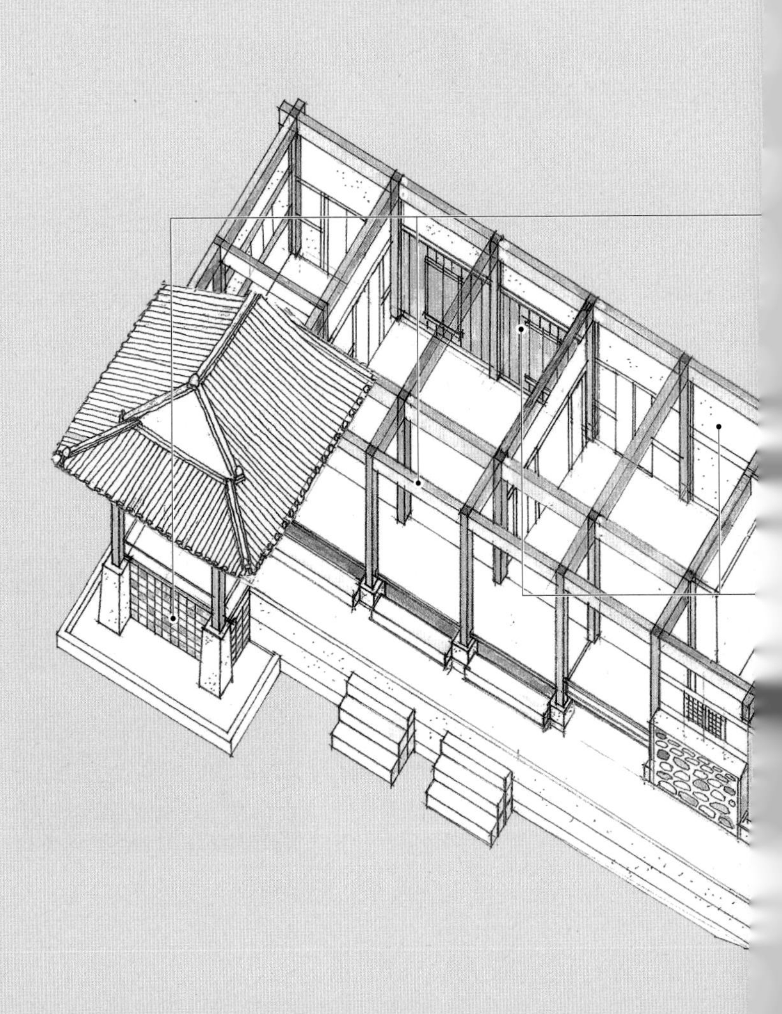

건축에서 벽(壁)은 내외공간을 구분하며 외부침입에 대한 물리적 보호와 온습도 등을 조절하는 환경적 기능이 있다. 한옥에서 벽은 기둥 사이에 비내력벽으로 자연재료를 사용하여 만들었다. 그러나 최근 신한옥에서는 단열과 기밀 성능, 내구성 등을 높이기 위해 인공재료를 첨가하기도 한다. 벽의 종류는 다양한데 일반적으로 실의 기능에 따라 종류를 구분하여 사용했다. 단열을 필요로 하는 거주용 실에서는 흙으로 마감하는 심벽을 사용하였고 단열과 관계없는 부엌이나 창고 등에서는 나무판재로 만드는 판벽이 쓰였다. 목재가 풍부한 산간지역과 울릉도 투막집 등에서는 귀틀식 벽이 남아 있다. 이외에도 흙을 판축으로 다져 만든 토벽과 돌을 쌓아 만든 석축벽이 있고 방화나 방범을 고려한 화방벽 등이 있다.

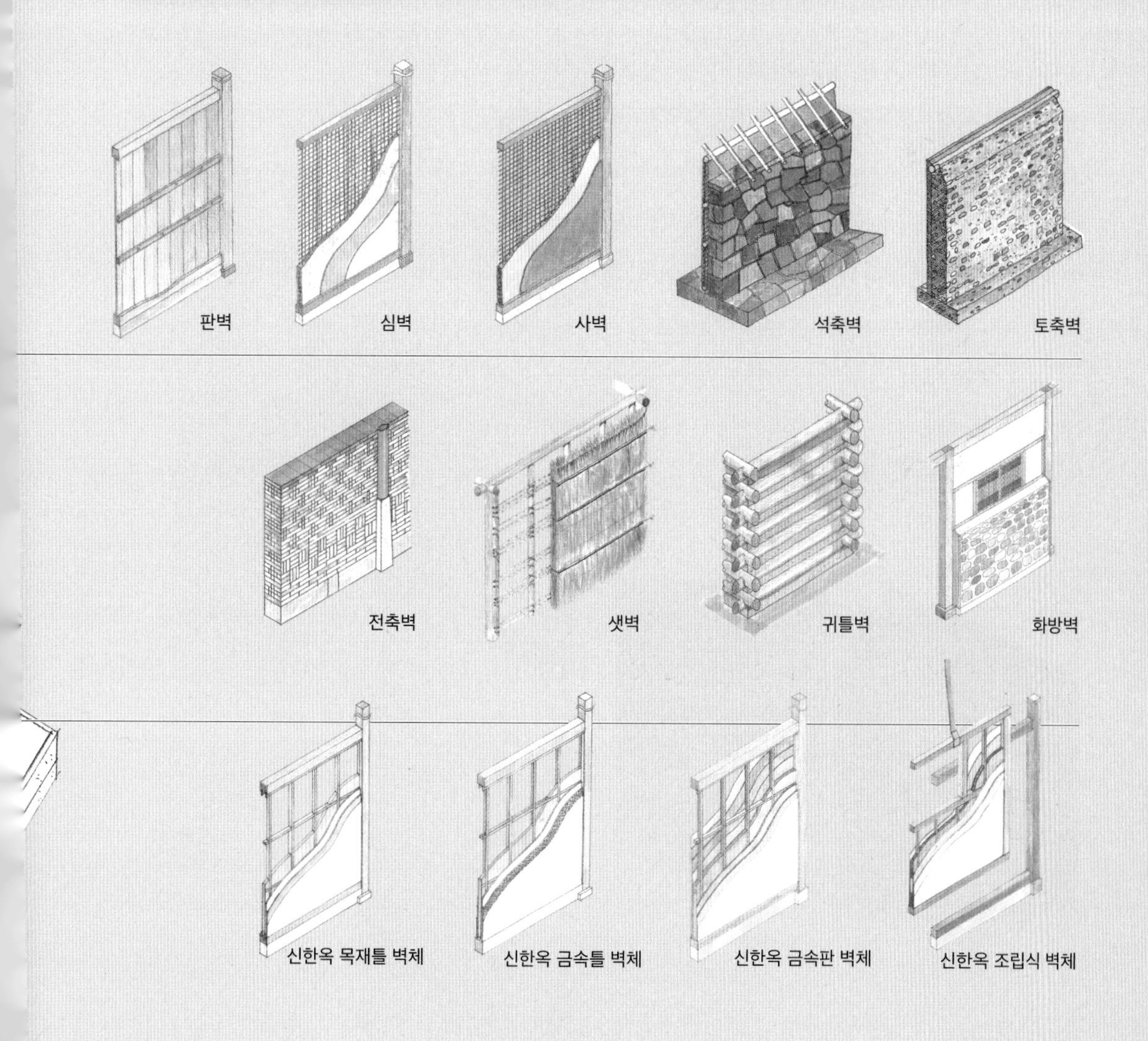

판벽

한옥에서 판벽은 부엌이나 창고 등에서 주로 사용하였다. 서양이나 근현대기 일본의 영향을 받은 판벽은 판재를 가로로 붙이는 것이 일반적이지만 한옥에서는 대부분 세로판벽이다. 또 현대의 빈지널벽은 판재가 얇고 겹쳐서 못으로 고정하지만 한옥 판벽은 판재가 두껍고 마치 우물마루와 같이 상하 인방재의 홈에 있는 레일에 태우듯 끼워 조립하는 것이 차이점이다.

벽 전체에 판벽을 들이기 위해서는 먼저 좌우 기둥의 상중하에 상인방, 중인방, 하인방을 건다. 인방재는 보통 폭이 3치, 높이가 5치 정도이며 길이 방향으로 마루귀틀과 같이 암장부를 길게 파서 여기에 판재를 끼울 수 있도록 한다. 순서대로 판재를 끼워나가고 막장은 암장부의 한쪽 턱을 따내 끼운다. 인방재와 인방재 사이에는 띠장목을 두 줄 정도 보내 국화정(菊花釘)이라는 장식 못을 박아 판재와 고정시킨다.

◉ 판벽 고정용 철물

영천 매산고택

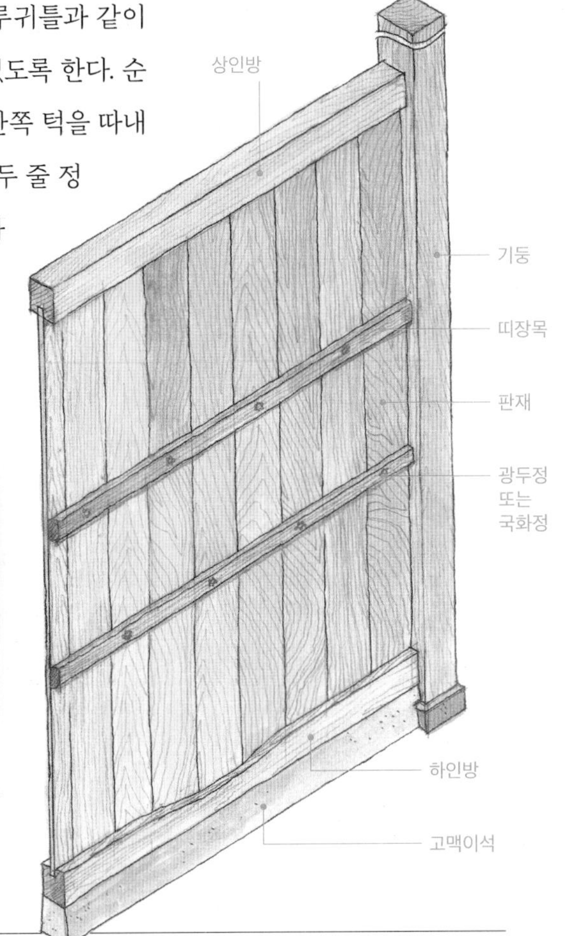

안동 임청각

◉ 판벽과 심벽

판벽은 벽 전체에 설치하는 경우도 있으나 심벽 또는 세로살창 등과 조합되기도 한다. 판벽이 기둥과 만나는 부분에서 방형 기둥은 직접 만나지만 원기둥은 벽선을 세워 벽선과 만나게 하는 것이 보통이다.

판벽

심벽

중방

띠장목

인방

◉ 기둥과 띠장목의 결합

띠장목은 보통 외부에 설치하며 단면이 작기 때문에 기둥에 통맞춤한다. 띠장목은 장식 효과도 있어서 벽체가 잘 정돈된 느낌을 주며 판재가 이동하는 것을 방지해 준다.

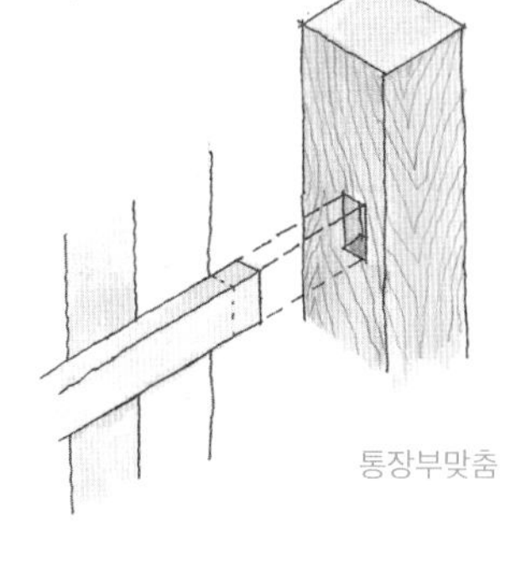
통장부맞춤

◉ 기둥과 인방의 결합

인방재는 기둥과 쌍장부맞춤하는 것이 일반적이며 판벽의 귀틀과 같은 역할도 하지만 기둥의 좌우 움직임을 잡아주는 즉 횡변형을 막아주는 구조적인 역할도 한다.

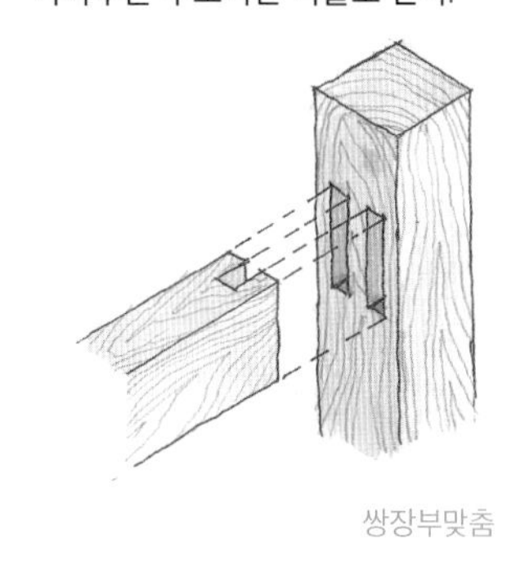
쌍장부맞춤

◉ 판재의 맞춤

판벽을 설치할 때 유의할 점은 목재의 건조수축에 의해 발생한 틈새를 보완하는 일이다. 이 틈이 보이지 않도록 판재끼리 맞춤을 하기도 한다. 판재끼리의 이음을 쪽매라고 하는데 쪽매의 종류도 다양하다. 한옥에서는 반턱쪽매를 많이 사용했다. ‘<’ 형태로 이음하는 오늬쪽매는 판벽보다는 빈지널문 등에서 간혹 사용되었으며 현대 빈지널벽이나 마룻장에서 주로 사용하는 제혀쪽매는 한옥에서는 거의 사용되지 않았다.

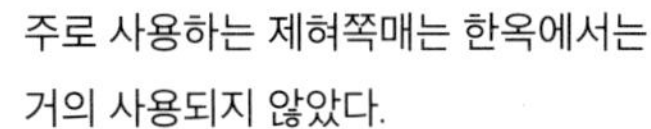

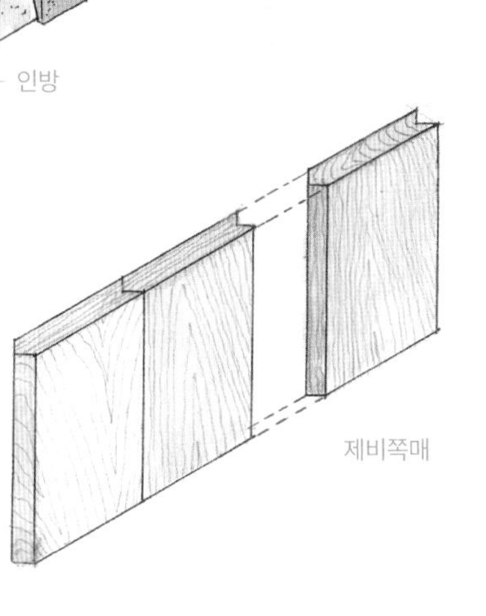
제비쪽매

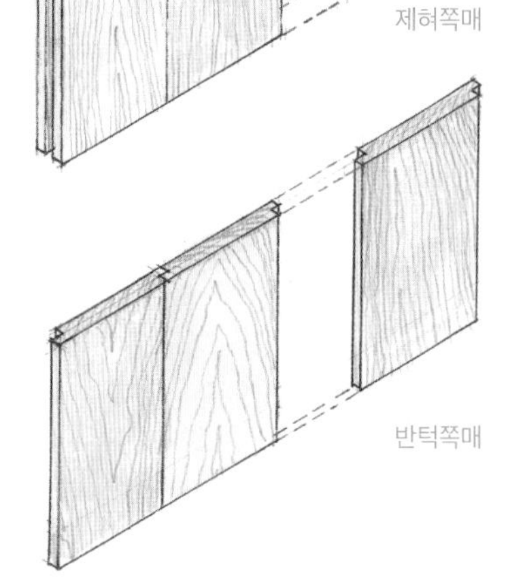
제혀쪽매

반턱쪽매

심벽

심벽은 인방재 사이에 그물망처럼 뼈대를 만든다는 의미에서 붙여진 명칭이며 마감은 흙을 사용하기 때문에 재료 측면에서는 토벽이라고 한다. 흙은 주로 황토를 사용하는데 황토는 어느 정도 점성은 있으나 구조체의 역할은 할 수 없으므로 외엮기라는 뼈대를 만들고 양쪽에서 흙을 발라 마감한다. 외엮기 재료는 싸리나무나 수수깡 등을 주로 사용하였으나 근래에는 구하기 어려워 주로 쪼갠 대나무를 사용한다. 대나무는 얇고 설치가 쉬운 장점이 있으나 미끄러워 접착력이 약한 단점이 있다. 외엮기는 상하 인방에 설치되는 중깃에 의해 고정되는데 중깃은 굵기가 작은 자연목을 사용하며 양쪽을 뾰족하게 깎아 인방재에 끼워 넣는다.

홍성 사운고택

◉ 심벽

심벽은 마감 정도에 따라 토벽, 사벽, 회벽으로 구분한다. 초벌은 고운 진흙을 사용하는데 입자가 작을수록 점성은 좋으나 건조하면서 갈라지는 특성이 있다. 초벌은 갈라짐보다는 점성이 중요하기 때문에 고운 진흙을 사용하는데 갈라짐을 최소화하기 위해 여물이나 왕겨 등을 섞기도 한다. 초벌 토벽으로만 마감하는 경우는 드물다.

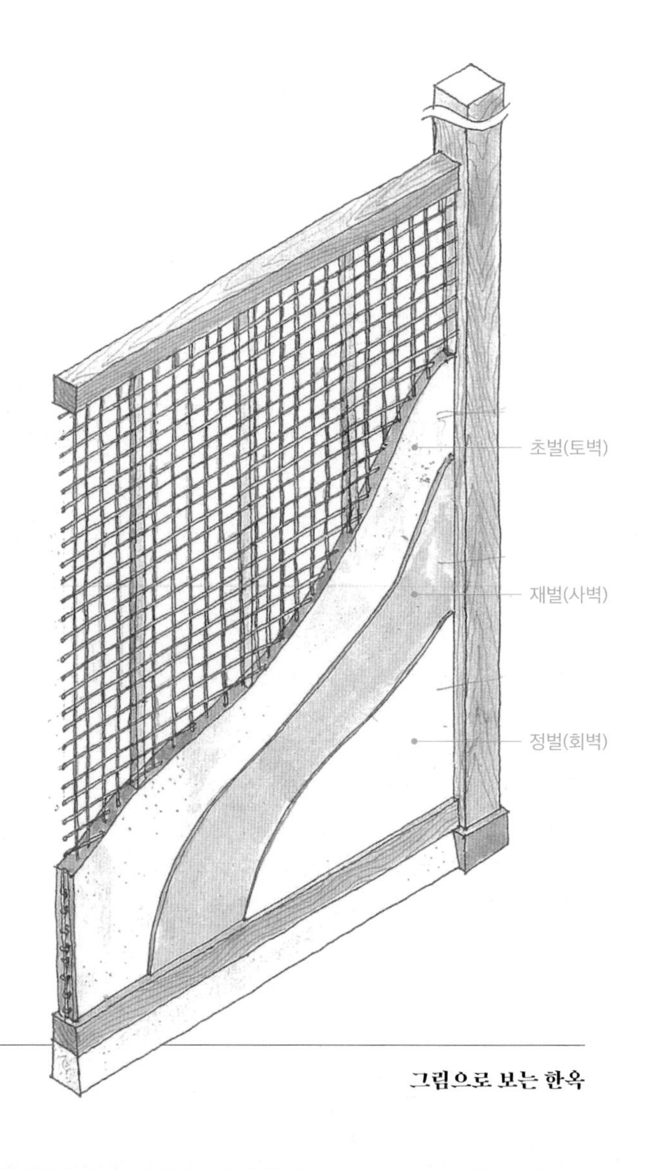

외엮기는 눌외와 설외로 구성되며 설치시 주의할 점은 외의 간격이 너무 좁으면 진흙으로 양쪽에서 맞벽을 칠 때 서로 물고 있지 못해 분리된다. 따라서 외의 간격은 어느 정도 간격이 있어서 내외 토벽이 밀려 들어가 서로 물고 있을 수 있어야 한다.

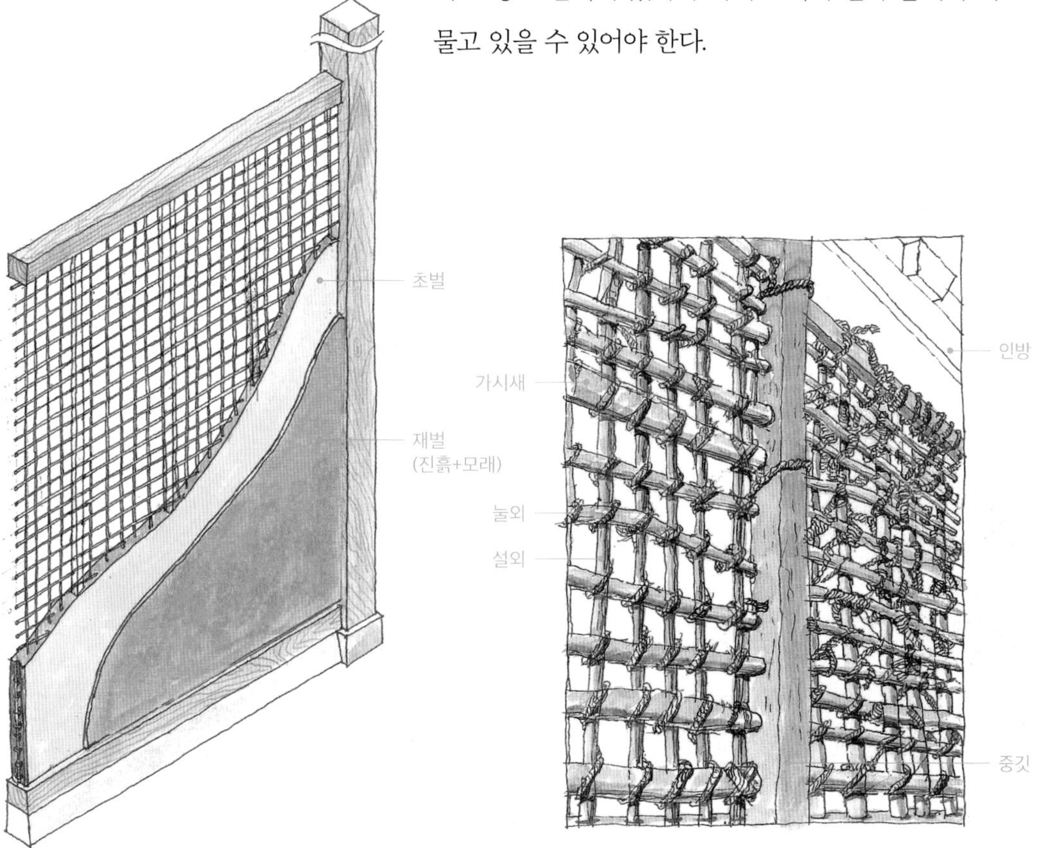

◉ **사벽**

재벌은 진흙에 모래를 섞어 바르기 때문에 사벽이라고 하는데 모래를 섞으면 점성은 떨어지지만 갈라짐을 현격히 줄일 수 있다. 서민들의 한옥은 대개 사벽 정도로 마감한다. 그러나 궁궐이나 양반집에서는 방수와 내구성 등을 보강하기 위해 정벌을 하는데 정벌은 생석회를 사용한다. 생석회에는 한지 등을 풀어 섞어 갈라짐을 방지해 주고 유회를 사용하며 방수 성능을 높이기도 했다. 이를 회벽이라도 하는데 조선시대에는 회가 매우 비싼 재료이기 때문에 아무나 사용할 수 없었다.

◉ **외엮기 상세**

외엮기의 눌외와 설외를 고정하는 것이 중깃이다. 중깃은 인방재 사이에 세로로 설치하며 인방재보다 직경이 작은 자연목을 사용하고 상하에 장부촉을 만들어 인방재에 끼워 넣는다. 대부분 중깃만으로 외를 고정하지만 벽이 큰 경우는 흔들릴 수 있기 때문에 가로로 중깃을 관통하는 가시새를 추가하기도 한다. 양쪽 가시새는 중깃에서 통장부맞춤으로 연결된다. 가시새와 직교하는 힘살을 보강하는 경우도 있으나 사례가 매우 드물다. 중깃에 외를 고정할 때는 새끼줄을 사용하는데 벽 두께에 한계가 있기 때문에 별도로 왼새끼를 얇게 꼬아 사용한다.

석축벽

석축벽은 돌을 쌓아 만든 벽이지만 건물에서는 단열과 기밀이 요구되기 때문에 순수하게 돌만으로 메쌓기하여 만든 석축벽은 없고 대개는 돌 사이에 진흙을 채운 찰쌓기 석축벽이 일반적이다. 제주도는 워낙 비바람이 세기 때문에 목조로 뼈대를 만들고 그 외곽으로 화산석을 쌓아 만든 석축벽을 설치하는 것이 일반적이다. 바람으로 지붕도 낮으며 초가를 묶는 고사새끼도 간격이 좁고 굵어서 튼튼하다. 건물은 목조이기 때문에 석축벽은 서까래 바로 아래까지만 설치하여 지붕과 분리한다. 석축벽을 구조 벽체로 사용하는 안데스 산악지역 등에서는 석축벽이 두껍고 지붕도 돌너와를 사용하며 석축벽 내부에 진흙이나 회를 발라 마감한 사례를 볼 수 있다.

성읍 고평오 가옥

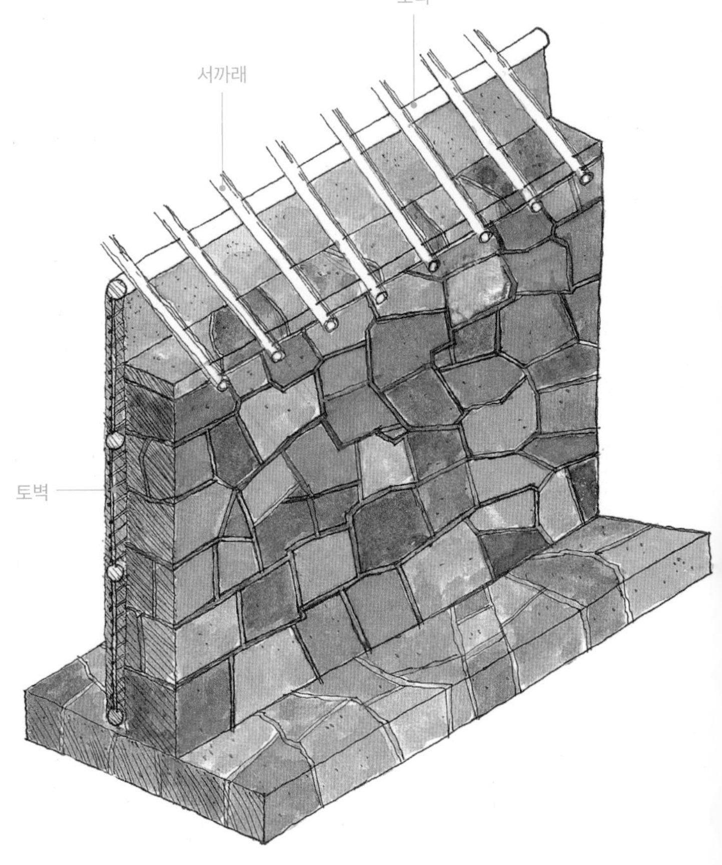

알프스 산악지역의 석축벽과 돌너와지붕

토축벽

토축벽이 심벽구조의 토벽과 다른 점은 토벽은 외엮기를 기반으로 미장으로 마감하지만 토축벽은 외엮기 없이 판축으로 흙을 다지면서 쌓아 올라간다는 것이 차이점이다. 한옥에서 순수한 의미의 토축벽은 찾아보기 어렵다. 대개 토성이나 궁장 등에서 사용했는데 궁장의 사례는 일본 헤이죠큐(平城宮) 등에서 볼 수 있다. 한국은 습도가 높고 비가 많아 벽을 순수 토축벽으로 할 경우 붕괴의 위험이 높다. 따라서 토축을 할 때도 중간중간에 자연석을 섞어서 쌓는 것이 일반적이다. 그래서 정확한 의미에서 토석혼축벽이라고 할 수 있다. 석축벽과 다른 점은 석축벽은 돌끼리 붙어있고 진흙은 접착제 또는 미장재 정도로 사용했다면 토축벽은 흙 사이에 돌이 박혀있는 정도의 느낌이라고 할 수 있다.

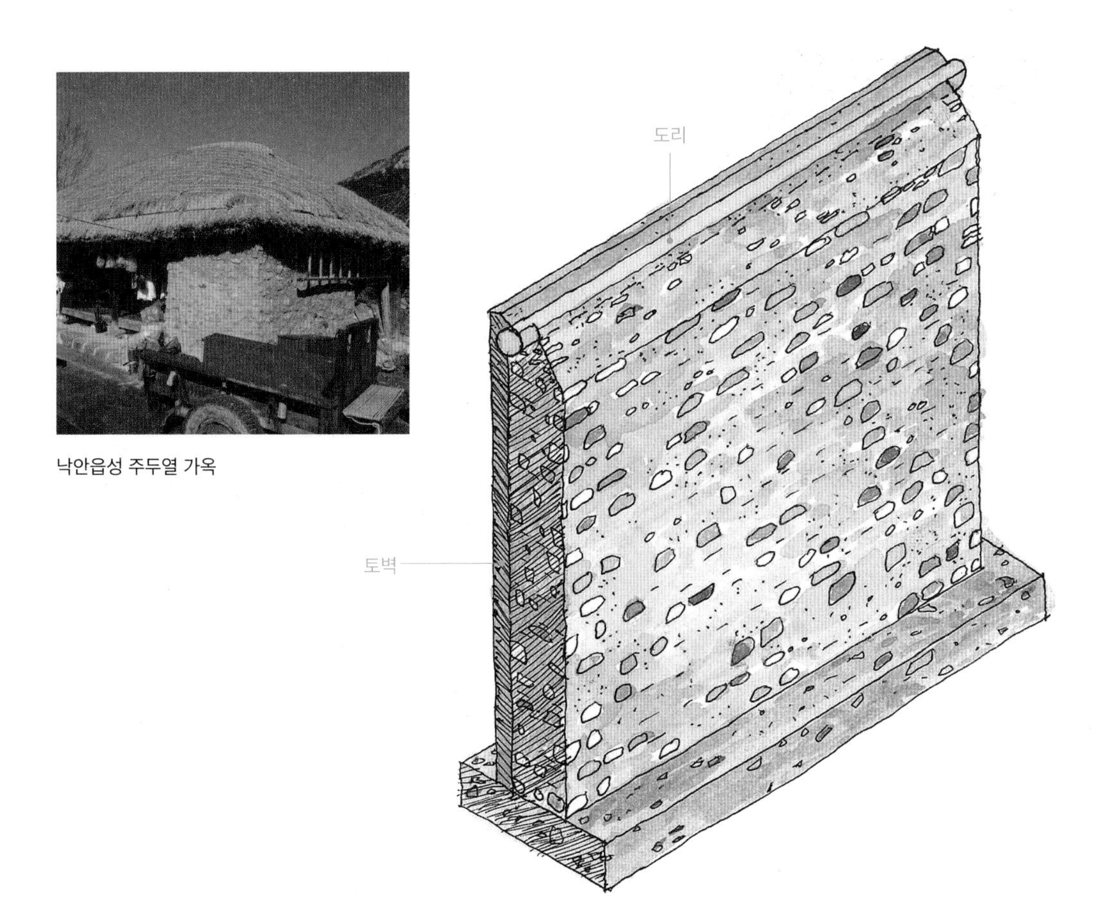

낙안읍성 주두열 가옥

전축벽

전축벽은 돌 대신에 벽돌로 쌓은 벽을 말한다. 건물 구조체를 벽돌로만 축조한 벽돌집이 있겠지만 한국과 중국 등 극동에서는 목구조에 벽만을 벽돌로 쌓은 전축벽이 일반적이다. 순수한 벽돌집은 고구려 국내성 살림집에도 사용되었을 것으로 추정되지만 1970~80년대 현대 건축에서 많이 지어졌다. 한국건축에서는 수원화성 방화수류정, 왕릉의 정자각, 사묘건축에서 종종 나타나지만 살림집에서는 주로 화방벽에 벽돌을 사용한 경우를 볼 수 있다. 한옥에서 전축벽이 드문 것은 건축이 목구조 중심이고 한국의 기후 조건에서는 동파 우려 때문으로 추정된다. 전을 쌓을 때는 회로 줄눈을 넣는 경우와 줄눈 없이 벽돌끼리 그렝이로 맞추는 경우가 있다.

화성 방화수류정

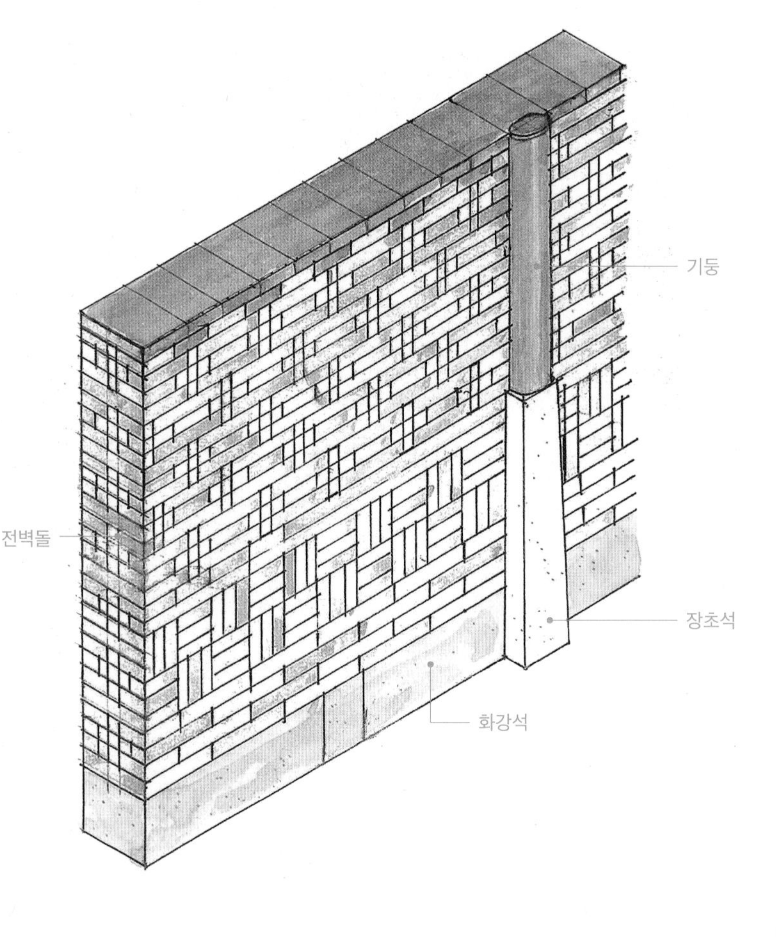

샛벽

샛벽은 새로 엮어 만든 벽을 가리킨다. 새 재료로는 벼보다는 들에서 자란 띠나 억새 등을 사용하였다. 제주 삼양동 선사유적 복원건물에서 사례를 볼 수 있는데 지붕 이엉을 엮듯이 새를 엮어 벽체를 들였다. 북쪽의 추운 지역에서는 토벽 바깥에 새를 돌려 보온을 꾀하기도 했는데 이 또한 샛벽의 한 종류이다.

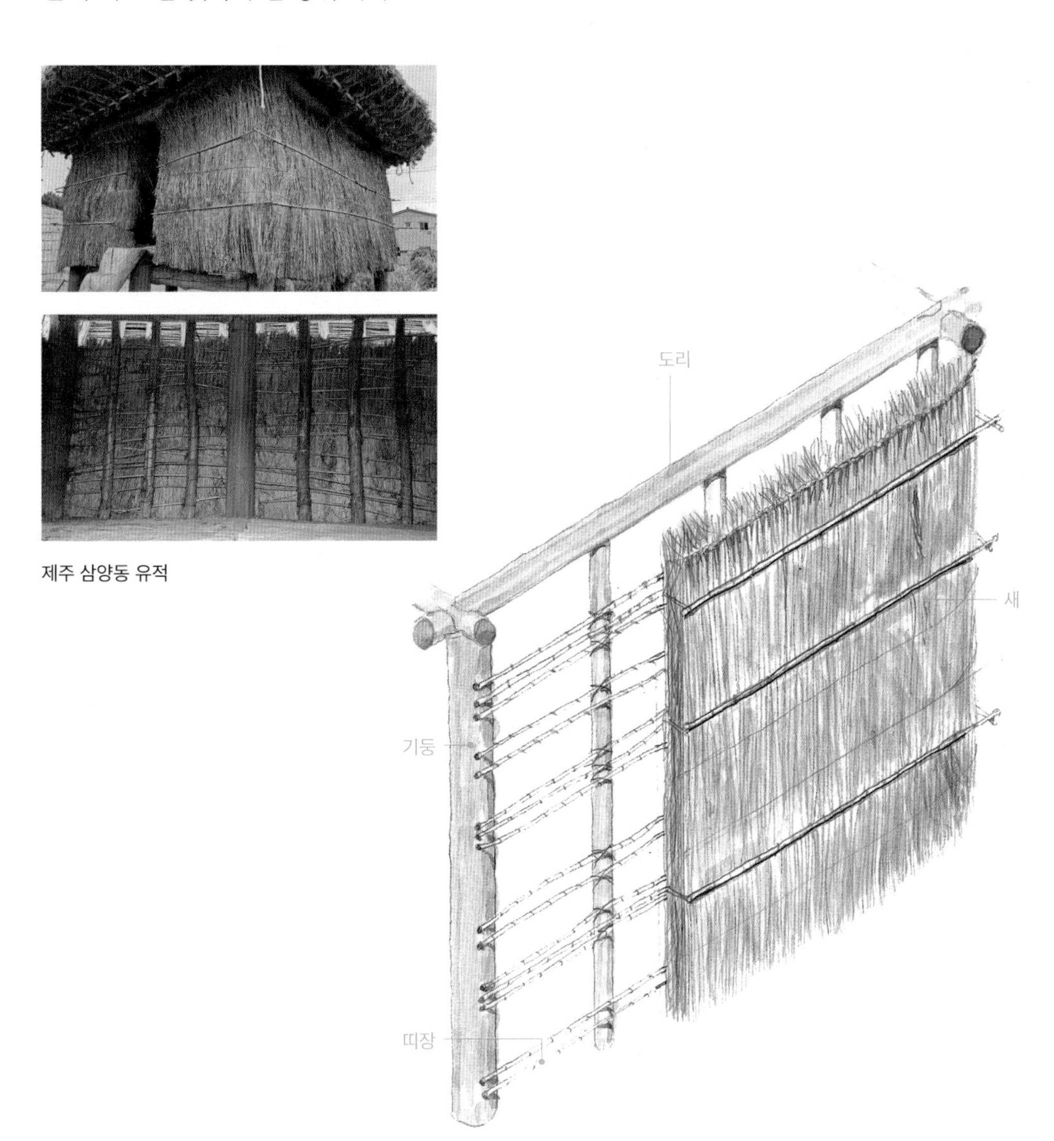

제주 삼양동 유적

귀틀벽

기둥과 보 등 뼈대가 힘을 받는 가구식구조와 달리 귀틀집은 벽이 힘을 받는 벽식구조이다. 나무를 길이 방향으로 눕혀서 층층이 쌓아 올라간 구조이며 기둥과 보가 없기 때문에 경간의 개념이 없고 비교적 큰 실을 자유롭게 만들 수 있는 장점이 있다. 특히 가구식과 비교해 보가 없기 때문에 보 칸을 크게 할 수 있는 장점이 있지만 지붕틀을 지지해야하기 때문에 어느 정도까지는 한계가 있었을 것이다. 보 칸이 큰 귀틀집의 지붕은 고대에서부터 사용되었던 귀접이 방식이 적합했을 것으로 판단된다. 귀틀구조를 중국에서는 정간식(井幹式)이라고 하며 남부 산간지대의 살림집에서 나타난다. 유럽의 노르웨이나 알프스, 러시아 연해주 등 산간지역에서는 지금도 귀틀구조가 사용되고 있으며 한국은 고대 고구려 지역의 고상식 창고에서 주로 쓰였다. 고구려의 영향을 받은 일본에서는 사찰에서 곡식창고로 사용하던 귀틀식 창고가 아직도 남아 있다. 현대에도 로그하우스(log house)라는 이름으로 귀틀집이 계속 지어지고 있다.

귀틀벽은 나무를 포개 쌓는 것이기 때문에 목조벽체라고 할 수 있다. 나무는 충분한 단열 성능이 있어서 기밀성만 확보된다면 단열재가 필요 없는 벽체이다. 다만 현대의 강한 단열 기준으로는 목재가 8치 이상으로 굵어야 해서 구조적으로 과대하고 비경제적일 수 있다. 따라서 귀틀 사이에 단열재를 보완해 넣어 단면을 줄이기도 하지만 바람직하다고 볼 수는 없다. 또 귀틀 사이의 기밀성 확보가 문제인데 고대에는 진흙을 바르거나 양모 등 섬유소를 귀틀 사이에 넣기도 하였다. 그러나 섬유소는 부식에 약하다는 것이 문제점이다. 그래서 현대에는 장부이음을 개발해 사용하고 있는데 가공비용이 추가된다.

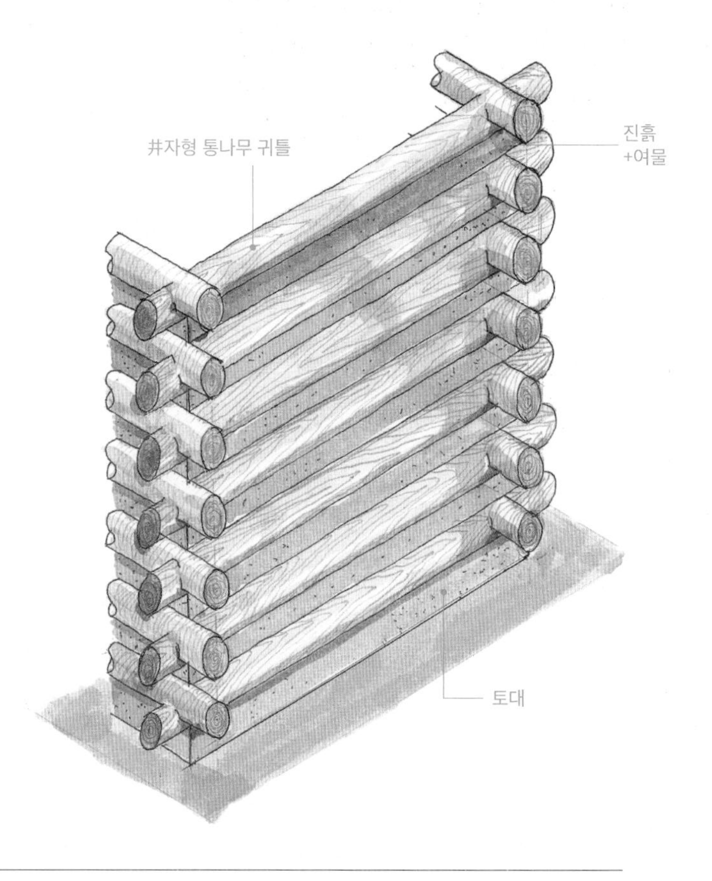

한국에서는 울릉도에 귀틀집이 남아 있다. 부엌, 방, 창고, 외양간 등을 일자로 배치하여 귀틀구조로 칸을 구분하고 그 외곽 전체에 우데기를 돌려 마감했다. 투막집이라고도 부르는 울릉도 귀틀집은 눈이 많은 지역이라는 특수성 때문에 우데기라는 구조가 생겨났다. 벽은 귀틀로 하고 지붕은 초가나 억새, 나무너와 등을 올린다. 우데기는 이엉이나 판재로 만드는데 우데기가 있으므로 해서 눈이 많이 와도 실을 이동할 수 있는 통로를 확보할 수 있다.

◉ 귀틀의 구성

모서리에서 귀틀은 반턱장부이음이 일반적이다. 귀틀집을 지을 때 유의해야 할 점은 건조 수축에 의해 일정기간 내려앉는다는 점이다. 따라서 안정화 될 때까지 일정기간 계속 유지보수를 해 주어야 한다.

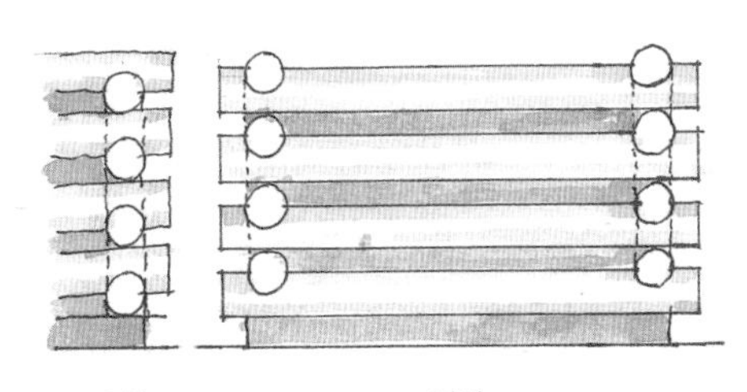

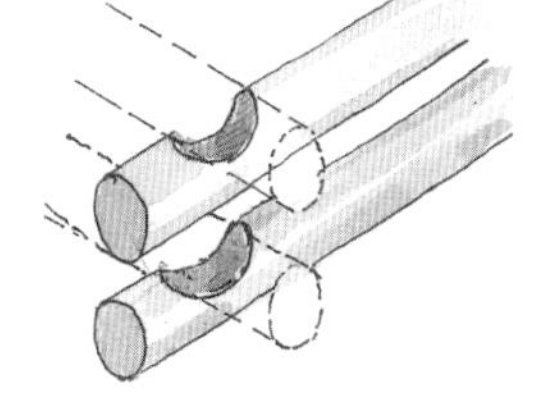

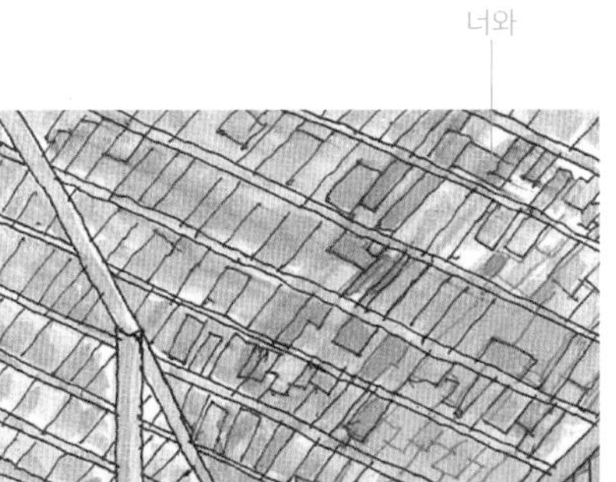

너와집 내부

울릉 나리동 너와집

울릉 나리동 너와집 내부

알프스 산악지역의 귀틀집

화방벽

화방벽은 방화벽이라고도 하며 중방 이하에 불연재료를 사용하여 방화 및 방범을 목적으로 설치하는 벽체를 가리킨다. 화방벽은 다른 벽체와 달리 바깥쪽으로만 덧붙여 설치한다는 점이 차이점이다. 내부는 심벽과 같이 외엮기를 하고 사벽이나 회벽으로 마감하며 그 바깥면에만 화방벽을 쌓는다. 화방벽을 쌓는 재료는 자연석, 사괴석, 기와, 벽돌 등으로 다양하며 여러 재료를 혼합하여 장식하기도 한다. 장대석이나 자연석 중에서 큰 돌을 지면에 지대석으로 먼저 1~2줄 깔고 그 위에 화방벽을 쌓는다. 이는 구조적인 안정감과 지면 습기의 영향을 최소화하기 위한 조치이다. 화방벽은 대개 진흙이나 회를 사용하여 찰쌓기하는 것이 일반적이다. 기둥으로부터 돌출되며 기둥과 만나는 면에는 기둥에 습기가 전달되는 것을 막기 위해 용지판이라는 판재를 대 준다.

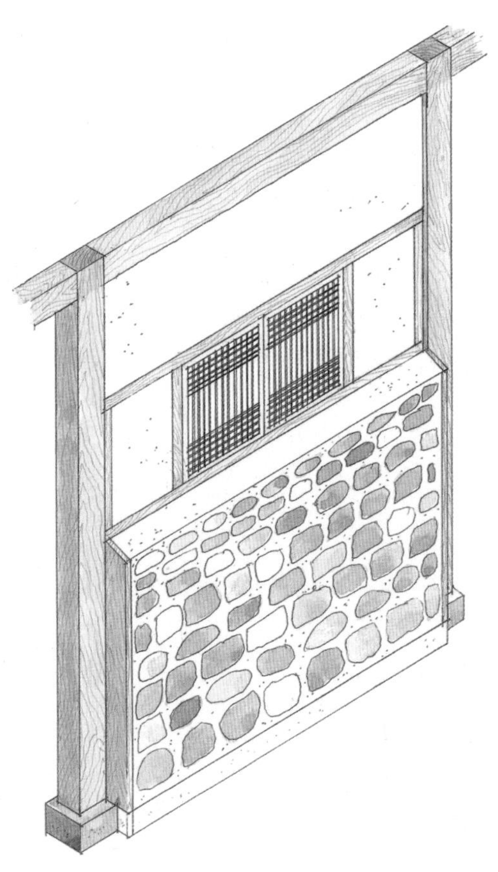

홍성 사운고택

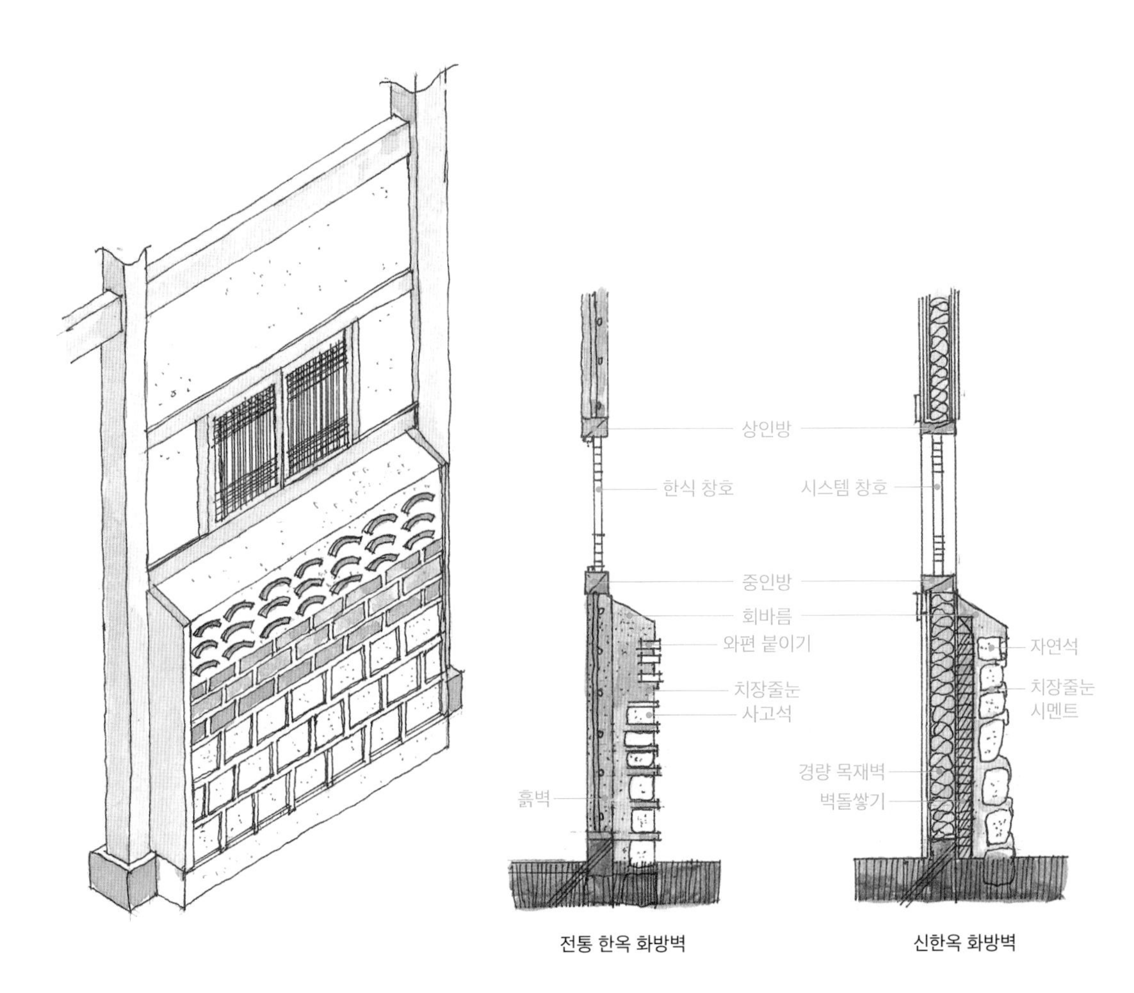

◉

여러 재료를 사용하여 화방벽을 쌓을 때는 구조적으로 또는 시각적으로 가벼운 재료를 위쪽에 사용한다. 예를 들면 지대석은 육중한 장대석을 사용하고 그 위에는 사괴석을 쌓고 가벼운 벽돌과 기와를 최상부에 올려 안정감을 준다.

◉

전통 한옥의 화방벽은 재료와 종류가 다양하고 장식 또한 지역과 건물 성격에 따라 풍부하다. 또 방범을 위해 어느 정도 두께가 있기 때문에 단열 성능이 요구되는 신한옥에 응용하기에 적합하다. 심벽에 비해 장식 또한 다양해서 신한옥 벽체 디자인에 충분히 응용할 수 있는 원천 자료가 된다.

신한옥 벽

신한옥은 전통 한옥의 조형성은 그대로 유지하면서 현대 재료와 공법, 설비 등을 추가하여 거주 성능을 개선한 한옥 정도로 정의할 수 있다. 신한옥의 벽은 전통 한옥의 심벽을 개선하는 방향으로 발전하였다. 벽체의 뼈대는 전통 한옥에서 싸리나무 또는 수수깡을 사용했던 외엮기 대신 2×4" 또는 2×6"의 각재를 사용한다. 각재 사이에는 단열재를 채우므로 각재의 크기는 단열재의 두께에 의해 결정된다. 단열재는 천연단열재에서부터 인공합성단열재까지 다양하며 성능 및 가격, 시공성 또한 천차만별이다. 왕겨, 셀룰로우스, 비드법보온판, 압출법보온판(아이소핑크), 우레탄폼, 페놀폼, 유리섬유, 열반사단열재 등이 많이 쓰이는데 대체적으로 인공단열재가 천연단열재에 비해 친환경적이지는 않지만 성능, 시공성, 가격 등이 우수하고 경제적이다. 천연단열재만으로는 가격도 비싸지만 요구하는 단열 성능을 내기 어려우므로 최소한의 인공단열재 보완은 필요한 것으로 판단된다.

전통 한옥은 외엮기 양쪽에 진흙을 발라 마감하며 두께가 3치 정도이기 때문에 단열 성능은 측정할 수 없는 정도이다. 또한 토벽과 목재가 만나는 부분에서 기밀성 확보가 어렵다는 것이 문제점으로 지적된다. 따라서 신한옥 벽의 외부는 방수 및 내구성, 중간층은 단열, 내부는 친환경성이 요구된다고 할 수 있다. 이러한 요구에 따라 신한옥의 벽은 다양한 재료가 여러 층으로 구성되는 것이 일반적이다.

전통 한옥과 신한옥 벽체에서 공통적인 문제점은 비바람에 의해 하인방이 쉽게 부식된다는 점이다. 따라서 앞으로는 하인방 재료를 바꾸거나 사용하지 않는 방식의 벽체 개발이 필요하다. 그리고 벽체는 내구성과 단열성, 기밀성, 친건강성이 동시에 요구되기 때문에 매우 여러 층으로 구성된다. 경제성과 시공성을 확보할 수 있는 소재 및 시공법 개발이 필요하다. 목재는 단열성이 입증된 재료이기 때문에 단열에 필요한 최소한의 두께를 검증하여 CLT로 제작한 프리패브 벽체를 개발한다면 벽체가 안고 있는 여러 문제를 동시에 해결할 수 있을 것으로 기대된다.

◉ 목재틀 벽체

상·하인방 사이에 목재틀을 짜고 틀 사이에 단열재를 채우며 밖으로는 방수석고보드, CRC보드를 순서대로 대고 테라코트 등으로 최종 마감하여 회벽의 느낌을 준다. 내부로는 OSB합판 위에 석고보드를 치고 벽지로 마감한다. 그리고 기밀성을 위해 연결 부위에는 기밀 테이프를 붙인다. 목재틀과 단열재의 연결 부위는 기밀성을 확보하는 것이 중요하며 전통 회벽은 내구성이 부족하기 때문에 질감과 색이 매우 유사한 테라코트(슈퍼파인) 등으로 마감한다. 내부는 OSB합판에 도배지를 붙이는 것이 경제적이지만 한옥의 특징인 친건강성과 친환경성은 확보하기 어려우므로 대안을 찾을 필요가 있다.

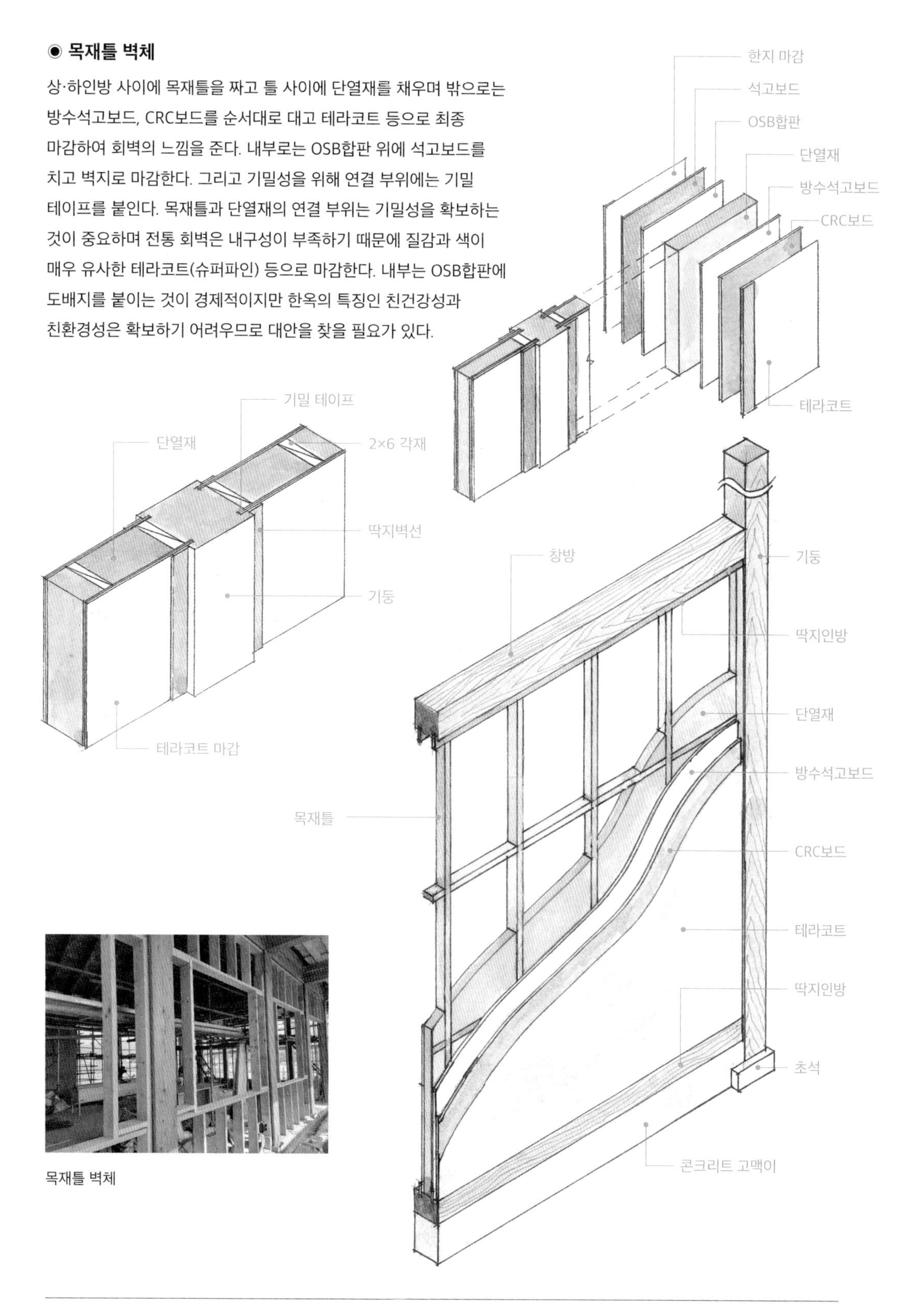

목재틀 벽체

◉ 금속틀 벽체

목재틀 대신에 경량금속틀로 외엮기를 대신하는 방법도 신한옥에서는 사용되었다. 가볍고 경제적이지만 철제이기 때문에 열전도에 따른 결로 및 단열 성능에 대한 실험 및 보완이 필요한 것으로 판단된다. 내외부 마감은 비슷하지만 회벽 바탕에 금속와이어메쉬를 설치하면 회벽의 박락을 방지하는데 효과적이다.

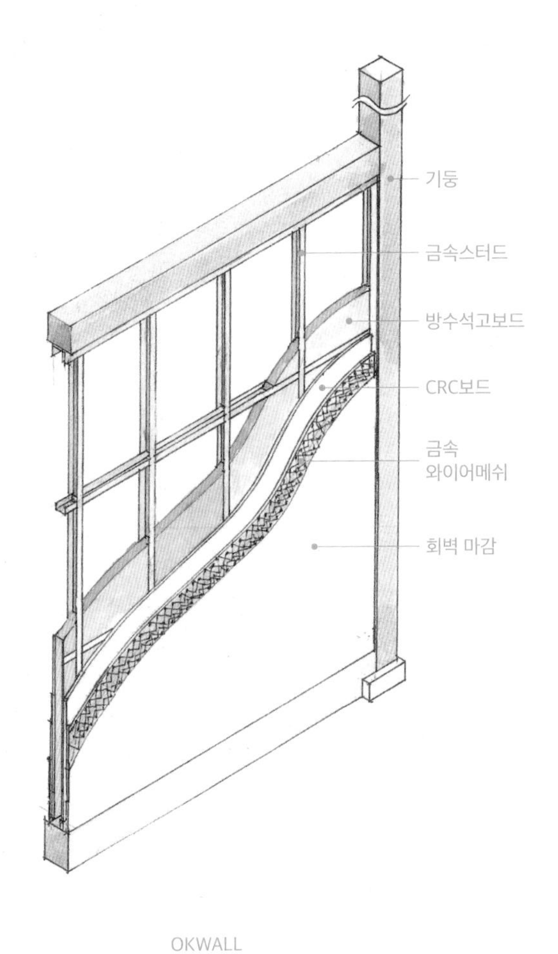

◉ 금속판 벽체

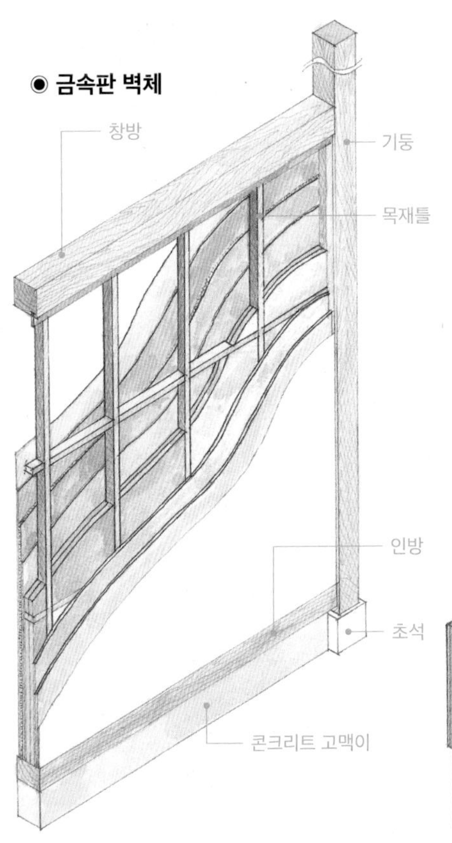

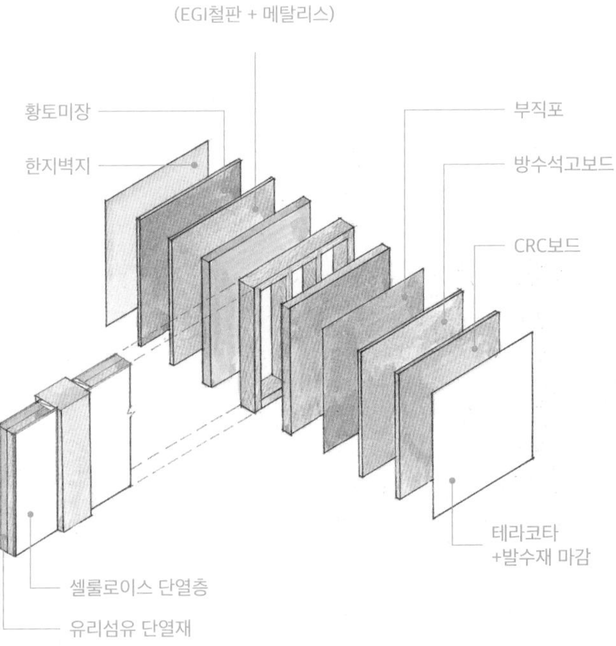

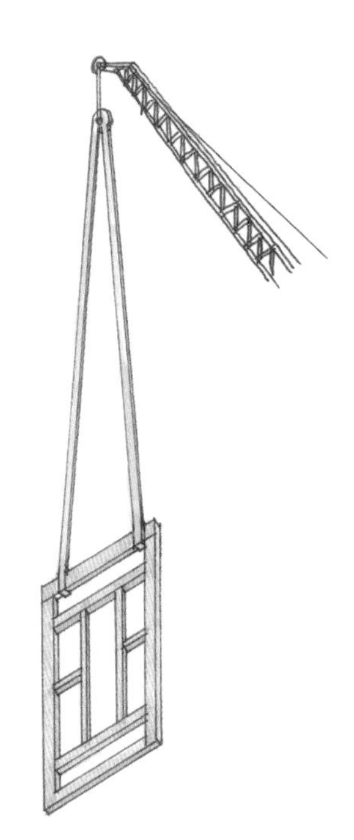

◉ 조립식 벽체

현장에서 제작하는 신한옥 벽은 기밀성 확보를 위해 가능하면 전통 한옥의 인방재를 생략하는 것이 보통이다. 다만 전통 한옥의 입면 조형성을 유지하기 위해 얇은 판재로 모양만 낸 소위 딱지인방이라는 것을 붙이는데 이는 장식일뿐 아무런 기능이 없고 판재가 얇아 풍화에 약하므로 사용하지 않는 것이 좋다. 신한옥에서는 공사의 효율성, 경제성, 성능 및 품질을 높이기 위해 프리패브 벽체가 개발되었다. 프리패브 벽체는 벽 하나를 통째로 공장에서 생산하여 현장에서는 조립만 하는 방식이다. 따라서 전통 한옥의 인방재를 외곽 틀로 하고 그 안에 현대 목재틀을 짜서 단열재를 채운다. 내외부 마감방식은 현장 벽체와 같다. 프리패브 벽체는 현장 조립시 기둥 양쪽에 홈을 파고 위에서부터 끼워 넣기 때문에 가공 및 시공의 정밀성이 요구된다. 프리패브 벽체는 홍성의 어린이 교육관에서 사용했는데 기둥과 벽체가 서로 물고 있어서 기밀성 확보에 유리하고 딱지인방을 사용하지 않고 전통 한옥 입면의 조형성을 살릴 수 있다는 장점이 있다.

일루와유, 은평한옥마을

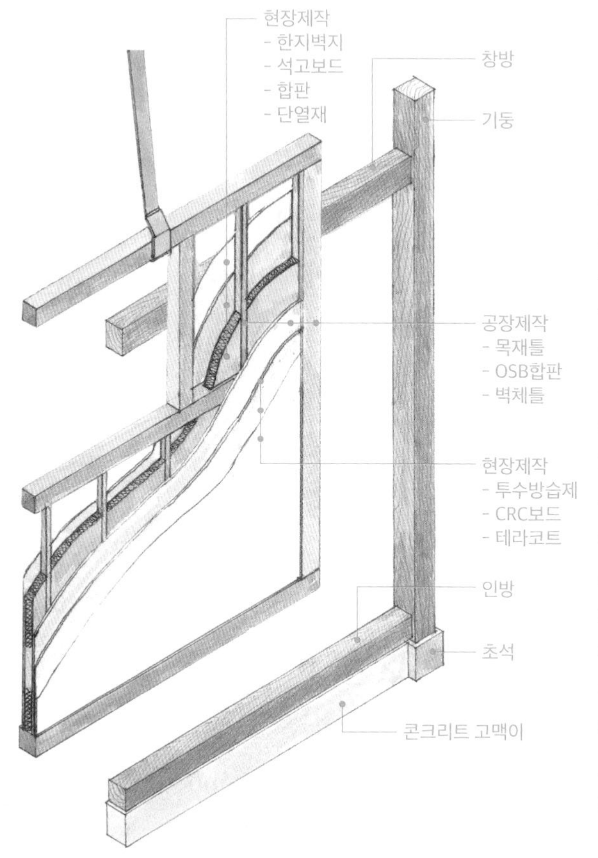

신한옥 벽체는 단열재 및 마감재에서 인공재료를 사용하기 때문에 친건강성에 문제가 있다. 이를 보완하기 위해 내부는 황토미장을 하고 한지를 바른 사례가 은평 한옥마을의 화경당에서 볼 수 있다. 단열재는 목재틀 양쪽에 부직포를 대고 그 속에 목재의 섬유소를 원료로 만든 셀룰로우스를 채워 넣었다. 이때 셀룰로우스에는 방충과 조습작용 등의 보강을 위해 숯가루(炭末)를 섞어 넣었다. 그리고 내부에는 OKWALL이라는 타공 아연강판을 붙이고 그 위에 황토미장을 했다. 타공아연강판은 황토의 박락을 방지해주고 내진을 보강하는 효과가 있다. 황토미장 위에는 한지를 붙이는 것이 효과를 배가하는 것이어서 전통한지로 마감했다. 신한옥 연구에서 황토는 조습, 항균, 탈취 효과는 물론 관절염, 아토피 등에도 탁월한 효과가 있는 것으로 밝혀졌다. 이러한 효과는 일반 벽지보다는 한지를 붙였을 때 배가되었다. 따라서 단열효과 및 시공성은 조금 떨어지고 가격은 비싸지만 최소한 내부에는 친환경 재료를 개발하여 사용하는 것이 필요하다.

6 온돌

아궁이와 부뚜막

- 함실아궁이
- 부뚜막 아궁이

구들의 구성

- 쪽구들
- 온구들

고래의 종류

- 줄고래
- 되돈고래
- 부채고래
- 맞선고래
- 굽은고래
- 허튼고래

굴뚝

- 자연석굴뚝
- 토축굴뚝
- 와편굴뚝
- 기단굴뚝
- 전축굴뚝
- 오지굴뚝
- 통나무굴뚝

신한옥 온돌

- 건식온돌(전기)
- 습식온돌(온수)
- 건식온돌(온수)

2줄고래

一자형 고래

ㄱ자형고래

ㄷ자형고래

쪽구들

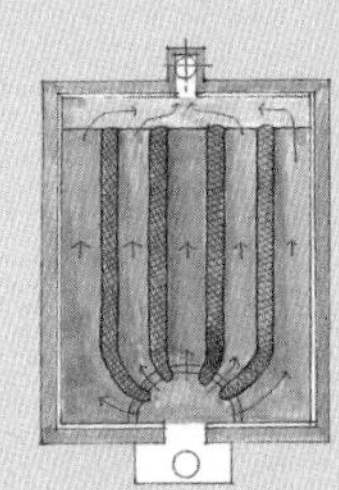

온구들

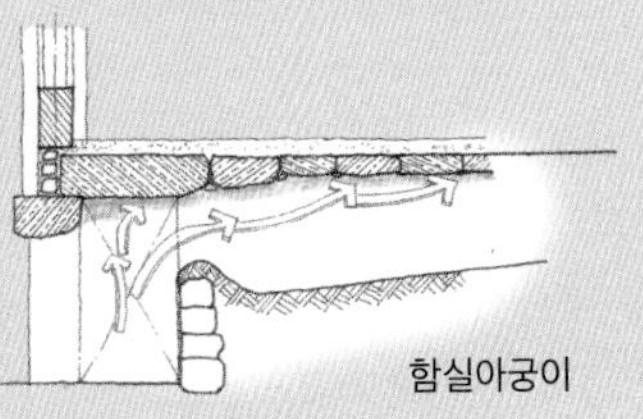

함실아궁이

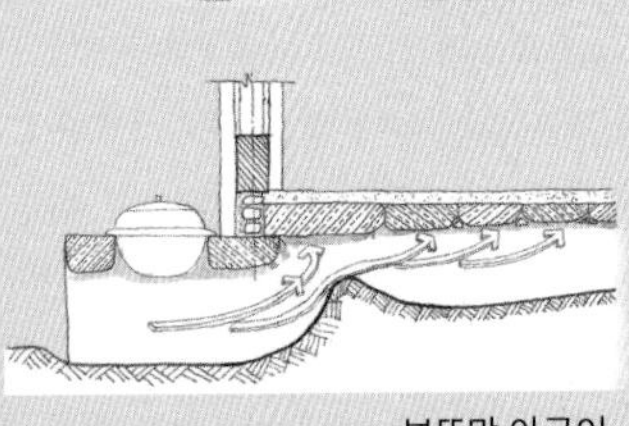

부뚜막 아궁이

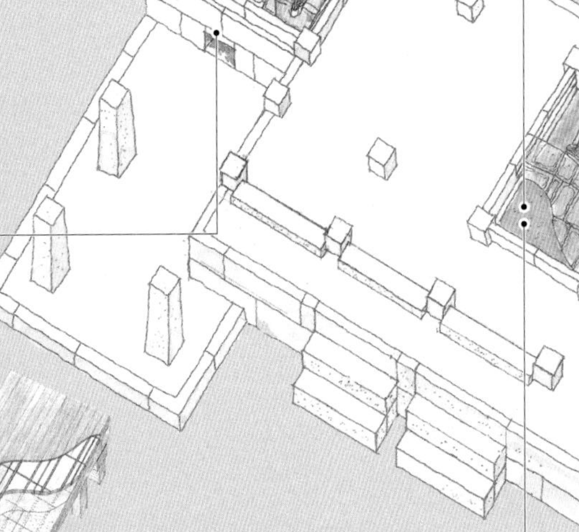

건식온돌(전기)

습식온돌(온수)

건식온돌(온수)

온돌은 한국의 전통적인 난방방식을 부르는 명칭으로 구들이라고도 하지만 구들은 온돌을 구성하는 고래의 구조에 방점이 있는 용어이다. 한국의 온돌은 바닥의 구들장을 덥혀 난방하는 복사난방 방식이다. 한국을 제외한 대부분 지역에서는 공기를 덥혀 순환시키는 대류난방 방식을 사용하고 있다. 동양의학에서는 두한족열(頭寒足熱)이 건강에 좋다고 했는데 한국의 온돌이 이에 가장 적합한 난방방식이다. 구들장을 덥히면 원적외선이 나오고 원적외선은 직진성이 강하고 대상물에 깊이 침투하는 성질이 있어서 우리 몸을 깊고 고르게 덥혀 준다.

전통 온돌은 대류난방에 비해 에너지 측면에서도 효율성은 뛰어나지만 땔감이 나무여서 서유구는 《임원경제지》에서 온돌이 "산림을 황폐화시키는 단점이 있다"고 하였다. 또 땔감을 절약하기 위해서 겨울에는 시어머니와 며느리가 같은 방을 쓰기 때문에 "고부간의 갈등을 일으킨다"고도 하였다. 따라서 신한옥에서는 복사난방과 원적외선 효과 등의 장점은 그대로 살리고 땔감을 신재생에너지로 바꾸는 온돌 시스템의 개발과 적용이 필요하다.

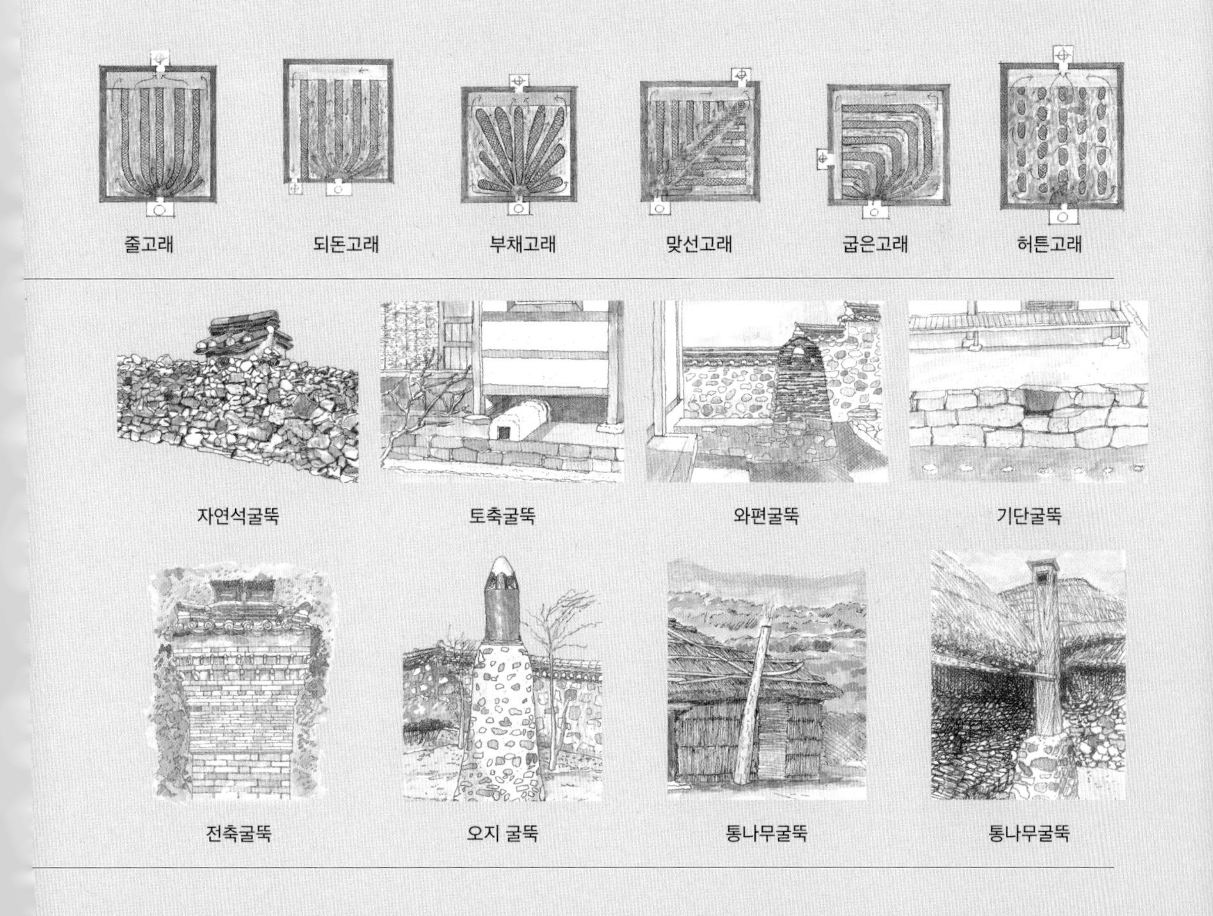
줄고래 되돈고래 부채고래 맞선고래 굽은고래 허튼고래

자연석굴뚝 토축굴뚝 와편굴뚝 기단굴뚝

전축굴뚝 오지 굴뚝 통나무굴뚝 통나무굴뚝

아궁이와 부뚜막

아궁이는 구들에 불을 때는 화구(火口) 부분을 가리킨다. 고래 입구에 만들며 고래와는 부넘기에 의해 연결된다. 부넘기는 아궁이 안쪽에서 고래와 통하는 구멍을 가리키는 것으로 불목이라고도 한다. 부넘기는 불길과 연기가 역류하는 것을 방지하고 크기를 조절하여 고래마다 불이 골고루 들어갈 수 있도록 배분하는 역할을 한다. 부넘기 크기를 잘 조절해야 가운데 있는 고래나 양쪽 측면에 있는 고래가 골고루 따뜻하다. 칠불사 아자방의 경우는 불을 한 번 때면 한 달 또는 100일간 따뜻했다고 하는데 그런 만큼 아궁이도 크고 형태도 가마형 등으로 특수했을 것으로 추정하고 있다. 그리고 주 아궁이에 불이 잘 들도록 보조 아궁이가 있었던 것이 발굴조사를 통해 밝혀졌다.

◉ 함실아궁이

취사가 필요 없는 사랑채나 별채, 정자 등에 사용하는 부뚜막이 없는 아궁이를 가리킨다. 불을 때는 화구 부분을 함실이라고 하는데 함실은 구들 맨 아래쪽에 만들어지며 함실 위가 아랫목이 된다. 함실에는 여러 구들이 모이며 고래와의 사이에는 부넘기를 만든다. 함실 바닥은 고래보다 낮게 하고 함실 위는 특별히 크고 두꺼운 구들장을 올려 아랫목이 과열되는 것을 방지한다. 함실 바닥은 타고 남은 재를 긁어낼 수 있도록 반듯하게 마감하고 함실 입구에는 화구문을 설치하여 불을 땐 이후에는 닫아 온기를 보존할 수 있도록 한다.

안동 수곡고택

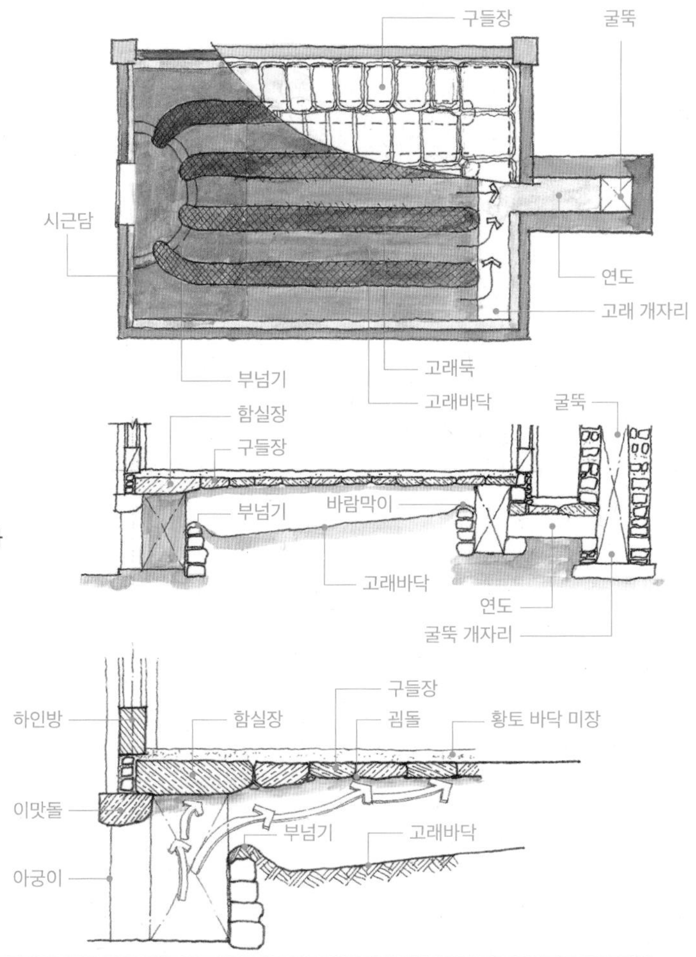

◉ 부뚜막 아궁이

취사와 난방을 겸하는 안채 부엌에 설치하는 아궁이이다. 불 때는 함실을 별도로 빼서 부엌에 설치하고 함실 윗부분에는 솥을 걸고 솥 좌우에 조리대를 설치한 부뚜막이다. 부뚜막 상부에는 부엌을 지키는 조왕신(竈王神)을 모시기도 했다. 또 사랑채나 행랑채에도 부뚜막 아궁이를 설치하여 솥을 걸고 소여물을 쑤어 먹이기도 했다. 고구려 고분벽화에는 구들이 없는 부뚜막 아궁이만 설치된 별도의 부엌칸이 있었다. 조선시대 창덕궁 연경당에도 이와 같은 반빗칸이 남아있다. 남쪽 제주도에서는 따뜻하기 때문에 구들과 연결되지 않은 취사용 아궁이를 따로 만들었다. 이처럼 부뚜막 아궁이라고 해서 반드시 구들과 연결되는 것이 아니다.

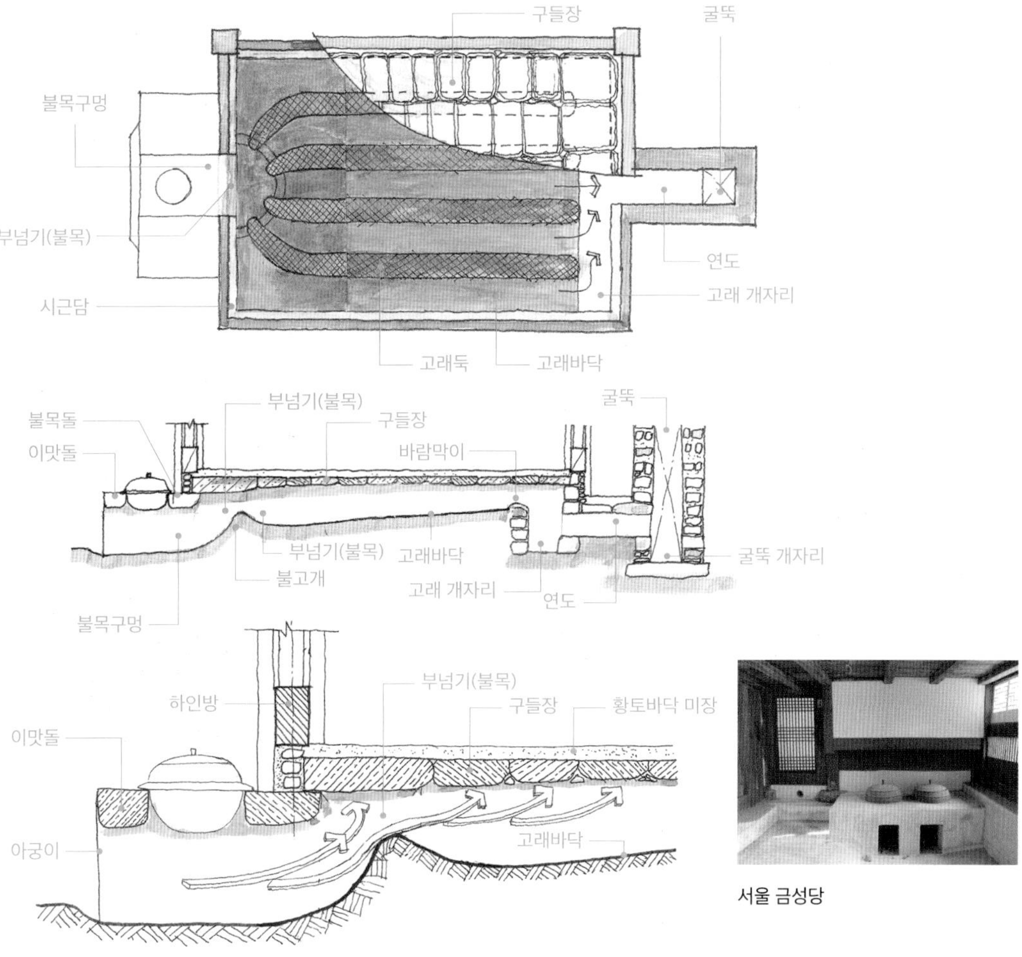

서울 금성당

구들의 구성

구들은 아궁이와 굴뚝을 제외한 고래가 깔린 부분을 가리킨다. 구들은 고래바닥과 고래둑, 시근담과 개자리, 구들장 등으로 구성된다. 아궁이와 굴뚝을 연결하는 고래와 개자리를 따라 불이 이동하고 구들장에 의해 복사열이 발생하는 곳으로 구들 윗면이 방바닥이 된다. 구들장은 불에 잘 터지지 않는 점판암 계열을 사용했으며 조선시대 한양에서는 화강석 판석을 이용하기도 했다. 구들장은 생활하면서 깨지지 않아야 하고 열을 일정 시간 가두는 성능이 있어야 하기 때문에 너무 얇은 것은 사용하지 않는다.

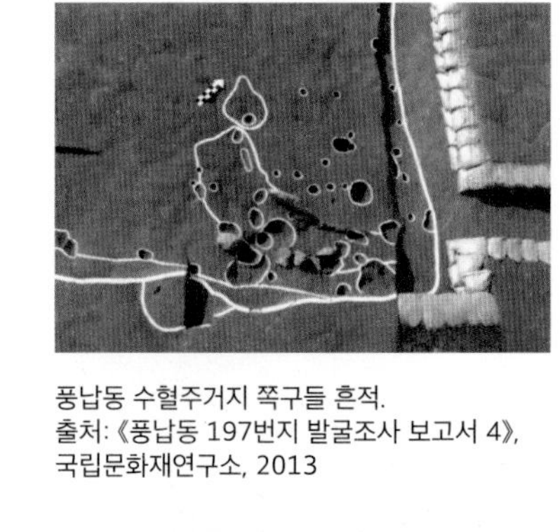

풍납동 수혈주거지 쪽구들 흔적.
출처: 《풍납동 197번지 발굴조사 보고서 4》, 국립문화재연구소, 2013

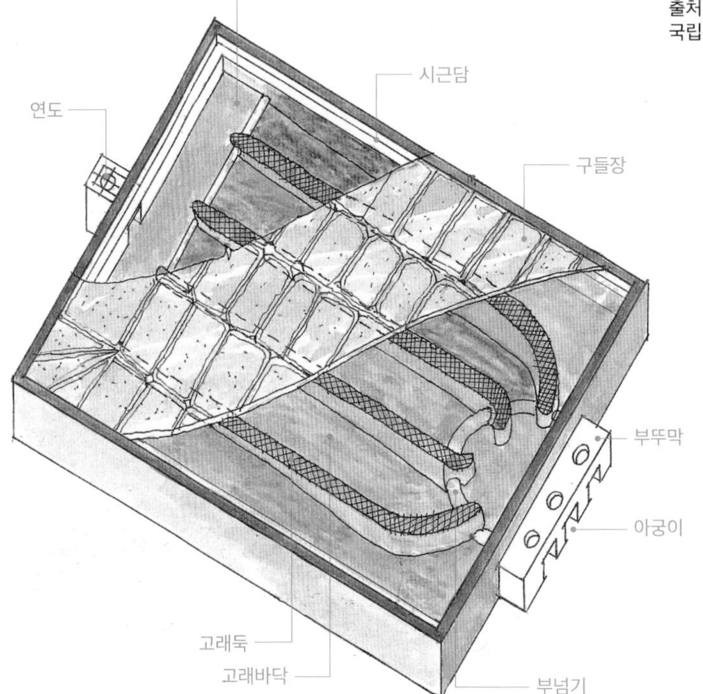

양주 회암사지 온구들 흔적

음성 잿말고택 온구들

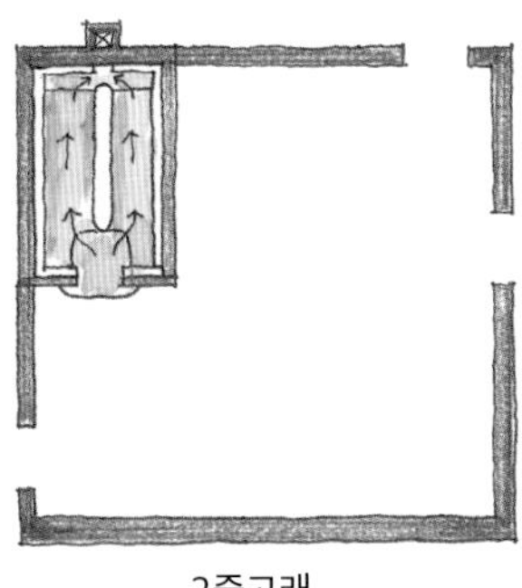
2줄고래

◉ 쪽구들

방 일부분에만 구들을 설치하는 것을 쪽구들이라고 한다. 구들은 쪽구들에서부터 시작하여 온구들로 발전해 갔다. 한국에서 쪽구들의 사용은 본격적으로 정착 생활을 시작하는 철기시대부터 시작되었으며 처음에는 방 일부에 외줄로 고래를 설치하는 정도였다. 이러한 사례는 풍납동 움집에서도 볼 수 있다. 이후 한쪽 벽면 전체에 'ㅡ'자나 'ㄱ'자로 만들다가 사국 말기와 발해에서는 'ㄷ'자와 고래의 숫자도 외줄에서 2~3줄로 늘어나기 시작했다. 구들의 시작은 추운 지방인 지금의 연해주 북옥저 지역에서 시작하여 차츰 남하하며 전파된 것으로 보고 있다. 중국의 캉(坑)도 쪽구들이 전파되어 만들어진 것이다.

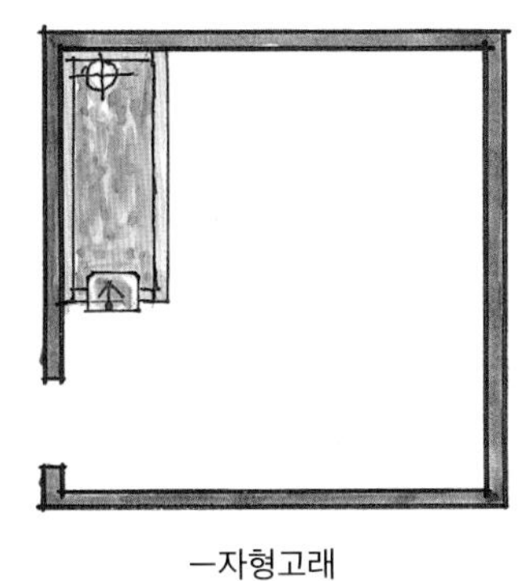
ㅡ자형고래

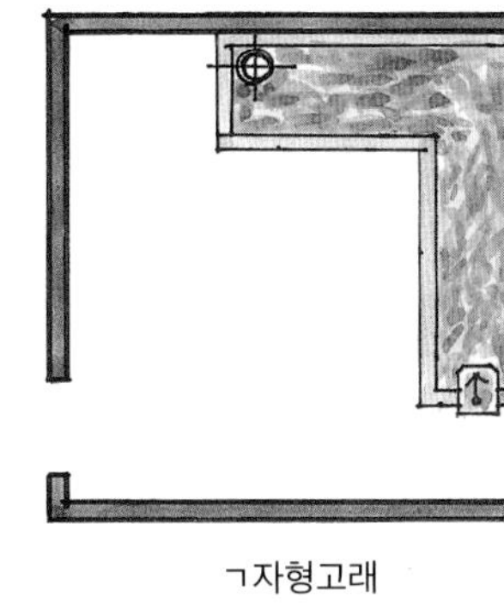
ㄱ자형고래

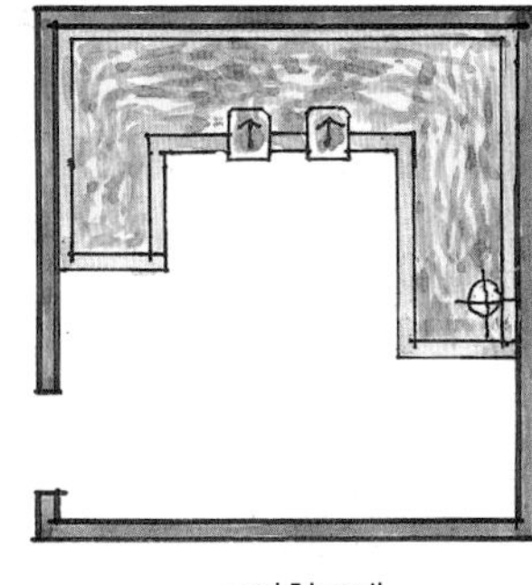
ㄷ자형고래

◉ 온구들

방 전체에 구들을 들인 것을 가리키는 것으로 공간의 사용이 확장되고 좌식 생활이 정착하는 계기가 되었다. 온구들은 고려시대 이후 남쪽 지역에서 보편화되었으며 불을 때는 아궁이가 방과 분리되어 위생적이고 쾌적하게 되었다. 그러나 초기에는 구들장 사이에서 연기가 피어올라 양반들보다는 서민들 살림집에서 먼저 사용되었고 기술의 진화로 계층과 지역을 확대해 나갔다. 온구들은 칠불암 아자방, 양주 회암사지 등에서 사례를 볼 수 있으나 고려시대까지는 보편화되지는 않았던 것으로 추정된다.

구들바닥은 하방 높이 정도에서 만들어지기 때문에 온구들이 보편화되면서 하방이 높아지는 결과를 가져왔다. 구들을 내릴 수도 있지만 지면 이하로 너무 내려가면 습기로 불이 잘 들지 않으며 아궁이와 부뚜막이 동반하여 깊어지는 결과를 초래한다. 온구들이 되면서 하방 아래에서 외벽을 안쪽으로 돌출시켜 구들장이 걸칠 수 있도록 쌓는데 이를 시근담이라고 한다. 고래바닥은 아궁이에서 굴뚝 쪽으로 갈수록 점차 높아지도록 경사지게 해야 불이 잘 들며, 고래둑은 돌이나 와편 등으로 쌓는데 매끈해야 불길이 걸림 없이 빨려 들어간다. 방 외곽으로는 고래를 깊이 파는데 이를 개자리라고 한다. 개자리는 열을 잡아 두는 역할을 하기 때문에 열효율을 높여주며 연기가 역류하는 것을 막아준다.

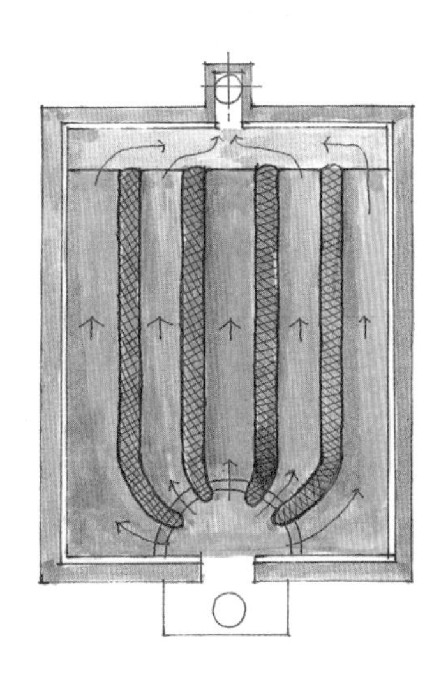

고래의 종류

고래는 고래의 숫자 및 모양에 따라 분류한다. 쪽구들에서는 고래의 수에 따라서 외줄고래, 쌍줄고래, 세줄고래 등이 있고, 모양에 따라 一자고래, ㄱ자고래, ㄷ자고래 등이 있다. 온구들도 쪽구들과 유사하게 분류되지만 방 전체에 고래를 들이기 때문에 고래의 숫자는 큰 의미는 없으며 모양을 기준으로 분류한다. 모양에 따라 열의 전달 과정 및 열효율 등에 차이가 있으나 아직 정확한 계량치는 연구되어 있지 않다.

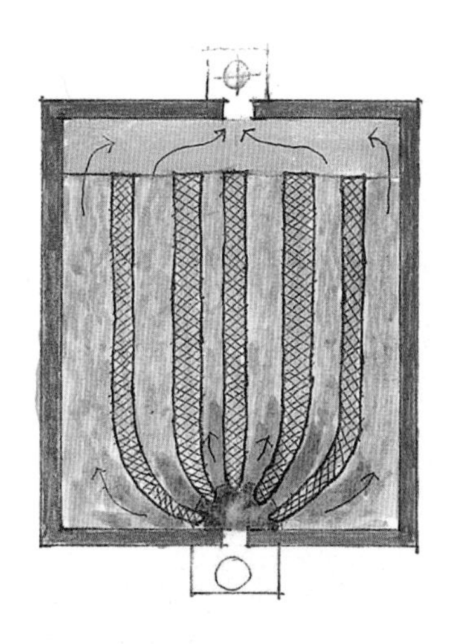

◉ 줄고래(외줄, 쌍줄, 세줄, 온줄)

가장 일반적인 고래 형식으로 아랫목에서 윗목 쪽으로 일자로 평행하게 고래가 놓인다. 가운데 아궁이가 있으며 고래가 대칭으로 아궁이로 모이게 되는데 중앙보다 양 측면 고래의 불목을 크게 해야 불이 들어가는 양이 비슷하여 방 전제가 골고루 따뜻하게 된다. 굴뚝은 보통 아궁이 반대편에 놓이지만 온돌방 중앙이 아니어도 좋다.

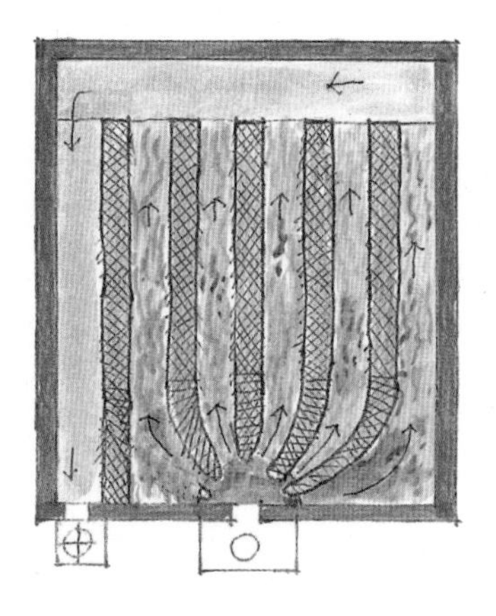

◉ 되돈고래

되돈고래는 아궁이와 굴뚝이 같은 면에 있는 경우이다. 아궁이 반대편에 굴뚝을 설치하기 어려운 경우에 많이 사용하며 안마당 기단 쪽에 굴뚝을 설치하여 모깃불로 동시에 사용할 때 설치된다. 아궁이에서 고래를 타고 이동한 불길이 윗목 쪽 개자리에서 합해져서 좌 또는 우측 개자리를 타고 다시 앞쪽으로 와서 연도를 통해 굴뚝으로 빠져나간다. 불길이 개자리를 길게 돌기 때문에 열효율이 좋은 구들 형식으로 평가된다.

◉ 부채고래

아궁이에서 윗목 쪽으로 부챗살처럼 퍼져나간 모양의 구들 형식이다. 흔한 고래 형식은 아니며 고래의 간격이 다르기 때문에 구들장을 깔기는 어렵다. 하지만 윗목 쪽의 고래가 점차 넓어지면서 불길의 속도가 느려지고 머무는 시간을 길게 하여 방을 고루 덥히는 효과가 있다.

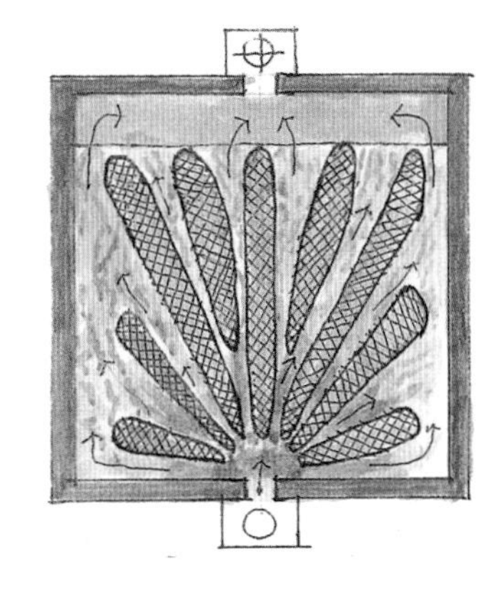

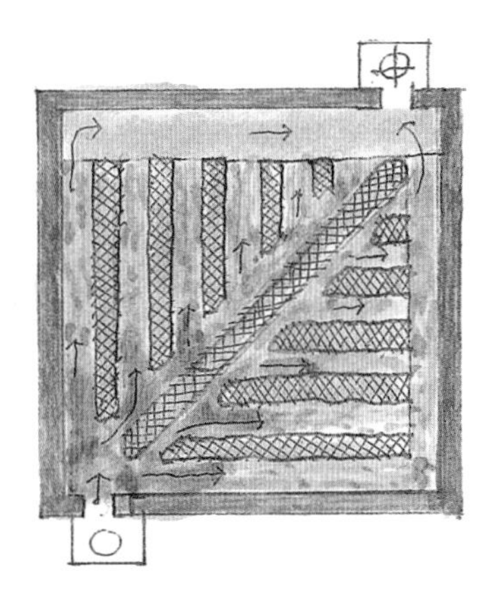

◉ 맞선고래

아궁이와 굴뚝이 대각선으로 놓일 때 유용하다. 마치 나뭇잎처럼 주 고래가 대각선으로 놓이고 주 고래 양쪽으로 부 고래가 좌우 및 앞뒤 방향으로 놓인 고래 형식이다. 줄고래에 비해 불목의 세부 조정 없이도 방 전체에 불길을 고루 분배하는 효과가 있다. 구들장을 놓기에는 부채고래와 같은 어려움이 있다.

◉ 굽은고래

아궁이에 대해 굴뚝이 측면에 설치될 때 사용하는 고래 형식이다. 아궁이에서 출발한 고래가 굴뚝을 향해 ㄱ자로 꺾여 설치된다. 고래별로 길이의 편차가 크기 때문에 불목에서 불길의 양과 세기를 잘 조절해 주어야 한다. 그리고 꺾인 부분의 구들장 설치에 유의해야 하며 숙련된 온돌장이 아니면 방안에서 온도 편차가 발생하기 쉽다.

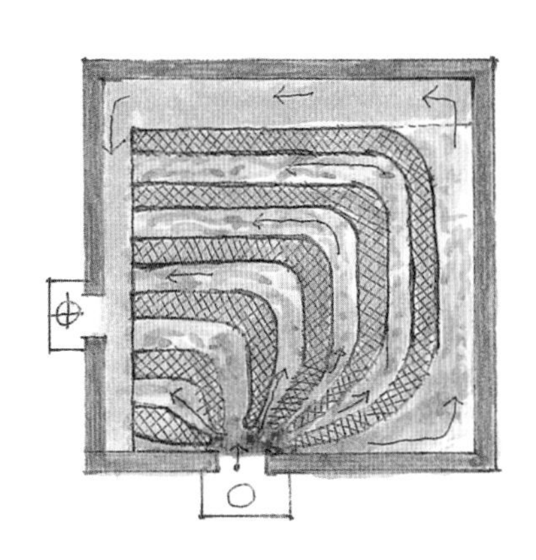

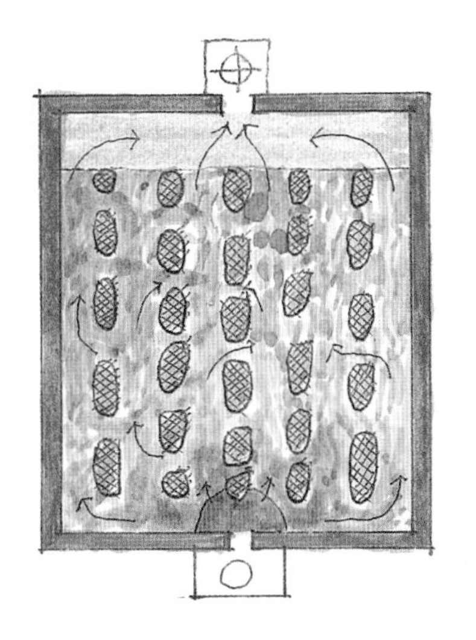

◉ 허튼고래

고래둑 없이 괴임돌로만 구들장을 받치기 때문에 구들 놓기는 어렵지 않으나 불길의 예측이 어렵고 국부적으로만 온기가 전달될 수 있는 단점이 있다. 따라서 큰 방에서는 허튼고래를 사용하기 어렵고 작은 방에서 사용하는 정도이다.

굴뚝

개자리와 연결되어 연기를 배출하는 역할을 한다. 《조선왕조실록》에서는 돌(突, 堗)로 표기하였으며 《승정원일기》에서는 연통(煙筒)으로 표기하였다. 굴뚝을 '구새'라고도 하는데 구새는 썩어서 속이 빈 통나무를 가리키는 것으로 나무굴뚝을 의미하기도 한다. 굴뚝과 개자리는 거리가 있기 때문에 이를 연결하는 통로가 있는데 이를 연도(煙道)라고 한다. 언제부터 연도라고 썼는지는 알 수 없다. 연도는 굴뚝 쪽으로 내려가는 경사로 설치하는 것이 좋으며 굴뚝 아래에도 개자리가 있어서 연기가 역류하지 않는다. 굴뚝의 종류는 재료에 따라 다양하게 분류되며 연기가 새지 않아야 하기 때문에 기밀해야 한다. 굴뚝은 높을수록 배연 능력이 좋기 때문에 추운 북쪽 지역일수록 높고 남쪽으로 내려올수록 낮아진다.

◉ 자연석굴뚝

주로 산석을 이용하여 쌓는 굴뚝으로 돌담과 잘 어울린다. 굴뚝 내부는 기밀성을 위해 진흙으로 미장하여 마감한다.

불갑사

◉ 토축굴뚝

흙으로 쌓은 굴뚝을 가리키지만 흙만으로는 구조적으로 견디기 어렵기 때문에 돌을 섞어가면서 쌓는 것이 일반적이다. 흙벽돌을 사용하면 유리하고 기밀성을 확보하는데 토축굴뚝이 효과적이다.

영덕 안동권씨 옥천재사

청송 송소고택

◉ 와편굴뚝

돌 대신 기와편을 사용하여 쌓은 굴뚝이다. 와편 사이는 진흙으로 채우고 와편은 구조적인 것을 보강해주는 역할을 한다. 깨진 와편을 재활용한다는데 의미가 있으며 각종 문양을 사용할 수 있기 때문에 장식 굴뚝 역할을 한다.

안동 하회마을 남촌댁

◉ 기단굴뚝

기단석에 설치한 굴뚝으로 굴뚝을 높게 설치하지 않아도 되는 남쪽 지역에서 사용한다. 마당에서 모깃불을 겸할 수 있다는 장점이 있다.

곡성 제호정 고택

◉ 전축굴뚝

벽돌을 쌓아 만든 굴뚝을 가리킨다. 조선시대에는 격식 있는 집에서 벽돌이나 전을 이용해 만들었으며 근대기에 벽돌이 보편화되면서 많이 사용되었다. 궁궐에서는 화장벽돌을 이용해 치장이 베풀어진 화려한 굴뚝을 만들기도 했다. 이러한 굴뚝은 후원의 치장 요소가 되기도 한다.

안동 하회마을 충효당

◉ 오지 굴뚝

굵은 오지관을 연결하여 만든 굴뚝이다. 점토로 구운 것인데 소성이 끝날 무렵 연소실에 식염을 투입하여 식염 증기를 표면에 응축시켜 매끄럽고 견고하게 만든 것이다. 오지관의 연결부위는 점토로 기밀하게 하며 오지관 표면에 초가를 감싸기도 한다. 초가지붕에 주로 사용하였다.

아산 외암마을

◉ 통나무굴뚝

통나무 속이 썩어서 빈 것을 구새라고 하는데 구새 먹은 나무로 굴뚝을 만들었기 때문에 통나무굴뚝을 '구새'라고도 불렀다. 중간을 연결하지 않고도 긴 굴뚝을 만들 수 있었으며 기밀성이 뛰어난 장점이 있다.

울릉 나리동 너와집

순천 낙안읍성 이방댁

신한옥 온돌

전통 온돌의 열원은 장작이었지만 신한옥에서는 기름, 가스, 전기 등 모두 사용할 수 있으며 나무를 사용하더라도 장작이나 펠릿으로 만들어 아궁이에서 직접 때는 것이 아니라 보일러의 연료로 활용해 난방하는 것이 특징이다. 열전달도 직접 연소열이 전달되는 것이 아니고 물을 끓여 끓는 물을 매개로 열을 전달하는 방식이다. 전기를 사용할 때는 온수 파이프를 사용할 수도 있지만 물을 사용하지 않고 전기 저항에 의한 열선이 열전달 역할을 하기도 한다.

연소열을 사용하지 않기 때문에 연기 등이 발생하지 않고 이산화탄소가 생성되지 않아 폐 건강에 유리하고 위험성이 줄어들었다고 볼 수 있다. 또 산림을 황폐화하지 않는다는 장점은 있으나 지구환경 차원에서 탄소배출은 달라진 것이 없기 때문에 친환경에너지의 도입이 필요하다. 열원이 달라지면서 아궁이와 굴뚝의 역할은 보일러가 대신하게 되었으며 구들의 구성과 재료도 바뀌었다. 신한옥은 습식온돌과 건식온돌을 모두 사용한다. 습식온돌은 보통 보온

◉ **건식온돌(전기)**

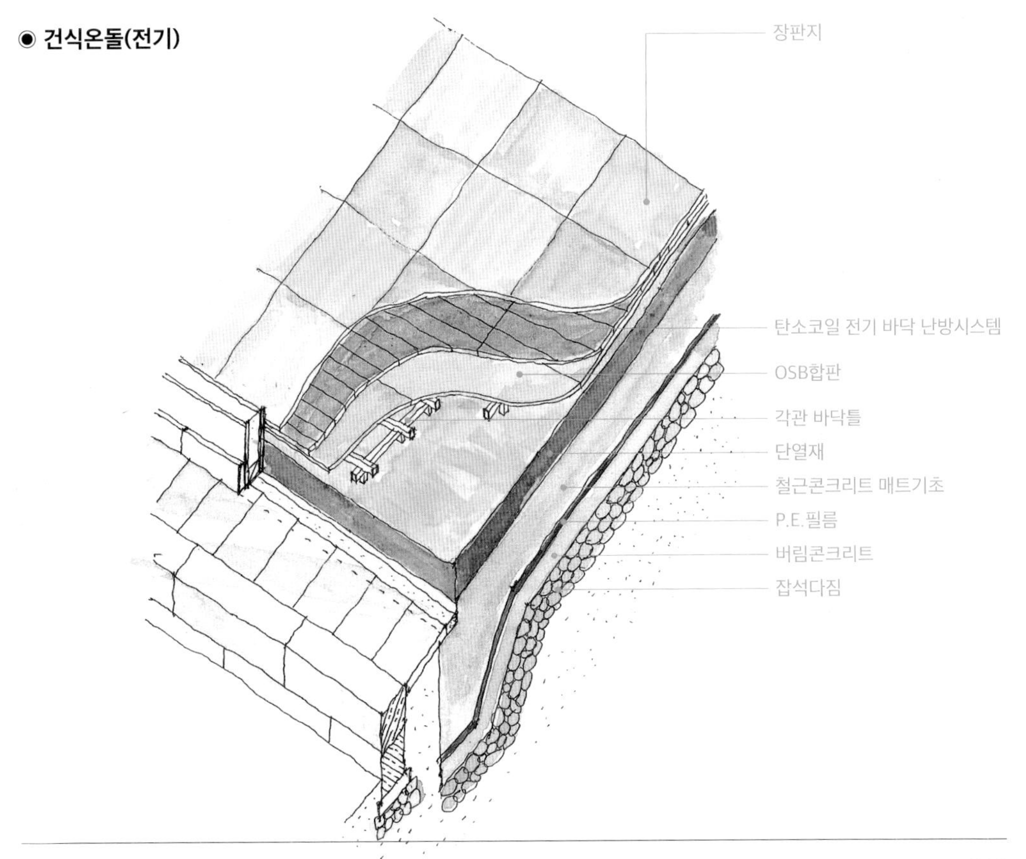

재를 깔고 온수 파이프를 설치한 다음에 기포콘크리트를 치고 미장한 다음 그 위에 장판지로 마감한다. 건식온돌은 단열재를 깔고 온수 패널을 설치한 다음 난방 배관을 하고 열전달을 위한 상판(아연강판 등)을 덮고 장판지 등으로 마무리한다. 건식온돌은 물을 사용하지 않기 때문에 겨울에도 설치할 수 있다는 장점이 있다.

현대 온돌은 구들장과 같이 원적외선이 발생하지 않고 잠열 성능이 없다는 것이 단점이다. 또 재료에서 친환경성을 찾아볼 수 없으며 보일러를 계속 돌리지 않으면 난방수가 얼어 터질 수 있다. 전기를 사용한 열선형 온돌은 동파 위험은 없으나 전력 요금이 비싸 경제성을 확보하기는 어렵다. 전기 시트지 난방도 많이 개발되어 있으나 마찬가지이다.

열원은 당연히 현대 사회에 맞게 바뀌어야 하지만 전통 온돌의 장점을 살리는 것이 신한옥의 과제라고 할 수 있다. 잠열 성능을 살리려면 온수 파이프를 두꺼운 자갈층을 두어 설치하거나 신소재를 개발하여 사용할 수 있다. 원적외선은 방바닥 마감에 판석을 사용하거나 황토석을 사용하는 것도 방법이다. 그리고 방바닥의 마감에 본드를 사용하는 것은 자제해야 한다.

◉ **습식온돌(온수)**

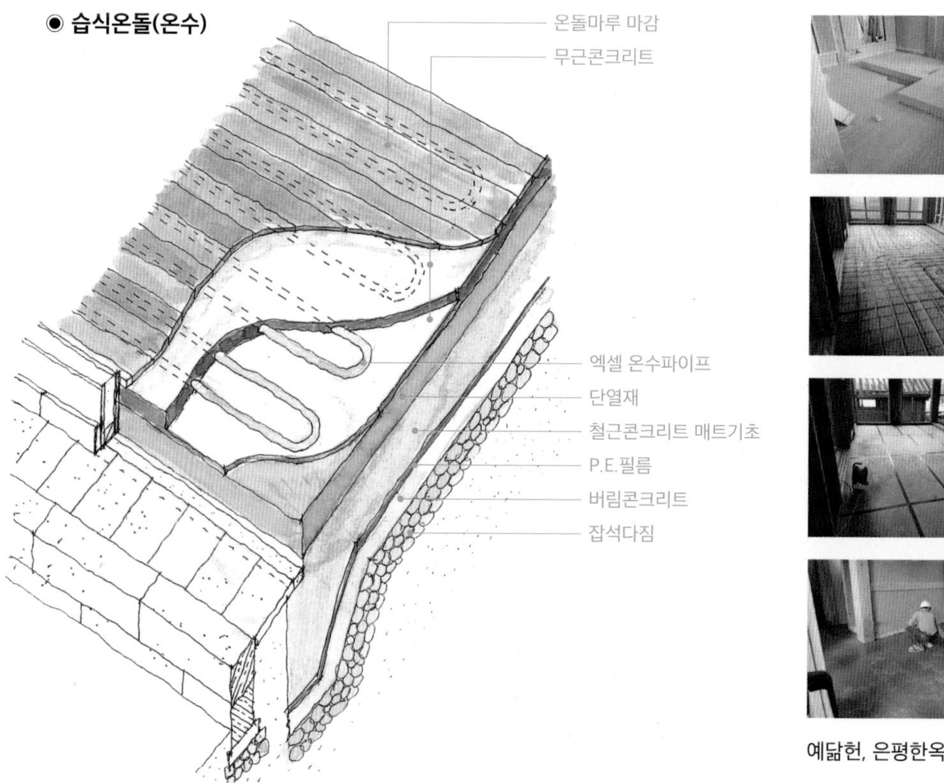

예담헌, 은평한옥마을

◉ 건식온돌(온수)

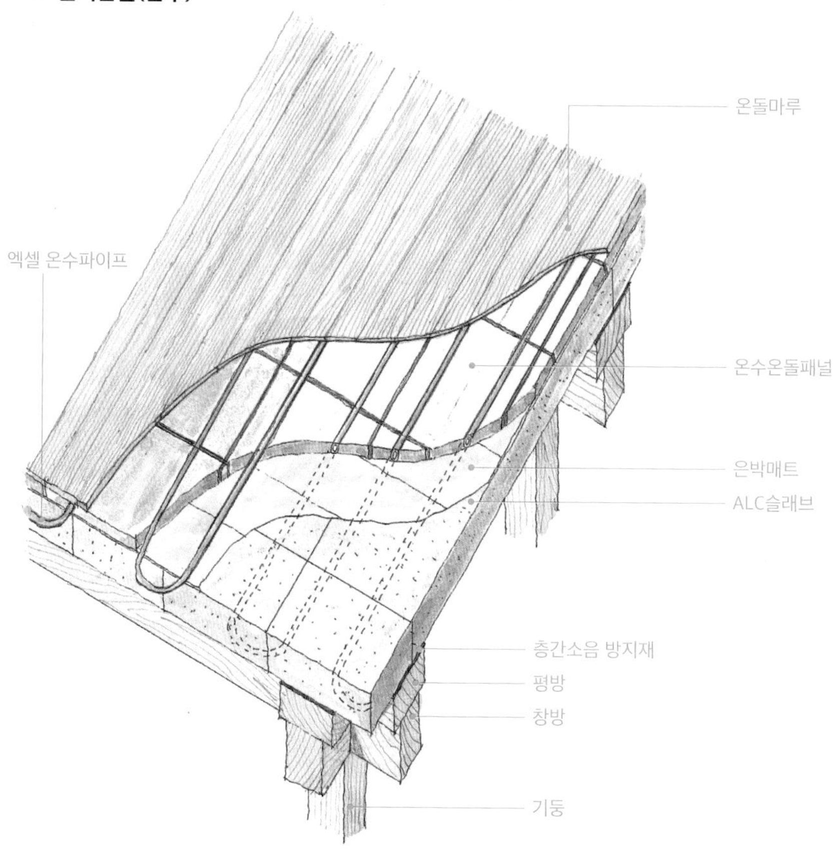

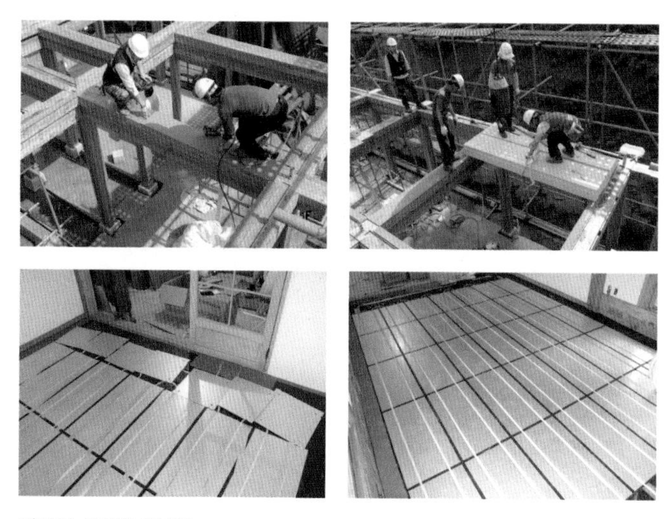

예담헌, 은평한옥마을

7 마루와 난간, 계단

마루의 구성
- 우물마루
- 장마루
- 신한옥 마루

마루의 쓰임
- 대청
- 툇마루
- 쪽마루
- 고삽
- 고상마루
- 누마루

난간
- 평난간
- 계자난간
- 신한옥 난간

계단
- 돌계단
- 나무계단
- 하마석
- 신한옥 계단

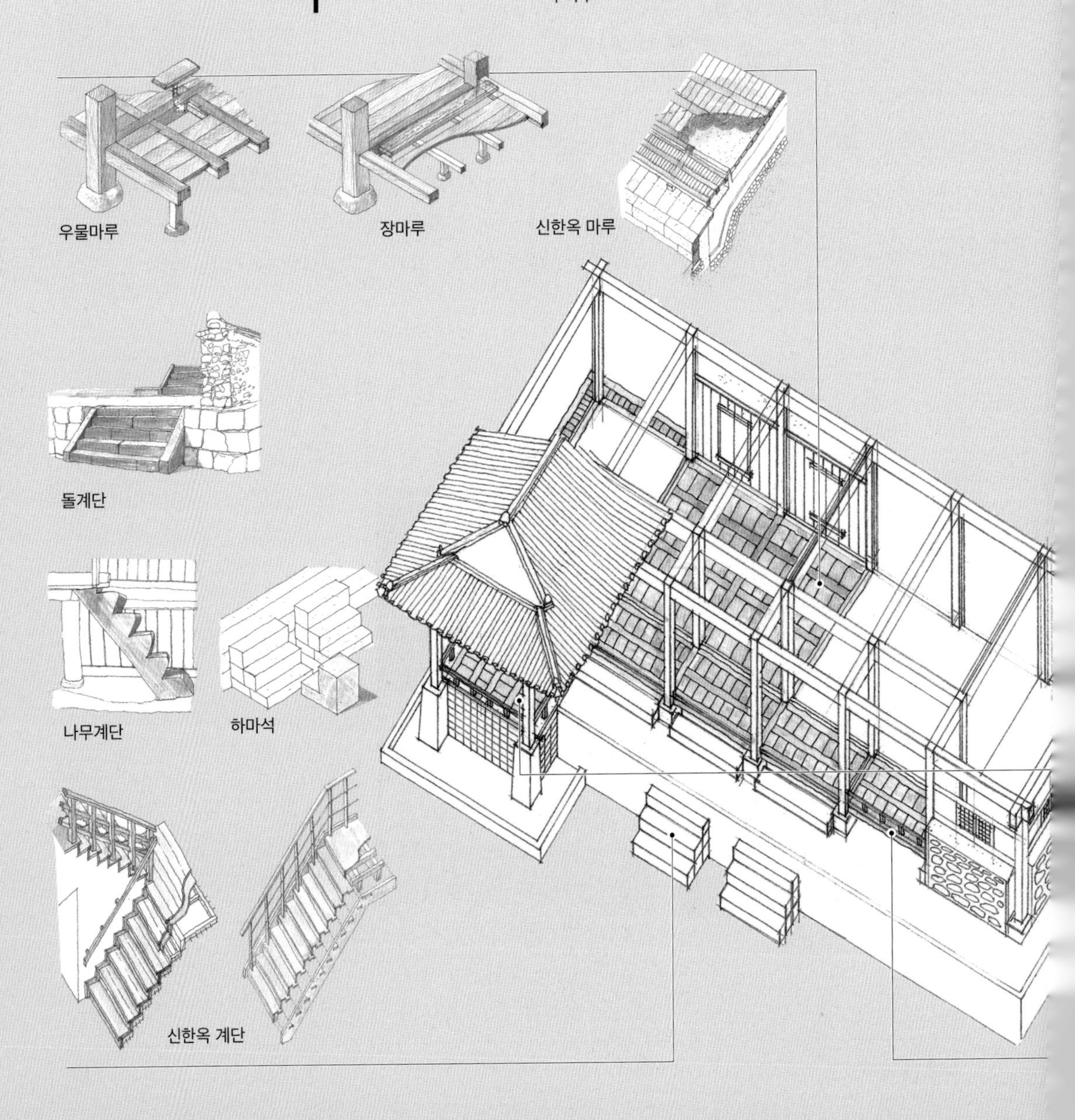

온돌이 북방 건축 요소라면 마루는 남방 건축 요소이다. 두 요소가 하나의 평면에서 만난 것이 한옥의 특징 중 하나이기도 한데 이는 한국의 기후가 겨울과 여름이 뚜렷하기 때문이기도 하다. 마루는 '용마루', '산마루' 등과 같이 '높다'는 뜻을 갖고 있으며 한자로는 루(樓)로 표기하고 마루를 깐 방을 청(廳)으로 명명하였다. 그래서 마루방 중에서 집의 중심에 위치하며 가장 큰 마루방을 대청(大廳)이라고 불렀다. 대청이라고만 명명해도 마루방의 의미가 포함되어 있으나 통상 대청마루라고 부른다. 마루는 난방을 하지 않으며 바닥에서 떠 있어서 습기가 차단되고 바람 소통이 원활하여 여름을 시원하게 날 수 있다. 그래서 온돌을 욱실(燠室)이라고 부르고 마루방은 양청(涼廳)이라고 불렀다. 따라서 나무로 마감했다고 해서 마루가 아니라 난방을 하지 않는 공간이라는 의미를 동시에 내포하고 있다.

난간은 높은 곳으로부터 낙상을 방지해주는 안전시설이다. 난간은 현대 건축에서도 흔히 쓰이는 용어로 건축이 고층화하면서 더욱 활성화하였다고 할 수 있다. 전통 난간은 비교적 낮은데 현대 건축은 법적으로 안전을 위해 1.2m 이상으로 정하고 있기 때문에 신한옥에서 난간을 현대화하는데 어려움이 있다.

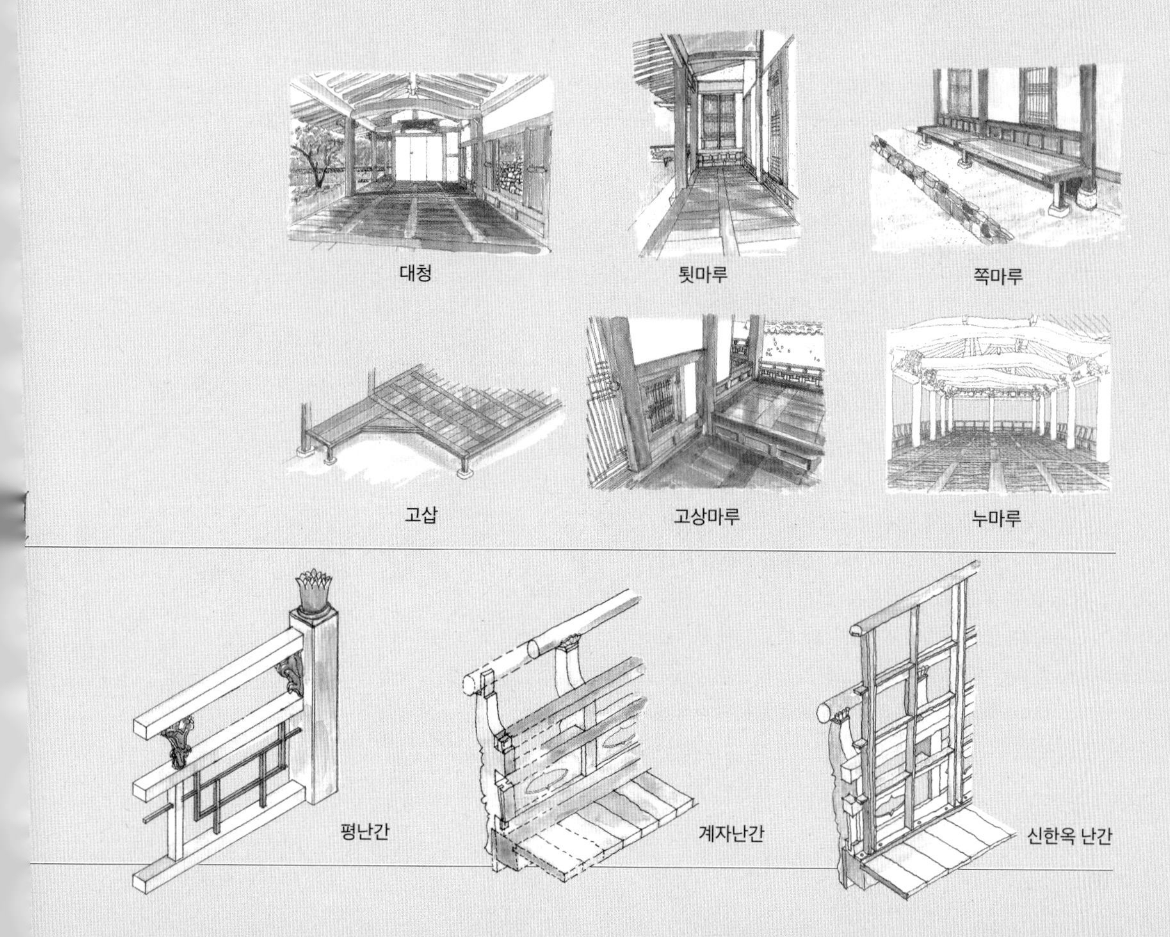

마루의 구성

마루의 짜임과 구성을 기준으로 마루의 종류를 구분할 수 있다. 전통 마루는 크게 우물마루와 장마루로 나뉜다. 장마루는 긴 마룻널을 사용하기 때문에 마룻널을 만들 수 있는 굵고 긴 원목이 있어야 한다. 한국에서도 목재가 풍부하고 고층 한옥이 많았던 고대에는 장마루가 쓰였으나 조선시대에 이르러 목재가 고갈되고 온돌의 보급에 따른 한옥의 저층화에 따라 마룻널이 짧은 우물마루가 유행하게 되었다. 중국과 일본은 목재도 풍부하고 온돌이 보급되지 않아 우물마루가 쓰이지 않았다. 따라서 우물마루는 한옥의 고유한 정체성이 되었다. 우물마루는 작고 짧은 목재를 사용해서 만들 수 있다는 장점도 있지만 건조 수축 및 노후화에 따른 마룻널 교체가 손쉽다는 이점도 있다.

◉ 우물마루

현재는 한국에만 있는 마루 형식이다. 기둥과 기둥 사이에 장귀틀을 건너지르고 장귀틀 사이에는 동귀틀을 일정 간격으로 건 다음 사이에 마룻장을 끼워 만든다. 기둥에 장귀틀을 맞출 때는 기둥을 일정 깊이로 따낸 다음 턱걸침 형태로 통맞춤을 하는 것이 일반적이다. 동귀틀 양쪽은 반턱을 따내고 장귀틀에 장부맞춤한다. 이때 장귀틀의 암장부는 동귀틀의 숫장부보다 춤 높이를 높게 하여 맞춤이 쉽도록 하고 아래에 받침목을 끼워 마감한다. 동귀틀 측면에는 길게 홈을 따고 마룻장에는 홈 폭에 맞게 반턱을 내어 반턱쪽매로 결구한다. 동귀틀을 걸 때는 평행이 아닌 눈에 띄지 않을 정도로 서로 엇갈린 사다리꼴로 해야 마룻장을 밀어 끼우기가 쉽다. 마룻장 아래쪽은 판재로 가공하지 않고 원목의 형태를 그대로 남겨두는 것이 튼튼하며 변형이 적다. 마룻장 위쪽은 사포보다는 대패질로 마감해야 부식되지 않고 오래간다.

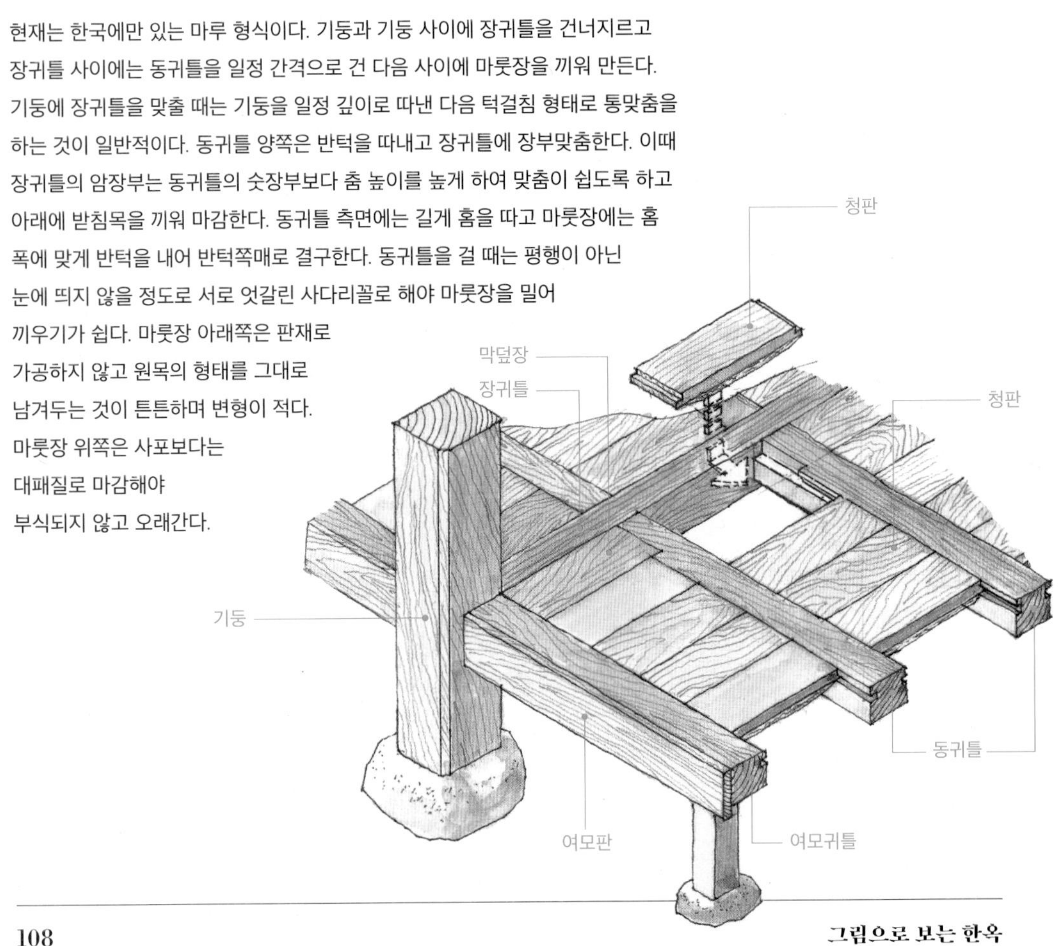

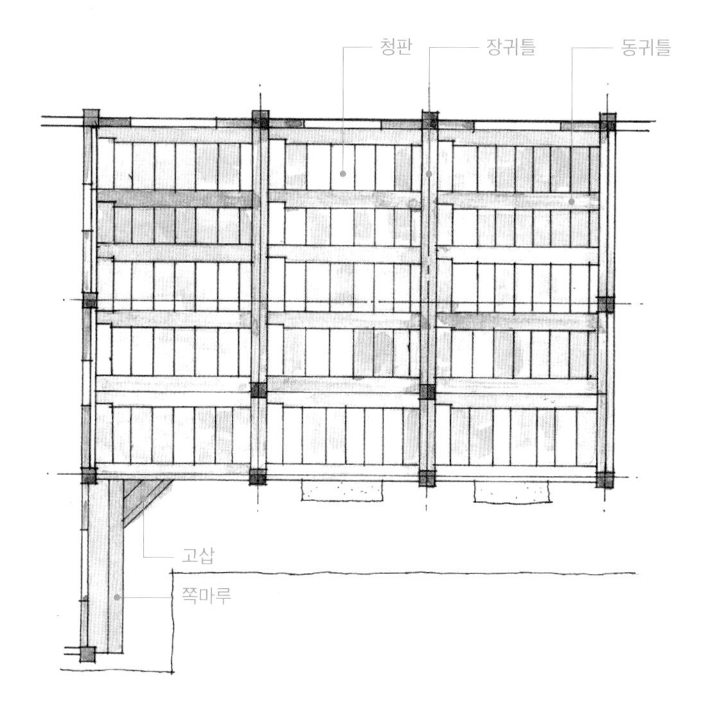

양주 매곡리 고택

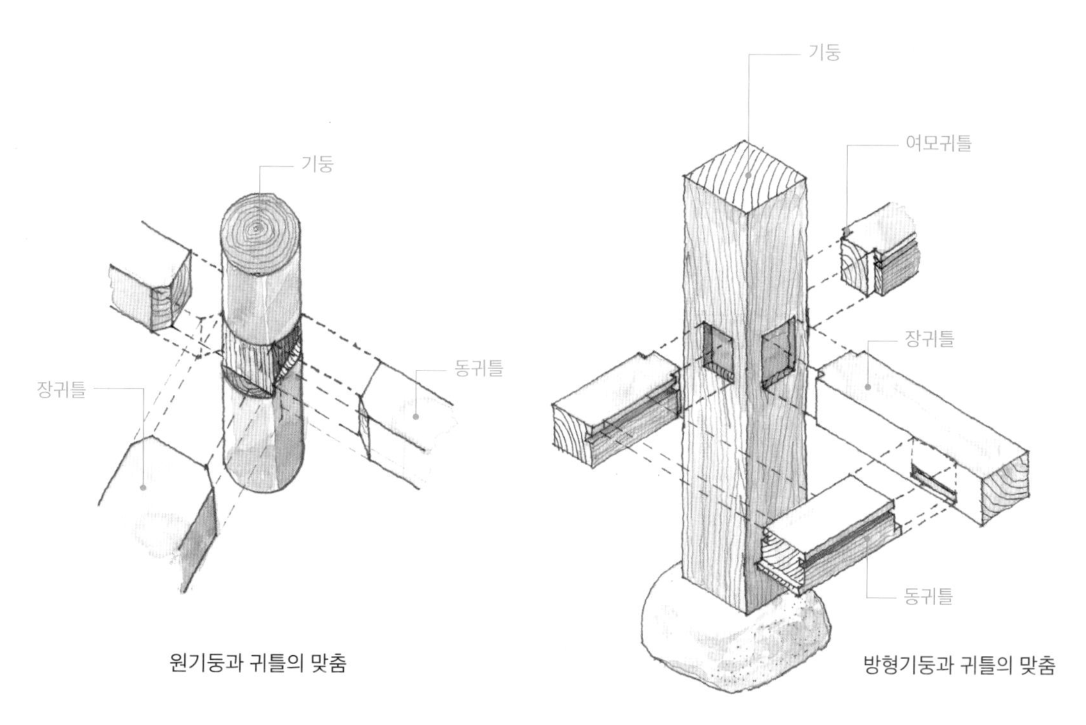

원기둥과 귀틀의 맞춤

방형기둥과 귀틀의 맞춤

◉ 장마루

현존하는 장마루 사례는 매우 드물지만 한국에서 장마루가 없었던 것은 아니다. 조선시대 경릉과 수릉의 수복방에서는 동자기둥을 세우고 장선을 걸어 장마루를 깔았음을 기록을 통해 확인할 수 있다. 살림집에서는 홍성 노은리 고택에서 사례를 볼 수 있으며 사찰 무위사 천불전에도 남아 있다. 장마루의 마룻장은 송판이 일반적으로 사용되었고 맞댄쪽매로 이었으며 장선에 고정할 때는 나무못을 사용했다.

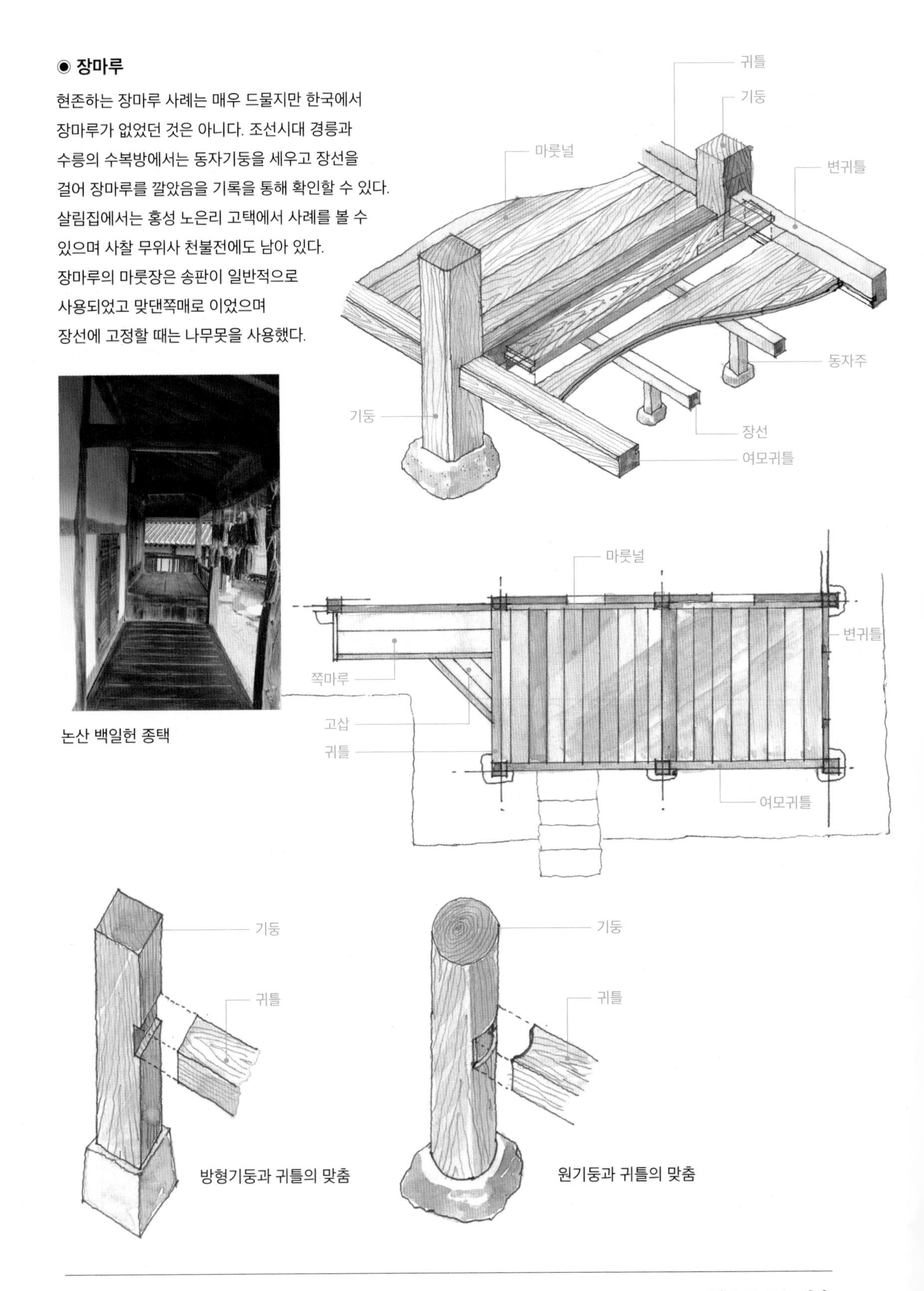

논산 백일헌 종택

방형기둥과 귀틀의 맞춤

원기둥과 귀틀의 맞춤

◉ 신한옥 마루

신한옥에서도 원목을 사용한 우물마루와 장마루를 사용한다. 하지만 난방과 온돌이 깔린 방에서는 원목을 사용하면 건조 수축으로 인한 마룻널의 변형으로 유지관리가 어렵다. 또 마루는 난방이 없는 원두막과 같은 구조의 의미도 있어서 온돌방에 마룻널을 깔았다고 해서 마루라고 볼 수 없다. 그러나 신한옥에서는 거의 모든 실에 온돌을 깔기 때문에 마루는 없고 마감재로 마룻널을 사용했을 뿐이다. 현대식 마룻널은 원목이 극히 드물며 대부분 합성목을 사용한다. 압축 MDF 합판의 표면에 필름을 코팅한 강화마루와 강마루가 있는데 가격이 비교적 싸고 표면이 마모에 강하다는 것이 장점이다. 하지만 친환경 재료라고 할 수는 없다. 합판 표면에 무늬목을 입힌 것으로 온돌마루와 원목마루가 있는데 무늬목의 두께 차이만 있을 뿐이다. 표면 촉감과 질감은 좋으나 가격이 비싸고 무늬목이 원목이어서 건조 수축에 취약한 것이 단점이다.

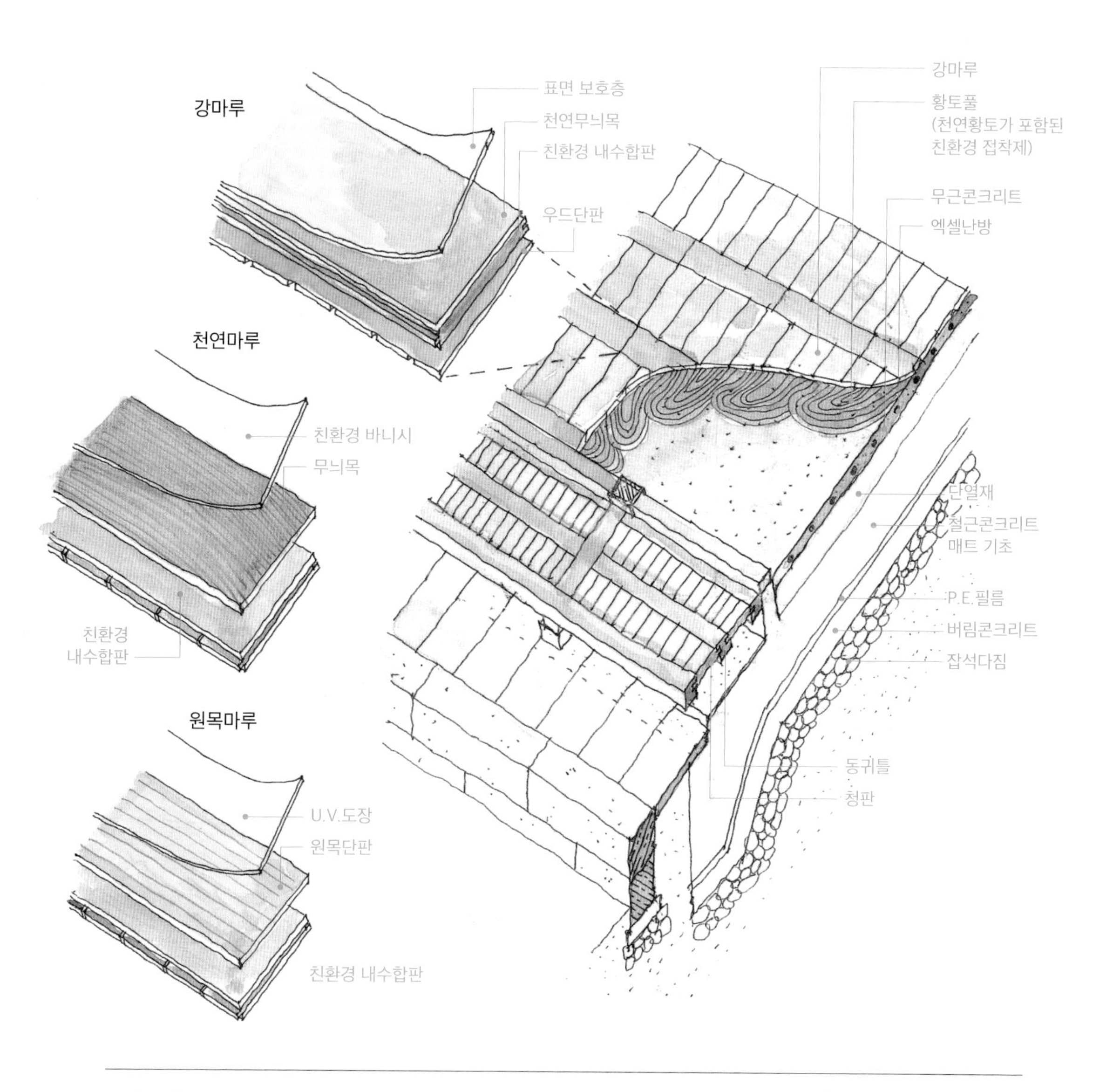

마루의 쓰임

마루는 구조 외에 위치와 쓰임에 따라 명칭을 달리한다. 신한옥에 비해 전통 한옥은 마루의 비중이 훨씬 높았기 때문에 명칭도 다양했다. 마루는 온돌이 없어서 여름 공간이라고 볼 수 있으며 내부 또는 외부에서의 동선의 연결, 공간의 완충, 생활의 완충 역할을 했다. 강원도 너와집의 경우에는 마루를 평상처럼 만들어 겨울에는 들여놓고 여름에는 마당에 내놓고 사용하기도 했다. 들고 다닐 수 있는 마루라는 의미로 '들마루'라고 불렀으나 지금은 남아 있지 않다. 마루는 벽 없이 트여있는 경우가 많으나 때로는 사방에 벽을 들이고 창호를 달아 독립된 실을 만들어 온돌 없이 마룻널을 깐 경우도 있다. 이를 청방(廳房), 마루방(抹樓房), 양청(凉廳) 등으로 불렀다. 양청은 온돌이 보급되기 이전에 거실로 사용되는 방이었지만 조선시대 온돌이 보급되면서 마루방은 물품을 보관하는 방으로 주로 쓰였다.

◉ 대청

조선시대 살림집의 안방과 건넌방 사이 중심에 놓였으며 여름에 거실로 사용하였고 제사와 행사 등의 중심공간이었다. 마루 중에서는 가장 커서 대청이라고 불렀으며 혹독한 추위가 있는 함경도 지방을 제외하고 한옥에는 대부분 대청이 있었다. 집의 규모에 비례하여 대청의 규모도 달랐다. '육간대청'은 6칸이라는 의미인데 매우 큰 대청을 상징하는 표현이다.

논산 백일헌 종택

여주 보통리 고택

◉ 툇마루

대청과 방 앞의 평주 안쪽 툇간에 설치하는 마루를 가리킨다. 대개 폭은 반 칸 정도가 일반적이며 전이 공간으로서 완충의 역할을 한다. 한옥에서는 '마당-뜰-툇마루-대청-방'으로 연결되는 동선을 갖는다. 툇마루에서 방으로 바로 들어가지 않으며 툇마루와 방 사이에는 창이 설치된다. 툇마루는 벽 없이 트여있어서 버려진 공간 같지만 사계절이 뚜렷한 한옥에서 온도의 완충을 통한 건강지킴이 역할도 하고 생활의 완충과 동선의 연결, 사회적 커뮤니티를 형성하는 공간이기도 하다.

◉ 쪽마루

평주 바깥쪽에 놓이며 대개 툇마루보다 폭이 좁은 것이 일반적이다. 쪽마루는 보통 방 앞에 놓여서 방 공간을 확장하고 외부공간과 방을 연결하는 역할을 한다. 우물마루가 일반적이지만 폭이 극히 좁은 경우에는 장마루로 하기도 한다.
쪽마루를 들이기 위해서는 귀틀을 받칠 동자주를 별도로 설치한다. 동귀틀 한쪽은 기둥에 고정하는데 빠지지 않도록 내리주먹장이나 장부촉맞춤으로 하기도 한다.

영동 성장환 고택

◉ 고삽

'ㄱ'형으로 꺾인 마루의 모서리에 삼각형 모양으로 작게 붙은 마루를 가리킨다. 회첨추녀의 삼각형 처마도 같은 이름으로 부른다.
다포형식 건물의 귀포를 받치는 삼각형의 받침목을 고삽이라고 부르는 경우도 있으나 이는 귀방(耳防)이라는 명칭이 별도로 있으므로 이를 사용하는 것이 합당하다. 고삽은 모서리에 발이 빠지지 않고 안전하게 이동할 수 있도록 한다.

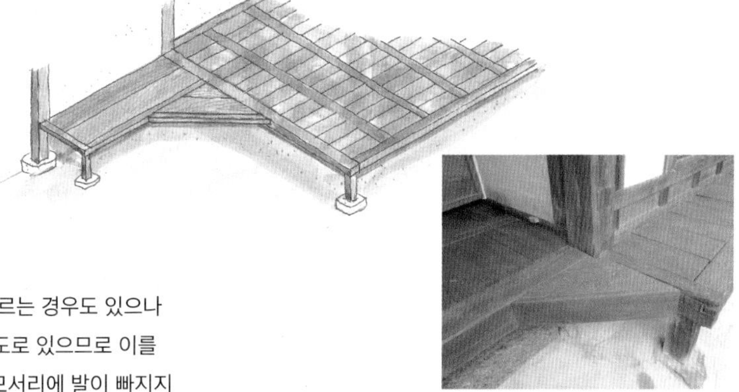

양동 상춘헌 고택

◉ 고상마루

방 앞에 함실아궁이가 있어서 일반 툇마루보다 높게 설치한 마루를 고상(高床)마루라고 한다. 높게 설치된 마루라는 의미이기 때문에 원두막과 같은 누각, 원시가옥에서 나무 사이에 걸쳐 높게 설치한 마루도 고상마루라고 할 수 있다. 그러나 이러한 유형은 남아 있는 것이 없어서 조선시대 한옥에서 높게 설치한 마루 정도를 가리키는 정도로 협의의 의미로 사용하고 있다.

거창 동계종택

◉ 누마루

누각에 설치한 마루를 가리킨다. 누각은 비교적 마루가 높으며 온돌 없이 마루로만 구성된 것이 일반적이다. 조선 전기 접객용으로 사용했던 서청(西廳)이나 내루(內樓) 등이 마루가 깔린 누각 형태의 건물이었을 것으로 추정하고 있다. 그러나 조선 후기부터는 이러한 독립된 건물들이 사랑채에 합쳐지면서 높은 마루방 형태의 실로 바뀌게 되었는데 이러한 마루방을 누마루라고 부르게 되었다. 대개는 사랑방 전면을 돌출시켜 누마루를 들이고 휴식과 접객 용도로 사용하였다.

구례 운조루 고택

난간

계단이나 마루, 다리 등의 가장자리에 추락을 방지할 목적으로 설치한다. 외부에 설치하는 석교나 월대, 우물 등에는 돌난간을 사용하지만 목조건축에서는 나무난간이 일반적이다. 전통 난간은 높이가 비교적 낮으며 장식 역할을 겸하고 있다. 난간 장식은 복잡하고 다양하지만 계통으로는 평난간과 계자난간 둘로 나눌 수 있다. 또 쓰임에 따라서는 원두막과 같은 고상건축에 사용하는 고란(高欄)과 꺾임난간을 가리키는 곡란(曲欄) 등의 명칭이 있다.

◉ 평난간

난간하방과 난간상방 사이에 난간 동자주를 세워 기본적인 틀을 만들고 난간상방에 난간받침인 하엽(荷葉)을 일정 간격으로 놓고 난간대를 설치한다. 난간 상하방과 난간동자에 의해 만들어진 방형 틀 속에는 마치 창호와 같이 살대로 기하학적 문양의 망을 만든다. 그 문양은 창호와 같이 아자살, 숫대살, 빗살, 교살 등으로 다양하며 이외에도 창호에는 없는 다양한 문양들이 만들어진다. 평난간은 이 부분이 매우 장식적인 부분이다. 난간하방 아래에는 폭이 넓은 가림판을 대기도 하는데 이를 치마널이라고 한다. 또 난간이 통행을 위해 끊어진 통로 양쪽에는 난간동자보다 굵고 높은 기둥을 세우는데 이를 법수(法首)라고 한다. 법수 위에는 연봉 등을 조각하기도 한다. 난간대는 난간상방에 국화정 등을 사용하여 고정하고 난간 상하방과 동자기둥은 새 발 모양의 조족정구(鳥足釘具)와 같은 장식 철물로 보강하기도 한다.

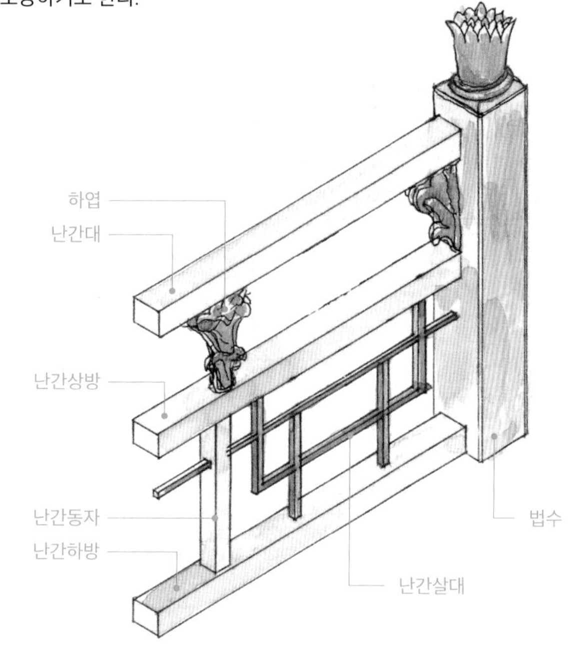

안동 하회마을 북촌댁

만운동 모선루

영천 만취당 고택

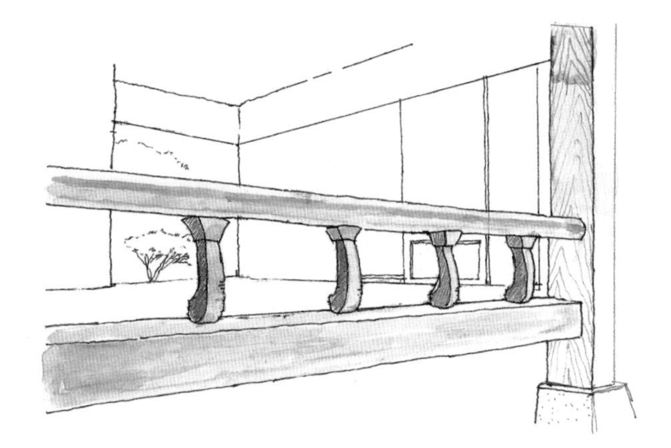

화성 정시영 고택

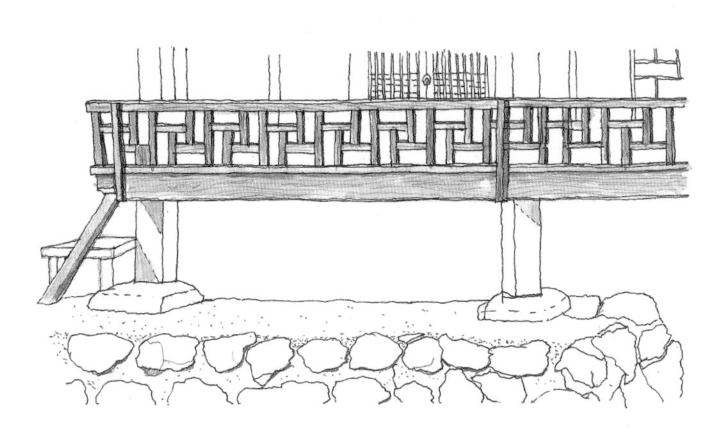

봉화 와선정

◉ 계자난간

기본적인 틀은 평난간과 같이 난간하방, 난간상방, 난간동자, 하엽, 난간대로 동일하다. 다만 난간대를 난간상방에 바로 올리지 않고 까치발 모양의 계자다리(鷄子多里)라는 부재가 더 있어서 그 위에 난간대를 설치한다는 것이 다르다. 계자다리는 난간 동자주를 겸하기도 하는데 사선으로 올라가기 때문에 난간대를 밖으로 내어 설치할 수 있어서 걸리지 않고 효율적이다. 평난간에서 살대가 설치되는 부분에 계자난간에서는 바람구멍이 뚫린 판재를 설치하는데 이를 난간청판이라고 한다. 난간청판의 바람구멍을 풍혈이라고 하는데 누마루 등에 설치하면 바람의 풍속을 빠르게 하는 효과가 있어서 시원하다.

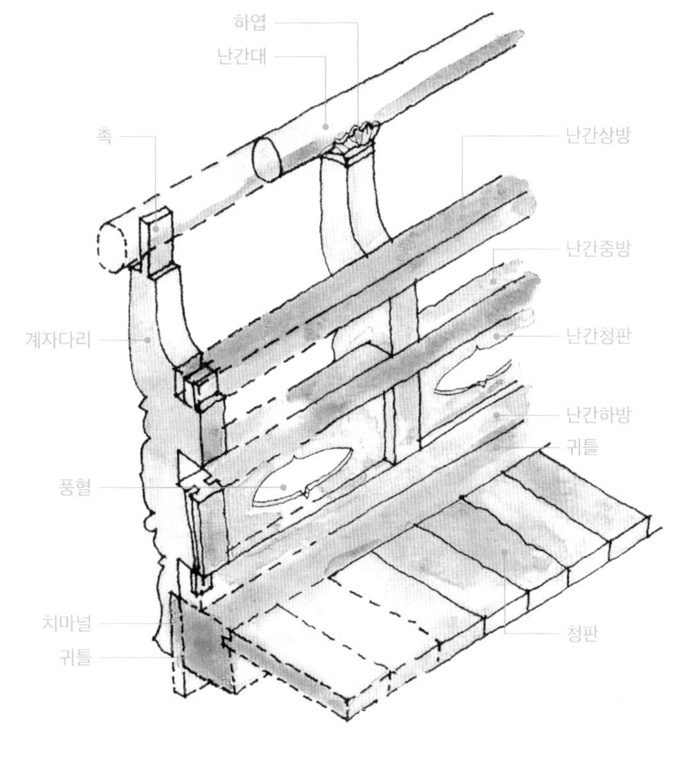

경주 양동마을 무첨당

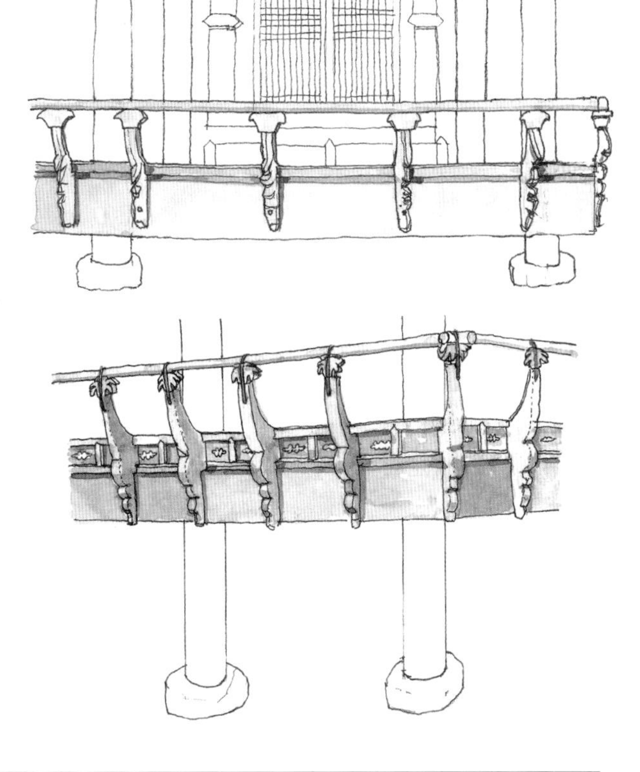

안동 하회마을 원지정사

◉ 신한옥 난간

신한옥에서 난간은 1.2m 이상으로 설치해야 한다는 법 규정 때문에 전통의 평난간과 계자난간만으로는 불가하다. 하지만 난간은 입면 디자인의 많은 부분을 차지하기 때문에 생략할 수도 없어서 전통 난간을 설치하고 그 안쪽에 투명한 유리 난간을 또 설치하기도 한다. 그렇다고 해서 전통 난간의 높이를 높여 설치하면 매우 부담스럽고 흉하다. 신한옥에서는 난간의 높이 규정을 예외로 할 필요가 있다.

처인성 역사교육관

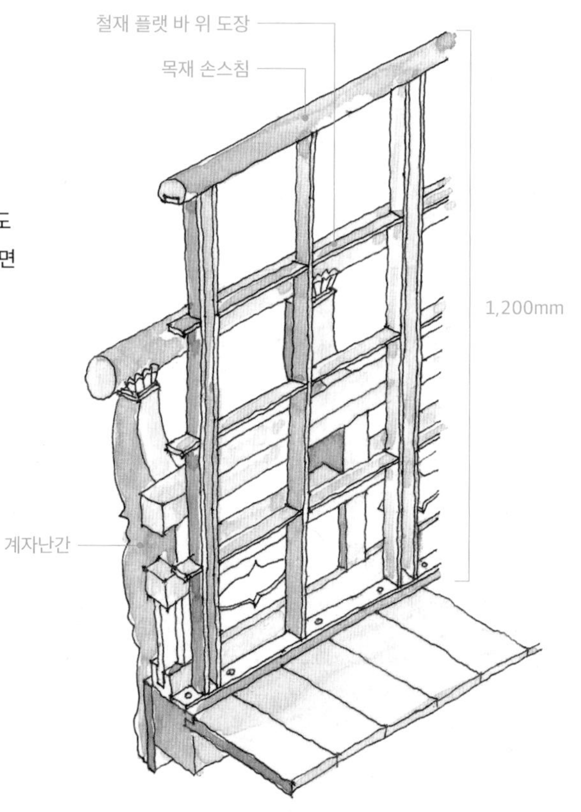

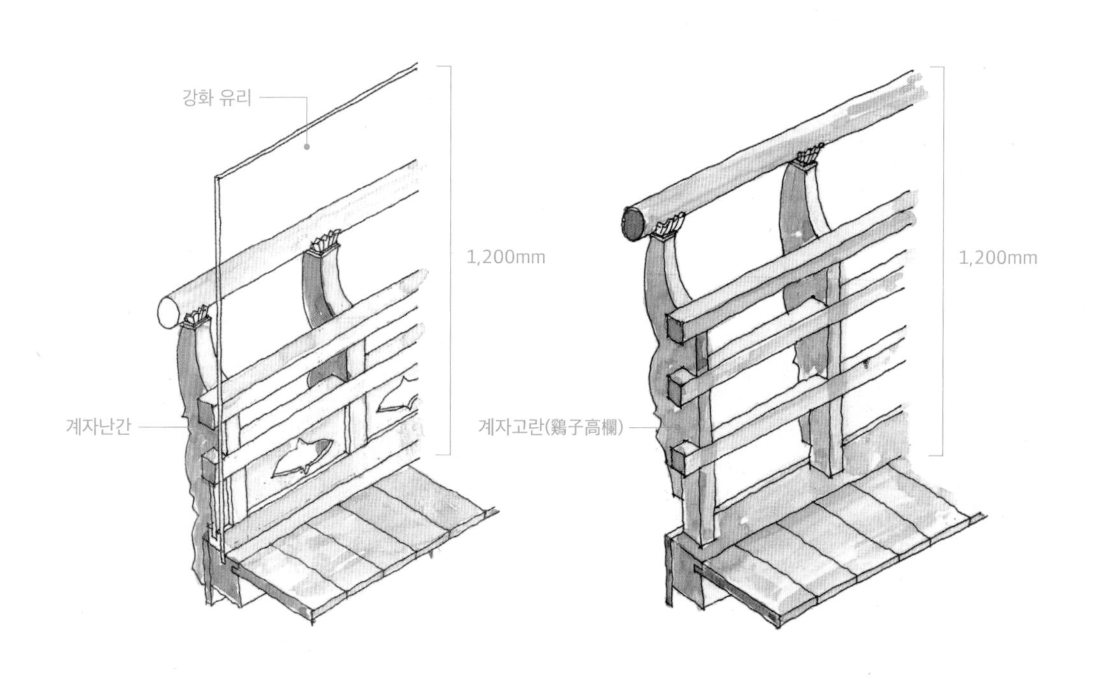

계단

계단은 단 차가 있는 곳을 오르내릴 수 있도록 설치한 시설물이다. 한옥은 기단이 있어서 기단을 오르내릴 수 있는 계단을 설치하기 마련이다. 기단은 온돌을 지면보다 높이려는 목적, 지면으로부터 건물을 띄워 습기를 차단하고 통풍을 원활하게 하려는 목적, 채광량을 높이려는 목적으로 만든 것이기 때문에 필수 요소이다. 그러나 현대에는 온돌도 바뀌었고 다양한 재료의 출현으로 습기와 채광이 문제 되지 않기 때문에 이동의 편의를 위해 기단을 설치하지 않는 방안도 강구되어야 한다. 건강한 사람에게는 계단을 오르내리는 것이 신체 활동을 늘려 건강을 증진하는 역할도 하지만 노약자에게는 어려운 일이어서 양면성을 갖는다.

기단에 설치되는 계단은 낙숫물이 떨어지는 부분이기 때문에 내구성을 위해 돌계단을 주로 사용한다. 자연석기단이라 하더라도 계단은 장대석기단으로 정연하게 했다. 자연석으로 계단을 하지 않는 이유는 면이 고르지 못해 얼거나 턱에 걸릴 경우 위험하기 때문이다. 또 경사로로 설치하지 않는 이유도 미끄럼을 방지하기 위함이다. 따라서 외부 계단은 예측할 수 있어야 하며 면이 고르고 일정하며 평평해야 한다. 내부 계단은 이러한 조건이 없어서 형태와 규격이 자유롭고 목조계단이 대부분이다. 계단은 고정식이며 이동식 계단은 사다리라고 할 수 있다.

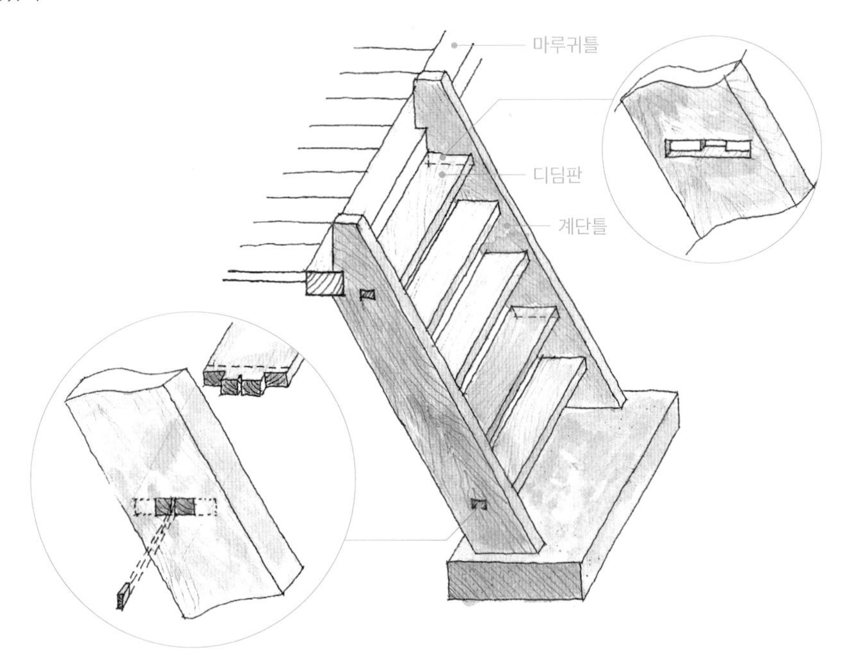

◉ 돌계단

살림집의 돌계단은 장대석계단이 가장 많다. 디딤돌 역할을 하는 장대석을 단 차를 두어 쌓은 것으로 디딤석 아래도 장대석으로 채우는 것이 보통이다. 사찰이나 궁궐 등의 장식이 있는 장대석계단의 경우는 계단 양측면도 막는 경우가 많다. 통돌로 막는 경우는 우석(隅石)이라고 하고 가구식으로 여러 돌을 조합해 만드는 경우는 각 부재의 명칭이 제각각이다. 계단이 시작되는 부분에는 법수석이라는 기둥을 세워 장식하거나 난간을 두기도 한다. 그러나 살림집에서는 이러한 장식 없이 장대석으로만 구성되는 것이 일반적이다.

만운동 모선루

◉ 나무계단

한옥은 단층이 대부분이기 때문에 나무계단은 누마루나 벽장 또는 다락에 설치하는 경우가 많다. 나무계단은 디딤판과 디딤판을 양쪽에서 고정하는 계단틀, 계단 뒤쪽을 막는 뒤판으로 구성된다. 살림집에서 난간까지 있는 나무계단은 사례가 남아 있지 않다. 경주 양동마을 향단의 누마루에 오르는 계단은 뒤판은 없으며 디딤판을 계단틀에 암장부를 내고 통으로 끼운 모습이다. 다락이나 벽장에 오르는 계단은 반드시 뒤판이 있으며 계단틀이 비교적 얇다. 하회마을 하동고택에는 날개채 2층 다락으로 오르는 계단이 있는데, 각재에 살짝 디딤구멍만 파내어 만든 매우 단순하고 명쾌한 계단이다. 수직으로 세워 마치 사다리를 연상케 한다. 옥산서원과 병산서원에는 통나무를 빗대어 걸치고 디딤부분을 따내 만든 통나무계단도 있다.

고성 어명기 고택

◉ 하마석

말을 오르내리기 위한 디딤석을 가리키는데 높을 경우 단이 있는 계단식으로 만들기도 한다. 창덕궁의 연경당과 낙선재에 2단으로 구성된 하마석이 남아 있다. 대개 중행랑의 중문 앞에서는 말에서 내려 걸어 들어갔기 때문에 중행랑 계단 앞에 하마석이 설치되었다.

창덕궁 낙선재

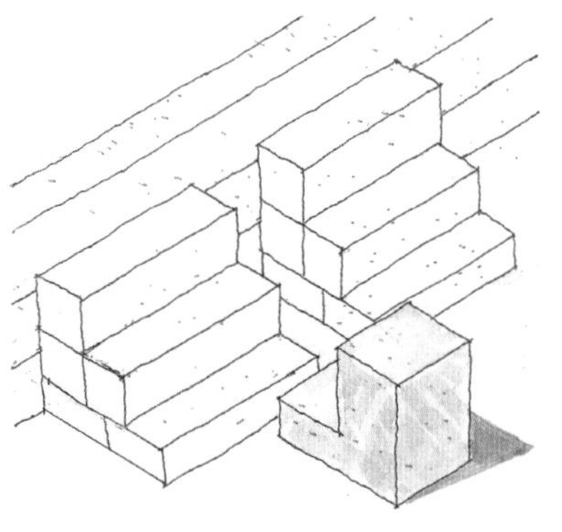

◉ 신한옥 계단

산한옥 계단의 구성도 전통 한옥 계단과 크게 다르지 않다. 다만 신한옥에서는 디딤판이 얇아 양쪽 계단틀에 고정하지 못하고 뒷판 대신에 바닥틀을 짜서 디딤판을 깔기도 한다. 또 건축법에 따라 1.2m 이상으로 난간이 설치되어야 하고 공공 건물에서는 디딤판의 높이도 건축법에 따라 15cm 정도로 낮게 해야 한다.

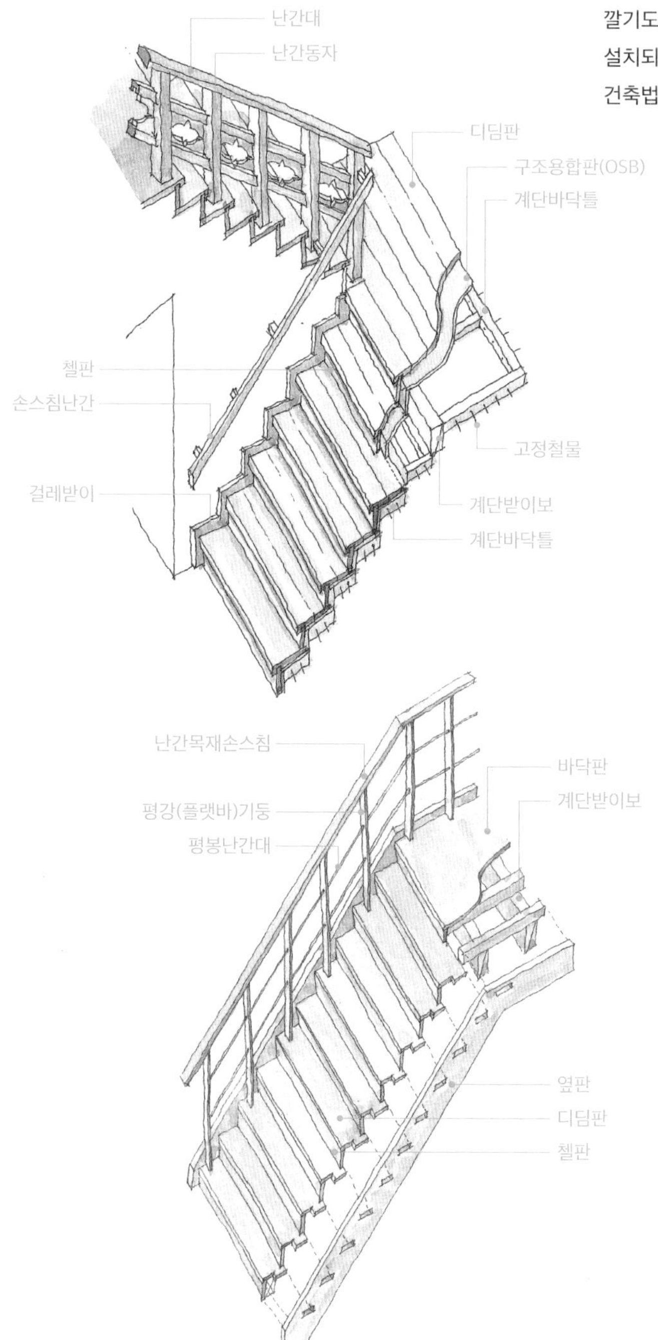

처인성 역사교육관

화경당, 은평한옥마을

8 창호

창호의 종류

- 머름
- 불발기분합문
- 광창
- 쌍창+영창+흑창+갑창
- 봉창
- 눈꼽째기창
- 우리판문
- 빈지널문
- 널판문

개폐 방식

- 여닫이
- 미닫이
- 미서기
- 들어걸개
- 벼락닫이
- 붙박이
- 안고지기
- 접이문
- 신한옥 복합식

창살의 종류

- 세살
- 만살
- 아자살
- 완자살
- 용자살
- 빗살
- 도듬문
- 근대한옥 유리문
- 신한옥 유리문

창호 장식

- 풍소란
- 문고리와 배목
- 돌쩌귀와 비녀장
- 걸쇠
- 국화정
- 세발장식

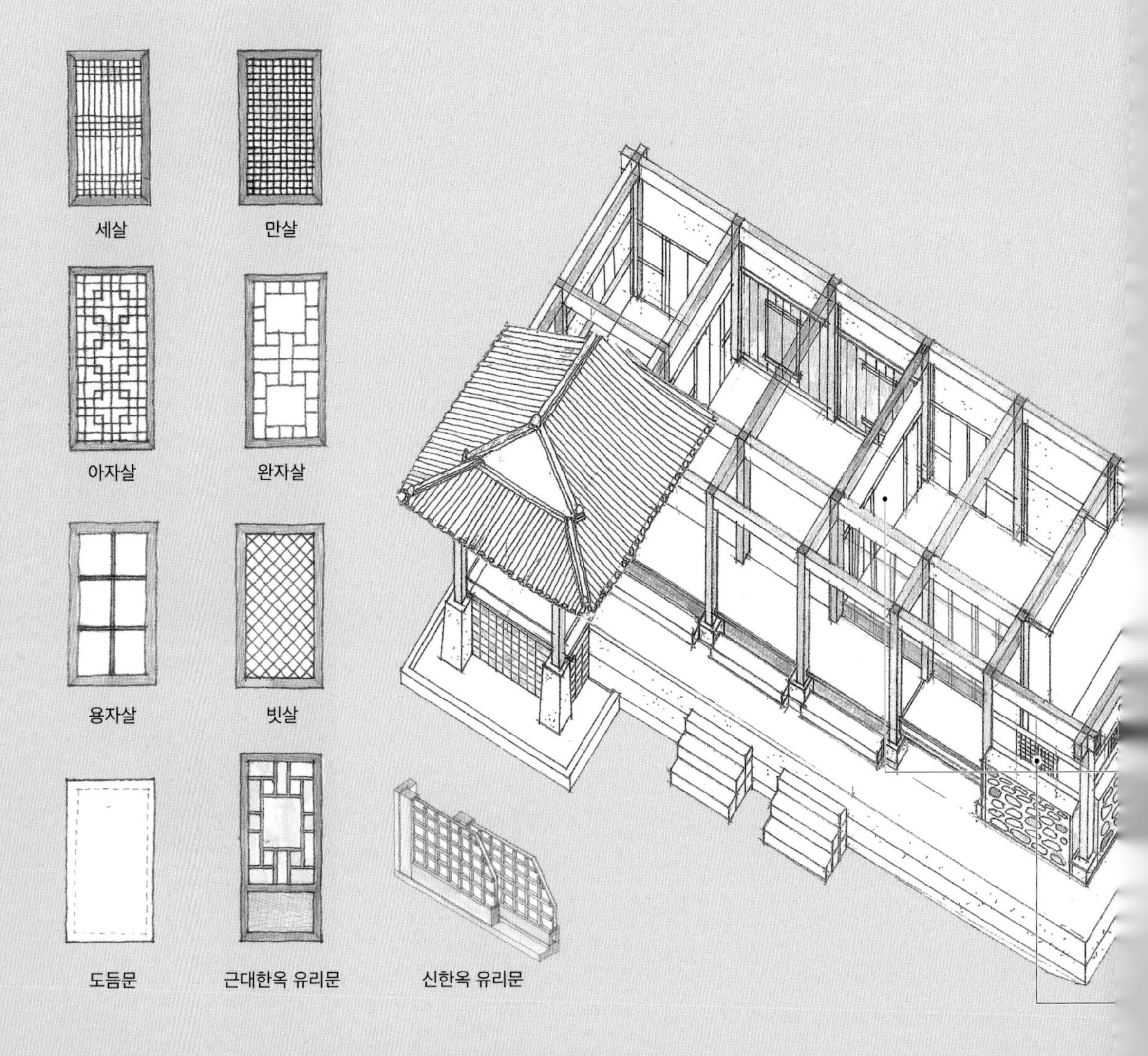

창호는 출입과 채광 및 통풍을 위한 개구부를 가리킨다. 창호는 창(窓)과 호(戶)가 결합된 말로 창은 채광과 통풍을 위한 개구부, 호는 건물 출입을 위한 개구부를 가리킨다. 17세기까지는 담에 설치해 마당을 이동하는 출입문만 '문(門)'이라고 하였으나 이후 건물에 다는 호(戶)까지 문(門)이라는 명칭으로 바뀌었다. 그래서 지금은 창(窓)과 문(門)으로 통일되었으나 용어의 혼돈으로 채광과 통풍을 위한 개구부를 창문(窓門), 출입을 위한 개구부를 문(門)으로 부르고 있다. 엄격히 보면 지금의 창문이라는 명칭은 창으로 부르는 것이 합당하다.

전통 창호는 건물과 같이 목재로 만들었는데 창호는 손쉬운 작동과 기밀성 확보, 변형을 최소화하기 위해 소나무 중에서도 최상급 목재를 사용했다. 단단하고 변형과 건조수축을 최소화하기 위해 수령이 오래된 나무 중에서도 옹이가 없는 무절목을 사용했다. 창호는 세공이 가능한 소목(창호장)이 만들었으며 창호지는 벽에 바르는 한지와 달리 얇으면서도 질기고 채광이 잘 될 수 있도록 만들었다.

창호는 입면에서 차지하는 비중이 크고 장식 효과도 있어서 한옥의 이미지를 결정하는 데 중요한 역할을 한다. 또 창호는 의장 외에 방범, 채광 및 통풍, 단열 및 기밀성, 수밀성 및 외풍압성 등 매우 복합적이고 어려운 성능이 요구된다. 또 신한옥에서는 창호지 대신에 복층유리를 많이 사용하기 때문에 무거워진다. 이에 따른 창틀 및 고정철물의 구조적 성능 향상이 요구되고 있다.

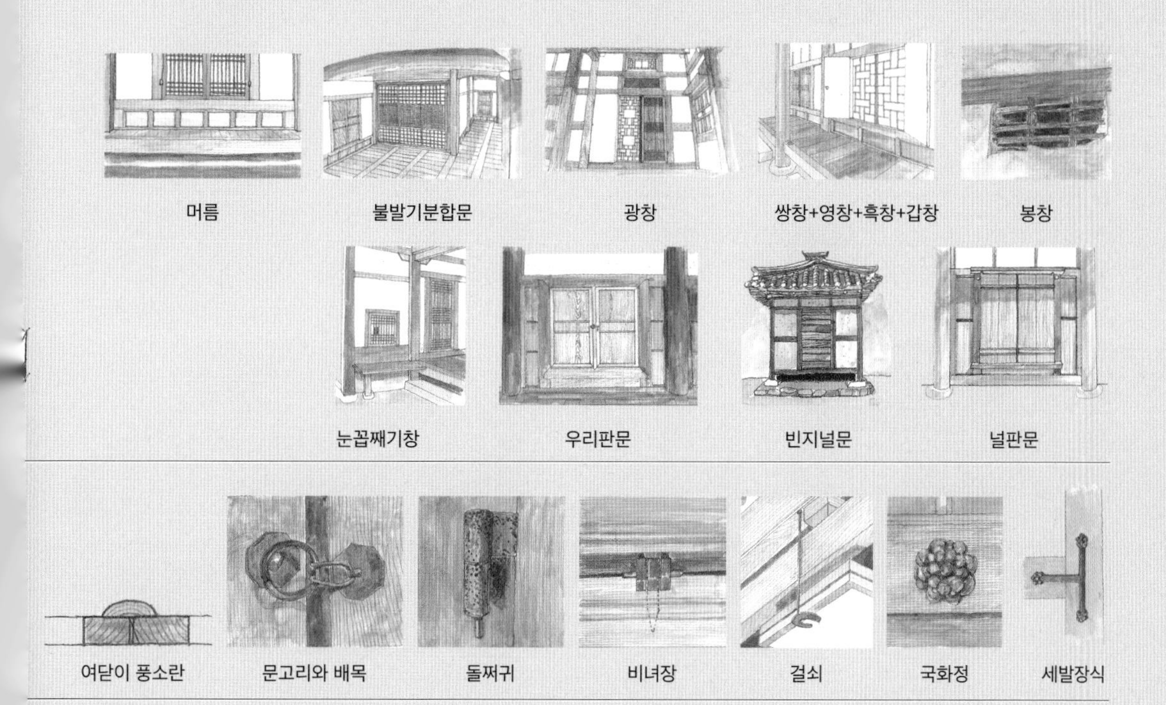
머름 / 불발기분합문 / 광창 / 쌍창+영창+흑창+갑창 / 봉창

눈꼽째기창 / 우리판문 / 빈지널문 / 널판문

여닫이 풍소란 / 문고리와 배목 / 돌쩌귀 / 비녀장 / 걸쇠 / 국화정 / 세발장식

창호의 종류

출입을 위해 담에 설치하는 개구부를 문(門)이라고 한다면 채광과 통풍을 위해 건물 벽에 설치하는 개구부를 창(窓), 출입을 위해 설치하는 개구부를 호(戶)라고 한다. 이 둘을 합해 건물에 다는 출입 및 채광과 통풍을 위해 설치하는 모든 개구부를 창호라고 할 수 있다. 창과 호는 모양과 크기가 비슷한데 이 둘을 구분하는 방법은 창호 아래 머름이 있으면 창이고 없으면 호이다. 따라서 머름이 있는 창호로 출입하는 것은 금지이다. 창호는 살창과 판문으로 크게 나뉘는데 판문은 창 용도로 사용되어도 판창보다는 판문으로 부른다. 판문은 채광이 되지 않으며 무거워서 지금은 사용 범위가 마루 뒷문이나 창고, 부엌 등에 제한되어 있으며 사람이 기거하는 공간에는 살창호를 단다. 건축 연장이 발달하면서 판문도 점차 살창호로 바뀌었으며 경량화하였다.

영동 김참판 고택

◉ 머름

높은 문지방으로 이해하면 쉽다. 일반적인 출입을 위한 문지방은 대개 인방재 하나로 만들지만 창호에는 문지방을 높이기 위해 머름을 만들어 설치한다. 머름은 머름하방과 머름상방 사이에 머름동자를 일정 간격으로 세워 방틀을 만든 다음 그 사이에 머름청판을 끼워 넣은 것이다. 이렇게 가구식으로 짜기도 하지만 춤이 높은 인방재를 통으로 사용하는 통머름도 있다. 머름청판은 얇아서 단열이 안 되기 때문에 방 안쪽에 머름장지를 만들고 벽지를 발라 공기층을 두고 이중벽처럼 만들어 보강하기도 했다. 머름은 마당에서 방이 들여다보이는 것을 막아주는 시선 차단의 효과도 있고 방에서는 팔을 걸치고 앉을 수 있도록 하는 신체적 편안함과 심리적인 안정감을 제공하기도 한다.

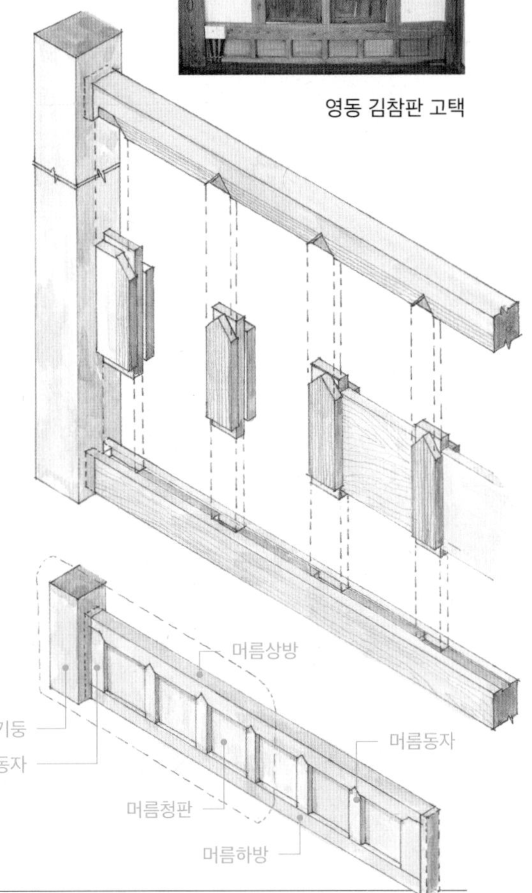

◉ 불발기분합문

대청과 방 사이에 설치하며 가운데 불발기창이 있는 분합문을 가리킨다. 분합문의 불발기창은 눈높이 정도에 설치하며 이 부분만 창호지를 발라 빛이 투과할 수 있도록 하고 나머지는 벽지를 발라 어둡게 한다. 그래야 방안에서 앉아 있을 때 심리적인 안정감을 가질 수 있다. 불발기창은 방형과 팔각이 많고 살대의 모양은 정자살, 아자살, 빗살 등으로 다양하다.

합천 사의정

청송 송소고택

◉ 광창

대청과 툇마루 사이 고주 위에 광창을 다는 경우가 많다. 광창은 채광과 통풍을 위해 개폐가 가능하게 하기도 하고 붙박이로 하여 채광 용도로만 사용하기도 한다. 광창은 높이보다는 폭이 긴 비례를 갖고 있으며 살은 빗살이 많고 때로는 교살과 만살로도 한다.

안동 번남고택

◉ 쌍창+영창+흑창+갑창

방 외곽에는 대개 쌍창을 설치한다. 그리고 단열을 위해 창은 2겹내지 3겹으로 구성한다. 2겹일 경우, 여름에는 쌍창+영창의 조합이고 겨울에는 쌍창+흑창의 조합이다. 겨울이 되면 영창을 따로 보관하고 그 자리에 흑창을 단다. 이것이 번거로우면 3겹으로 해서 쌍창+영창+흑창으로 한다. 3겹이 단열에는 더 유리하지만 창호가 겹칠수록 실내가 어두워지는 단점이 있다. 갑창은 두껍닫이라고도 하며 양쪽 벽에 붙박이로 설치하여 미닫이로 작동하는 영창과 흑창의 집이 된다. 갑창은 격자 모양으로 살대를 만들고 벽지를 발라 마감하며 그 표면에는 그림이나 서화를 붙이거나 걸어 장식한다.

제일 외곽의 쌍창은 여닫이로 하며 살림집에서는 세살이 주로 사용되었고 궁궐은 방범을 강화하기 위해 만살창을 달았다. 쌍창이 방범이 주목적이라면 영창은 채광이 주목적이다. 그래서 살대를 최소화한 용자살이 쓰였고 사랑채 등에서 장식을 할 때는 아자살이 많이 이용되었다. 흑창은 보온이 주목적이기 때문에 격자살로 만들고 그 안팎을 벽지를 발라 마감했다. 제대로 만든 창호의 경우 3겹의 창호에 4겹의 한지가 쓰이는 것이기 때문에 현대 건축과 비교해도 단열 성능이 크게 차이가 나지 않는다. 다만 한지를 사용하기 때문에 채광과 가시권을 확보하기는 어려웠다는 것이 단점이다.

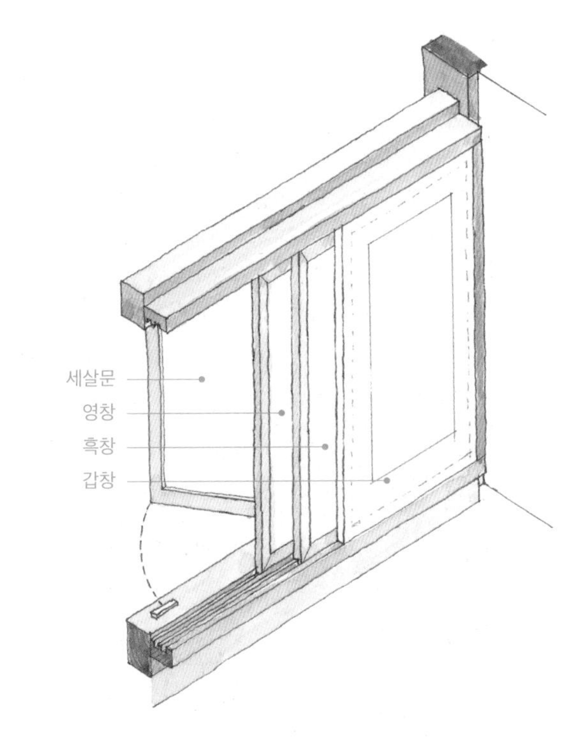

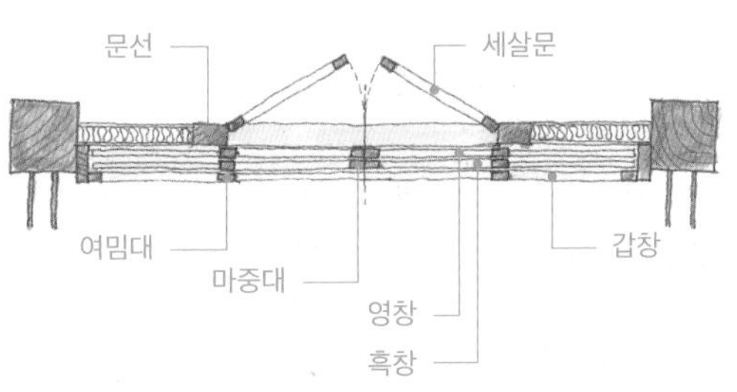

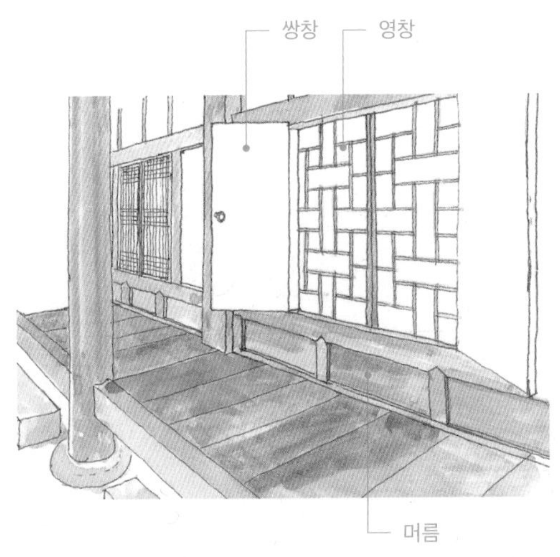

안동 전주류씨 삼산종택

◉ 봉창

답답한 사람을 가리켜 "봉창 두드린다"고 한다. 봉창은 열리지 않기 때문이다. 창호 사방에 한지를 발라 창호가 열리지 않고 채광용으로만 사용한 경우도 봉창이라고 하며, 통풍이 필요한 부엌에서 벽의 일부를 털어내고 외엮기를 노출시킨 창호도 봉창이라고 한다. 이처럼 봉창은 열리지 않고 주로 통풍을 목적으로 설치한 창호를 의미한다.

서천 이하복 고택

안동 흥해배씨 임연재 종택

◉ 눈꼽째기창(누꼽)

현대 창호에는 없는 창호가 눈꼽째기창이다. 방에 앉았을 때 눈높이 정도에서 벽이나 창호에 다는 아주 작은 창호로 누꼽이라고도 한다. 창호지는 투시되지 않기 때문에 밖의 동태를 살필 수 없다. 또 큰 창호를 모두 여는 것은 비효율적이다. 그래서 눈높이에 눈꼽째기창호를 달아 겨울에도 열을 뺏기지 않고 밖을 내다볼 수 있게 했다. 유리가 없어서 생긴 창호라고 할 수 있다.

영동 규당고택

◉ 우리판문

울거미가 있는 판문을 가리킨다.
살창의 살 대신에 얇은 널판을 끼워
넣었다고 보면 된다. 대청 뒷문으로 주로
이용되었으며 널판문에 비해 가벼워
돌쩌귀로 고정이 가능하다. 창살과
창호지가 필요 없는 판문의 기능을
하면서도 경량화된 창호라고 할 수 있다.

경주 양동마을 상춘헌 고택

◉ 빈지널문

널판 하나하나를 양쪽 문설주의 홈을 타고
넣었다가 빼었다가 할 수 있는 널판문을
가리킨다. 거주용보다는 곡식 창고와 같이 보관
높이가 변하는 곳에 사용한다. 빈지널은 가로
판벽을 연상하게 하며 여러 장 사용하기 때문에
그 순서를 표시하기 위해 번호를 붙이거나
삼각형으로 먹선을 놓아 구분하기도 한다.

홍성 사운고택

고성 어명기 고택

◉ 널판문

창살과 창호지 대신 나무 판재로 만든 창호를 가리킨다. 문짝 하나는 2~5매 정도의 널판으로 만들며 널판 하나로 만들면 통판문이라고 한다. 거실로 사용하지 않는 부엌이나 창고, 마루방 등에 주로 쓰인다. 문짝이 무거워 고정을 위해 돌쩌귀가 아닌 둔테가 사용된다. 문짝용 판재는 소나무를 주로 사용했지만 뒤틀림과 갈라짐 등을 최소화하기 위해서는 잘 건조된 나무를 사용해야 한다. 판재끼리는 맞댄쪽매가 일반적이지만 산지쪽매를 사용하면 변형을 최소화할 수 있다. 또 판재와 띠장은 광두정으로 고정하지만 거멀띠장쪽매를 사용하면 역시 변형을 줄일 수 있다.

경주 양동마을 상춘헌 고택

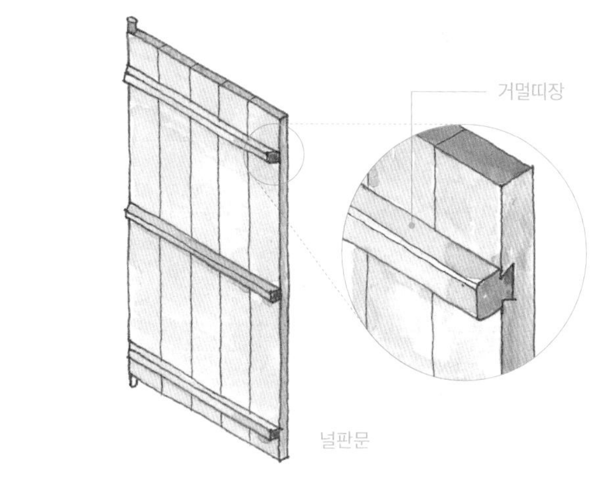

쪽매

판재와 판재 간의 맞춤과 이음을 쪽매라고 한다. 특별히 장부를 만들지 않고 서로 맞대 놓는 경우를 맞댄쪽매라고 하는데 판벽에서 많이 사용했다. 그러나 맞댄쪽매는 건조 수축에 의해 사이가 떠 보이는 것이 단점이기 때문에 경사지게 턱을 내어 맞대 놓는 빗쪽매가 사용되기도 했다. 또 기밀성이 필요한 경우에는 암·수장부를 凹凸형으로 내어 잇는 제혀쪽매가 사용되었고 두 판재가 벌어지는 것을 방지하기 위해서는 일정 간격으로 나비장을 박는 나비장쪽매가 사용되었다. 판재의 변형이나 뒤틀림을 방지할 때는 별도로 산지를 꽂아 연결하는 산지쪽매를 사용하기도 했다.

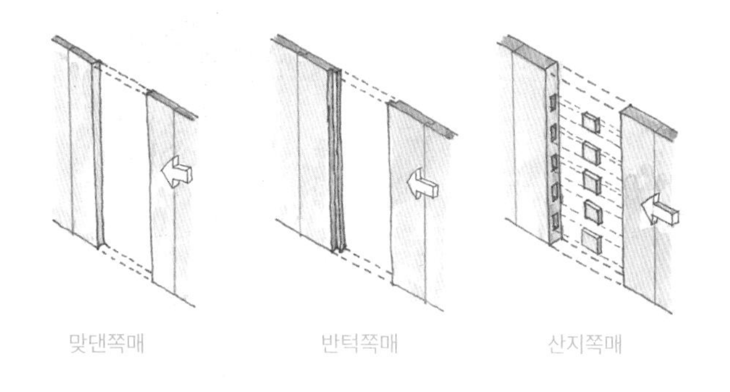

개폐 방식

창호의 여닫는 방식은 기능에 따라 다르다. 창호의 개폐 방식은 기밀성에 영향을 미치고, 고정 철물과 밀접한 관계가 있다. 개폐 방식은 전통 창호와 현대 창호가 크게 다르지 않지만 창호에 사용하는 재료와 철물은 전혀 다르다고 할 수 있다. 전통 창호의 창틀 소재는 목재이고 창호에 창호지를 발라 마감하였으나 현대 창호의 창틀 소재는 철, 알루미늄, PVC, 목재로 다양하고 대부분 창호지 대신 유리로 마감했다. 현대 창호는 무거워 전통 철물을 사용할 수 없다. 창호지 대신 이중 및 삼중유리를 사용하면 단열 및 기밀성, 방범과 채광에 유리하지만 무겁다는 것과 채광에서도 빛의 유입은 많으나 확산광을 만들지 못해 조도의 대비가 심하다는 단점이 있다.

◉ **여닫이**

전통 창호의 여닫이는 180° 회전하면서 열린다. 걸림이 없는 외부에 주로 사용하며 창살은 방범을 위해 살이 많은 세살이나 정자살을 사용했다. 여닫이 창호는 외여닫이와 쌍여닫이가 있으며 개방감과 기밀성이 좋다. 다만 쌍여닫이의 경우 두 문짝이 맞닿는 틈서리에는 풍소란이라는 나무쪽을 대거나 창호지를 겹쳐 발라 기밀성을 확보했다. 문짝은 문설주에 돌쩌귀로 고정하였으며 쌍여닫이 초기에는 문얼굴 가운데에도 문설주를 두어 기밀성과 구조적인 단점을 보완하기도 하였는데 이를 영쌍창이라고 한다. 문지방 중앙에는 문짝이 밀려 들어오지 못하도록 원산을 설치하기도 했으며 문을 활짝 열었을 때는 문짝을 고정할 수 있는 메뚜기머리 장식이나 누름돌을 쓰기도 했다.

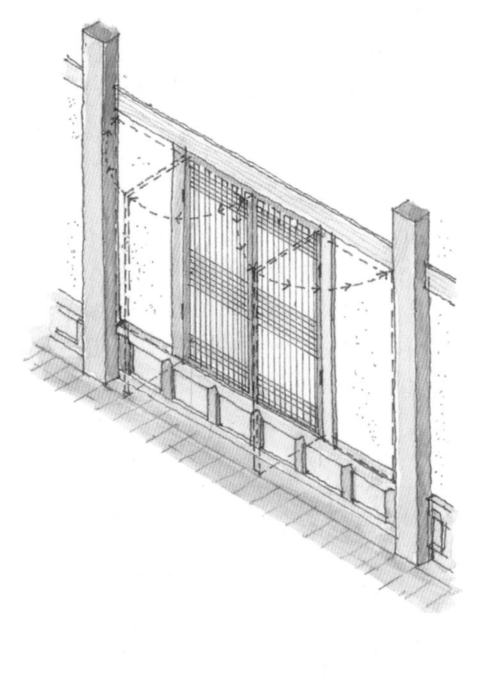

부여 군수리 고택

◉ 미닫이

두 짝이 일반적이며 문지방의 문 홈을 타고 양쪽으로 밀어 두껍닫이 속으로 넣는 창호 형식이다. 쌍여닫이 안쪽의 영창과 흑창은 미닫이로 하며 두 문짝이 만나는 부분의 문얼굴은 제혀쪽매로 하여 기밀성을 확보하였다. 또 문설주와 두껍닫이가 만나는 부분의 틈새에는 문풍지를 발라 기밀성을 확보했다.

문지방의 문 홈에는 대나무 등을 덧대어 문짝이 잘 이동할 수 있도록 하기도 하였고 초를 발라 윤활 작용을 할 수 있게 하기도 하였다. 현대 창호에서는 레일이 발달하여 이러한 모습은 사라졌다.

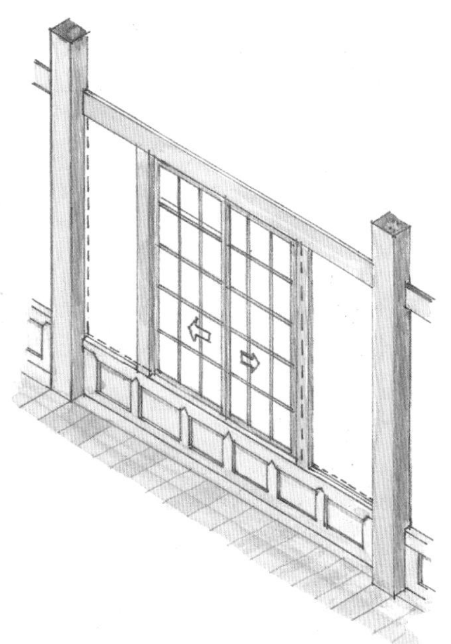

강진 영랑생가

◉ 미서기

서양 창호가 들어오는 19세기 말부터 사용하였다. 미닫이는 양쪽 문짝이 하나의 홈에서 이동하는 것이고, 미서기는 두 개의 홈에서 따로 이동하기 때문에 문짝이 맞대어 만나지 않고 겹쳐 만나게 된다. 따라서 두껍닫이가 필요 없으며 두 짝이 달려 있어도 반쪽만 열리게 된다. 두껍닫이를 설치하지 않아도 되는 장점은 있으나 개방성이 약한 단점이 있다. 현대 창호는 대부분 미서기라고 할 수 있으며 벽 속에 밀어 넣는 포켓도어 정도만 미닫이 방식이라고 할 수 있다.

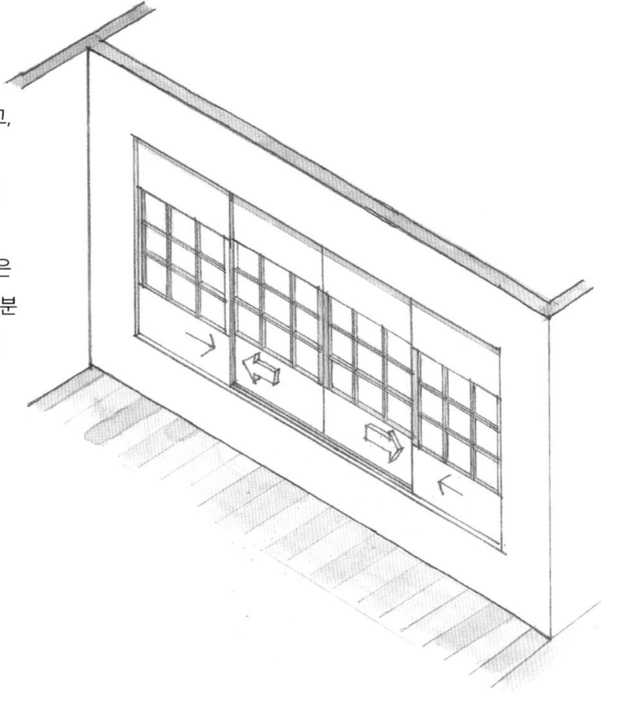

영양 사정

◉ 들어걸개

문짝 전체를 위로 들어 거는 창호를 가리킨다. 대청의 전면 창호, 대청과 방 사이의 불발기분합문을 주로 들어걸개 방식으로 했다. 개방성이 뛰어나 두 공간을 하나로 사용할 수 있는 장점이 있으나 크고 무겁고 높아서 여닫는 것이 쉽지 않았다. 그래서 일본에서는 상하를 반으로 나눠 상부 창호만 들어 걸고 하부창호는 탈착하여 따로 보관하였다. 대청과 방 사이 문은 제사와 큰 행사 등으로 많은 사람이 모였을 때 들어 걸었으며 대청 전면은 여름에 상시 들어 걸어 두면 개방감이 매우 좋았다.

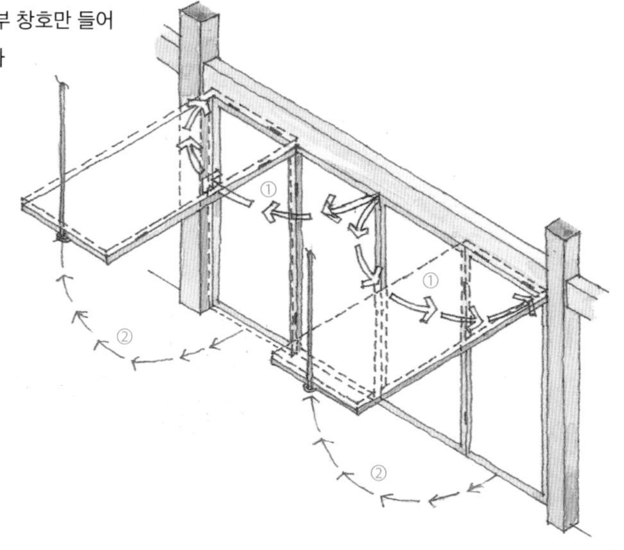

양주 매곡리 고택

◉ 벼락닫이

벼락닫이도 위로 들어 여는 들어걸개 방식이지만 걸쇠가 없고 문이 아닌 작은 창에 사용하는 방식이다. 비가 잘 들이치지 않는 중방 위에 설치하는 고창을 주로 벼락닫이로 하는데 걸쇠를 사용하지 않고 지겟작대기를 세워 고정했다가 이를 빼면 벼락같이 닫힌다고 하여 붙은 이름이다. 현대 창호에서는 프로젝트 창이 이러한 여닫기 방식인데 열어둔 창호가 처마 역할을 하여 빗물을 막으면서도 환기시킬 수 있어서 많이 사용한다.

진주 고산정

◉ 붙박이

현대 창호에서는 거실 같은 곳의 벽 하나를 통창의 붙박이로 하여 시선을 열어두는 목적으로 사용하는 것이 일반적이다. 그러나 전통 한옥에서 붙박이는 시선 확보와는 관계없이 채광과 통풍의 목적으로 붙박이를 사용했다. 연기가 발생하는 부엌에서는 세로살창을 두거나 벽의 일부를 뚫어 외엮기를 노출해 환기했다. 이것이 환기 목적의 붙박이 창호로 봉창이라고도 불렀다. 또 대청 분합문 위쪽에는 채광을 위해 광창을 설치했는데 대개 열리지 않는 붙박이로 하였다.

제천 정원태 고택

◉ 안고지기

한옥에서 방과 방 사이의 문은 대개 장지 미서기로 하는데 전체가 열리지 않는 것이 단점이다. 그래서 명재고택의 경우는 두 짝 장지문을 양쪽으로 밀어 연 다음 다시 문얼굴 일부까지를 여닫이로 작동할 수 있게 하였다. 이를 안고지기문이라고 하는데 그 사례가 현재는 명재고택 정도에서만 남아 있으며 매우 아이디어가 돋보이는 작동 방식이라고 할 수 있다.

논산 명재고택

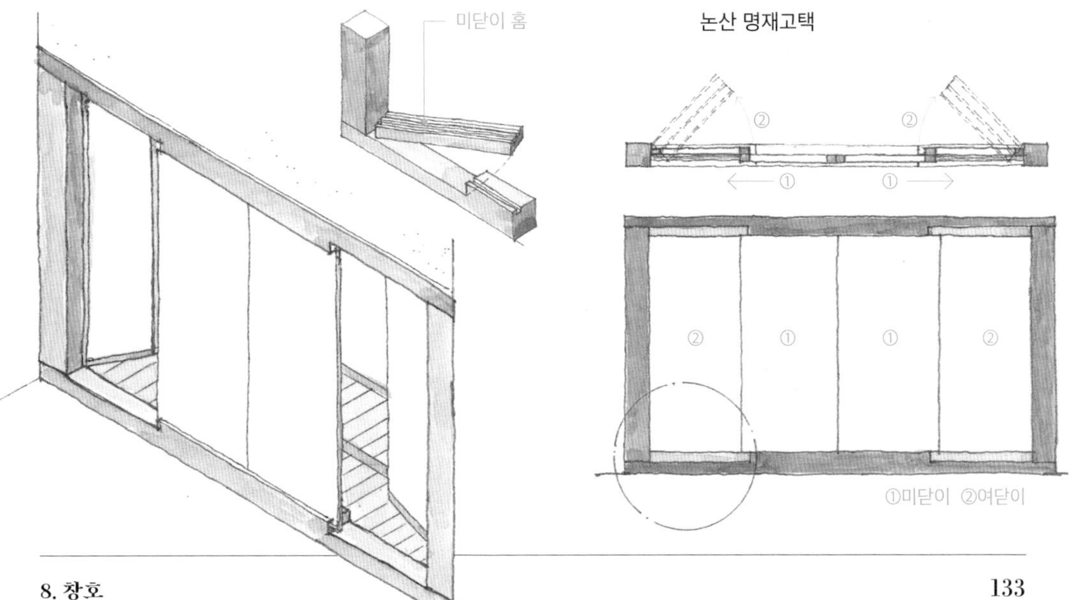

◉ 접이문(폴딩도어)

두 짝이나 네 짝 문에서 문짝과 문짝 사이에도 돌쩌귀를 설치하여 접어서 열 수 있도록 한 문이다. 개방성이 뛰어나며 문얼굴이 별도로 필요 없다는 장점이 있으나 기밀성이 약하고 무게에 의해 변형 가능성이 많다는 단점이 있다. 전통 한옥에서는 보기 어려우며 궁궐의 출입문에서 주로 사용하였고 현대 창호에서는 폴딩도어라고 하여 상업시설에 주로 사용하고 있다.

홍성 노은리 고택

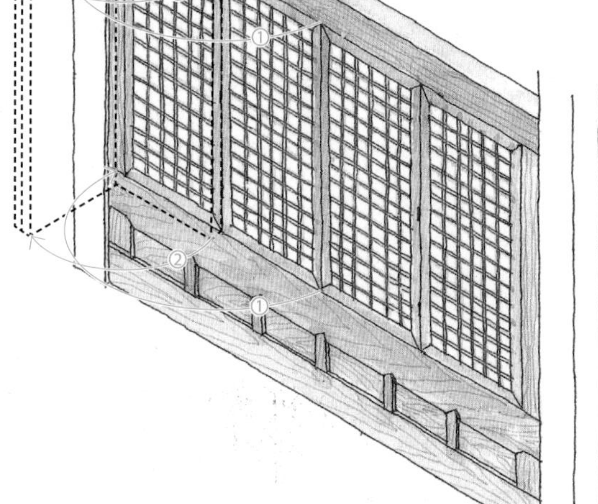

◉ 신한옥 복합식

틸트앤 턴 창호는 현대 창호에서 여닫이로 열 수 있는 턴(turn) 방식과 위쪽을 열 수 있는 틸트(tilt) 방식이 결합된 창호를 가리킨다. 환기를 위해서는 틸트 방식으로 열고 출입을 위해서는 턴 방식으로 열면 된다. 환기는 해야겠는데 비가 들이치거나 방범이 염려될 때 유용한 것이 틸트 창호이며 창호를 시원하게 열어 출입할 수 있도록 한 것이 턴 방식의 창호이다. 이 둘의 장점을 결합한 것이 틸트앤 턴 창호라고 할 수 있다.

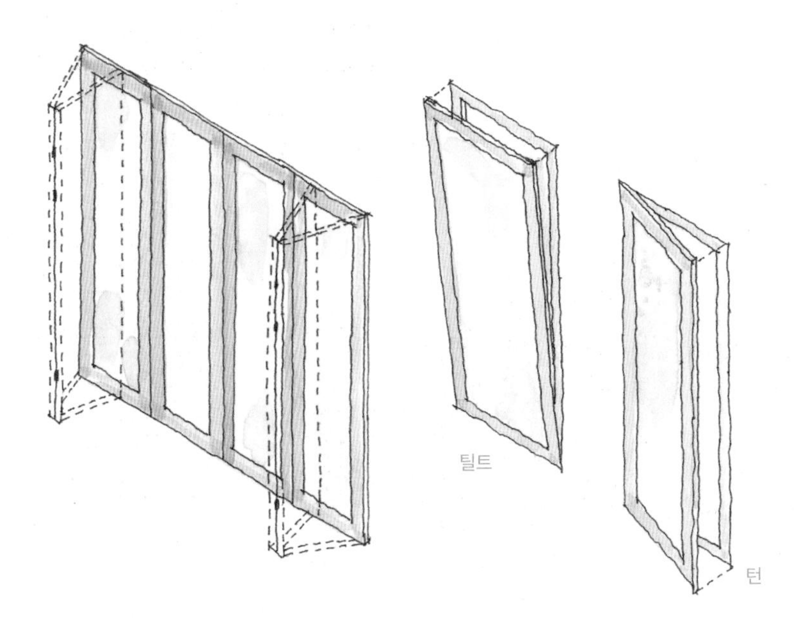

창살의 종류

창살은 살창에서 나타나며 그 모양은 매우 다양하다. 고대 건축 연장이 발달하기 이전에는 얇은 창살을 만들기가 어려워 살창을 사용할 수 없었다. 연장이 발달하고 창호지가 탄생하여 살창이 사용되면서 창호는 매우 가벼워졌으며 실내 채광이 가능해졌다. 창호지가 없을 때는 벽에 세로살창 정도를 설치하고 통풍과 채광을 했으나 뚫려 있어서 단열은 불가했다. 온구들도 발달하기 이전이어서 내부에 휘장 등을 별도로 쳐서 온기를 유지하고 바람을 막았다. 따라서 창호의 발달은 건물의 거주 성능을 높이는데 크게 기여하였음을 알 수 있다.

창살은 장식적인 효과도 있지만 방범과 창호지를 붙이거나 거주 성능을 높이는 기능적인 측면, 외부로부터 거주자를 보호하는 벽사적 상징성도 내포하고 있다. 창살은 단순한 방형 단면이 아니며 등밀이와 투밀이가 있다. 투밀이는 창호지를 붙이는 반대쪽 창살의 두께를 얇게 하여 시각적으로 경쾌하게 하며 빛이 조금이라도 많이 들어올 수 있도록 한다. 등밀이는 투밀이와 같은 효과는 없지만 노출되는 창살에 장식적인 효과가 있다. 한국에서는 창호지를 방 쪽에 붙이고 외부는 투밀이살을 사용하기 때문에 바깥쪽에 붙이는 일본의 창호에 비해 채광량이 많은 것이 특징이다.

◉ 세살

주로 외부 창호에 사용한다. 세로살은 꽉 채우고 가로살은 위, 아래와 중간 정도에 채우고 일부 비워 놓은 창살의 모양이다. 살을 꽉 채우는 것은 방범 때문이며 가로살의 일부를 채우지 않는 것은 채광량을 높이기 위함이다. 한국 창호에서 가장 많이 사용된 창살의 모양이다.

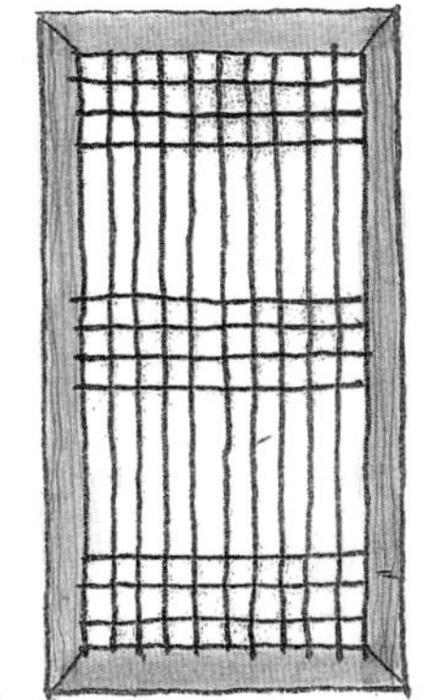

◉ 만살

세로살과 가로살을 모두 채워 격자형으로 구성된 창살의 모양을 가리킨다. 모양에 따라 속칭 정자살이라고도 부른다. 채광보다는 방범이 우선인 궁궐에서 주로 사용하며 세살에 비해 채광량이 적다.

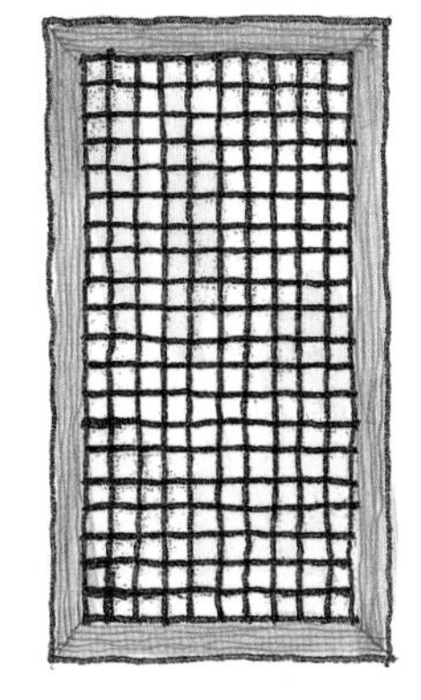

영동 김참판 고택

의성 영귀정

◉ 아자살

한자의 아(亞)자 모양을 닮았다고 하여 붙인 이름이다. 창살의 모양이 아름다워 누마루의 들어걸개 창호나 사랑채의 장식을 위한 영창 등에 쓰였다. 용자살 다음으로 영창이나 방과 방 사이의 명장지에 쓰였다.

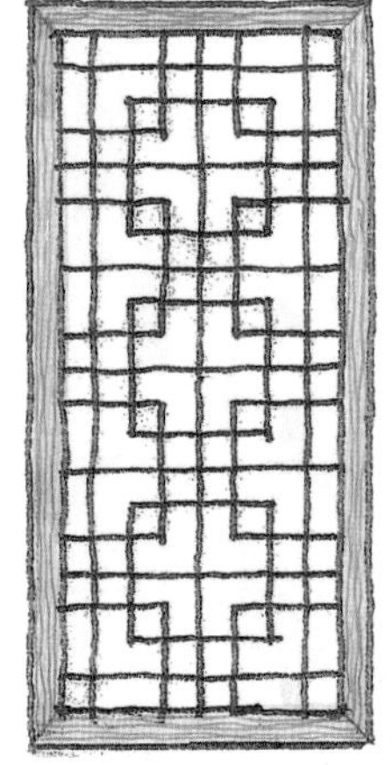

청송 송소고택

◉ 완자살

한자의 완(完)자 모양을 닮았다고 하여 붙인 이름이다. 아자살과 같이 방과 방 사이의 명장지에 많이 쓰였다. 아자살에 비해 살대 간격에 강약의 대비가 있어서 장식적이다.

안동 전주류씨 삼산종택

◉ 용자살

한자의 용(用)자를 닮았다고 하여 붙인 이름이다. 주로 영창에 사용되는데 외부 세살창과 달리 채광을 극대화하기 위한 창호이다. 그래서 창호지를 붙일 수 있는 범위 내에서 살을 최소화한 것이다. 여름에는 영창을 대신해 올이 성근 비단을 바른 사창을 달아 통풍과 방충창으로 사용했다.

안동 번남고택

◉ 빗살

정자살과 같은데 살의 방향이 수직과 수평이 아니라 사선이라는 것이 차이점이다. 문얼굴과 창살의 맞춤이 까다로워 흔히 사용되지는 않았다. 방범 목적의 외부 외짝 창호와 불발기창호에 주로 사용했으며 정자살에 비해 매우 장식적인 효과가 있다.

남양주 궁집

◉ 도듬문(흑창, 두껍닫이)

창호 중에는 채광을 위한 창호지 대신에 보온과 방범을 위해 벽지를 바르는 창호가 있다. 흑창과 두껍닫이(甲窓), 맹장지 등이 이에 속한다. 흑창은 쌍창과 영창 안쪽에 보온을 위해 다는 것으로 안팎으로 벽지를 바른다. 두껍닫이는 갑창이라고도 하며 미닫이 창호의 두껍집 역할을 한다. 역시 벽지를 바르며 그림이나 글씨를 붙여 장식하기도 한다. 벽과 같이 튼튼해야 하기 때문에 벽지를 바른다. 맹장지는 방과 방 사이의 방문으로 주로 사용되며 채광보다는 튼튼하고 보온을 위한 창호라고 할 수 있다. 이러한 창호들은 살이 보이지 않기 때문에 살에 장식이 없으며 장자살보다는 넓고 영창보다는 좁은 정도로 격자살로 구성된다. 이러한 맹장지 형태의 살창을 도듬문이라고 한다.

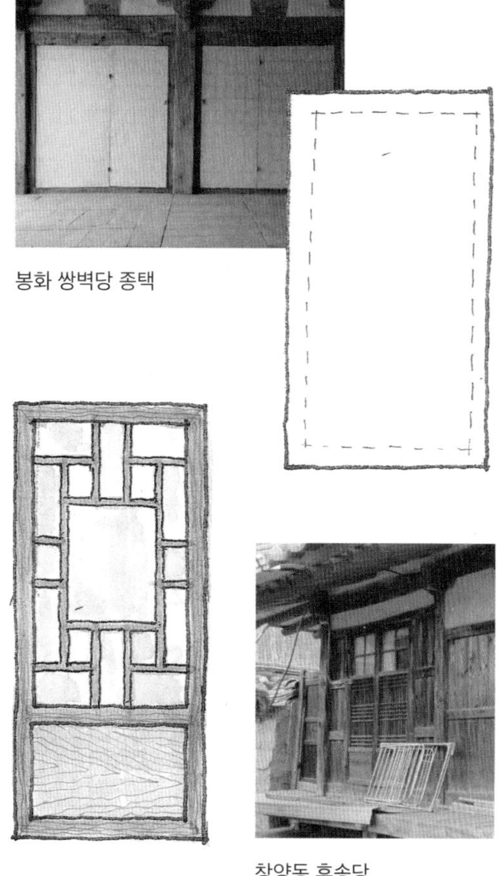

봉화 쌍벽당 종택

창양동 후송당

◉ 근대한옥 유리문

유리가 도입되는 근대기 한옥에서는 가시성을 확보하고 보온을 위해 대청이나 툇마루 전면에 유리창호를 사용했다. 대개 유리는 홑겹이며 색유리는 아니지만 에칭유리를 사용하여 그림을 넣은 것도 있다. 창살은 대개 격자살을 사용했지만 유리는 창호지보다 무거워 살이 두꺼워졌다. 유리는 쫄대로 고정했다.

◉ 신한옥 유리문

신한옥은 방범과 채광, 가시성을 위해 대개 유리창호를 사용한다. 유리는 단열을 위해 복층유리를 사용한다. 복층유리는 단열과 방범에는 매우 유리하지만 무거운 것이 단점이다. 또 한옥에서는 유리는 투명하고 반사되어 이질적인 느낌을 준다는 것이 의장상 가장 큰 단점이다. 무거운 것은 문울거미의 목재 수종을 강도가 높은 목재를 집성하여 사용하면 해결된다. 또 문을 고정하기 위해서는 전통 돌쩌귀와 같은 창호철물을 사용할 수 없고 새로운 철물을 사용해야 한다. 또 개폐 방식도 들어걸개와 같은 방식은 불가하다고 보아야 한다.

예닮헌, 은평한옥마을

의장상으로 이질적인 것을 보완하기 위해 유리 외부에 창살을 대기도 한다. 그러나 이것은 기능은 없으면서 순수하게 장식으로 덧붙이는 것으로 군더더기라고 볼 수 있다. 또 유리가 오염되었을 때 창살로 인해 청소가 매우 까다롭다는 것도 단점이다. 따라서 창살이 없으면서도 무광이고 한옥과 어울리는 신한옥 창호의 개발이 필요하다고 할 수 있다. 무광의 반투명 유리를 복층유리로 만들어 사용하면 창호지와 유사한 효과가 있을 것으로 판단된다.

창호 장식

창호 장식은 기밀성 확보, 구조적인 보강, 창호의 개폐 기능을 위해 사용되는 것으로 장식을 겸하고 있다. 풍소란과 둔테를 제외하고는 철물장식이 대부분이며 무쇠를 사용하기 때문에 녹 방지를 위해 가끔은 기름을 발라준다. 놋쇠로 만드는 경우도 있으나 상당한 고급 집 외에는 드물었으며 지금까지 남아 있는 사례도 거의 없다. 문얼굴이나 난간 등에 구조보강을 위해 ㄱ자쇠나 정(丁)자쇠, 조족정구(鳥足釘具) 등의 구조용 철물이 사용되는데 이것들도 장식을 겸하는 것이 특징이다.

◉ 풍소란

문짝과 문짝 또는 문짝과 문얼굴 사이의 기밀성을 확보하여 바람을 막을 목적으로 덧대는 소란을 가리킨다. 미닫이 창호는 제혀쪽매나 딴혀쪽매를 사용하면 기밀성을 확보할 수 있지만 여닫이 창호에는 쪽매로는 어렵기 때문에 풍소란을 별도로 설치한다. 간단히 한쪽 창호 바깥쪽에 대기도 하지만 양쪽 창호 사이에 같이 설치하기도 한다.

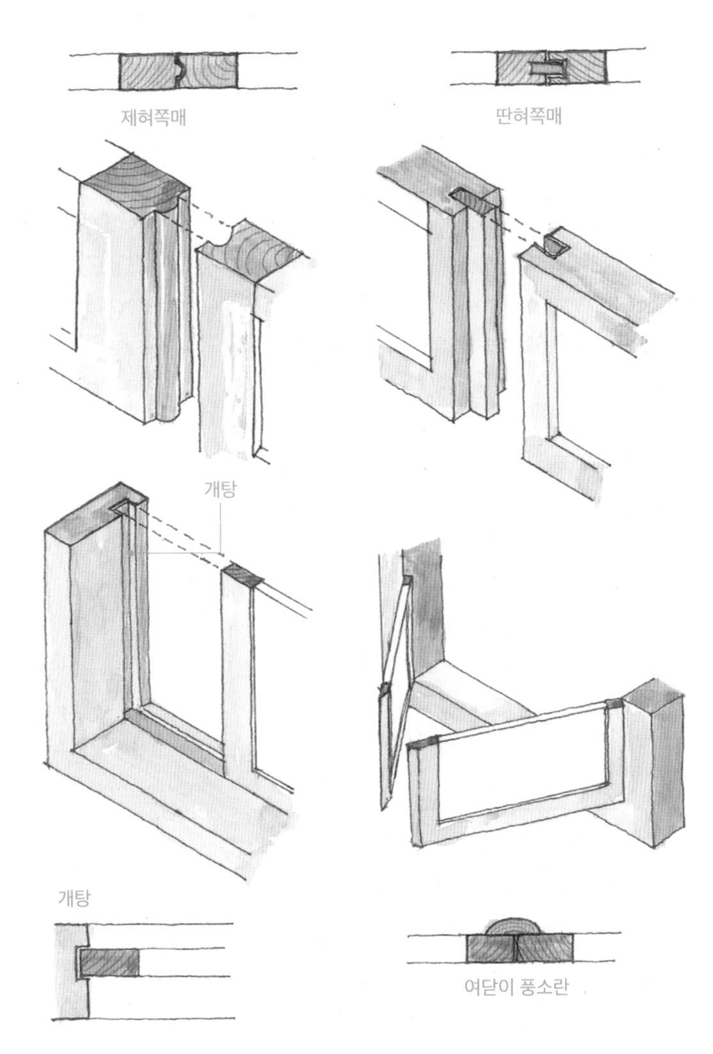

◉ 문고리와 배목

여닫이 문짝을 잡고 여닫을 수 있도록 원형으로 만든 고리를 문고리라고 하고 문고리를 문얼굴에 고정하기 위해 머리를 동그랗게 굴려 만든 철못을 배목이라고 한다. 주로 무쇠로 만들며 배목은 빠지지 않도록 문얼굴 반대쪽까지 관통시켜 박아 구부려 고정한다.

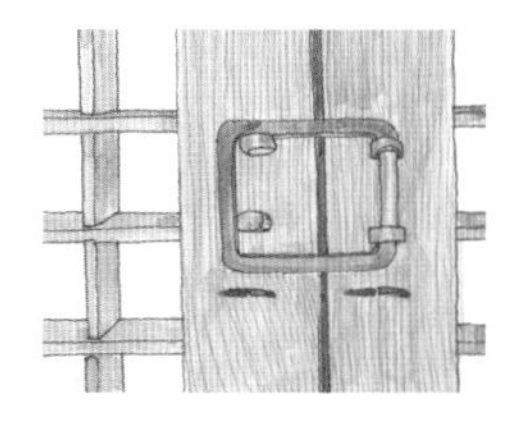

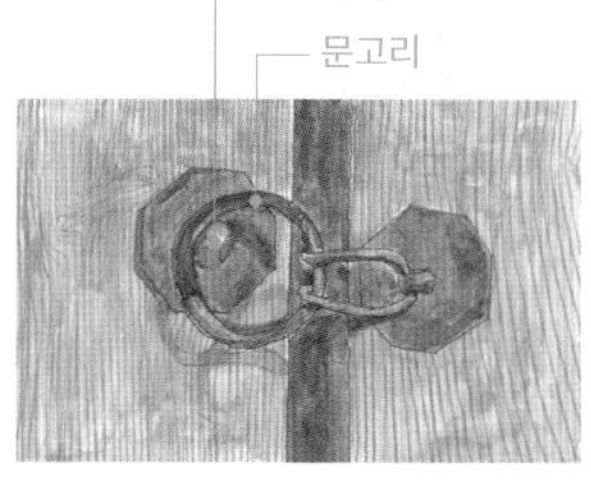

◉ 돌쩌귀와 비녀장

여닫이 창호의 측면과 문선에 고정하여 회전을 통해 창호를 여닫을 수 있도록 하는 철물이다. 암톨쩌귀와 수톨쩌귀로 구분되는데 암톨쩌귀를 문선에 박고 수톨쩌귀를 문얼굴에 박는다. 창호지를 교체할 경우에 문짝을 떼어내야 하기 때문에 돌쩌귀가 분리되도록 하기 위한 조처이다.

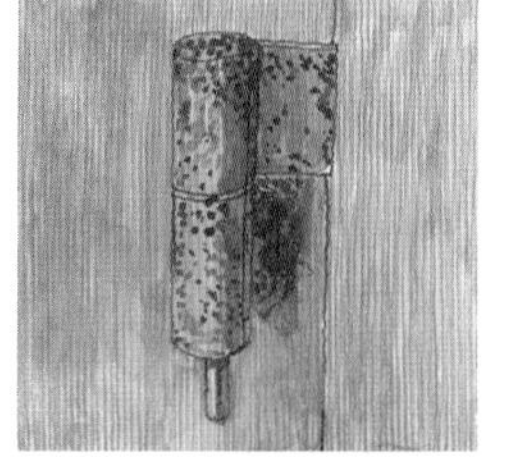

◉ 걸쇠

들어걸개 분합문을 위로 열어 걸기 위한 철물로 주로 서까래에 설치한다. 말굽에 대어 붙이는 편자와 모양이 비슷하게 생겼으며 서까래에 고리로 연결되어 있다. 걸쇠는 편자 모양이 일반적이지만 문 양쪽에서 두 개의 방형고리 모양의 걸쇠를 달아 중간에 각목을 건너질러 고정하기도 한다. 방형 걸쇠는 편자형 걸쇠에 비해 안정적으로 문짝을 고정할 수 있다.

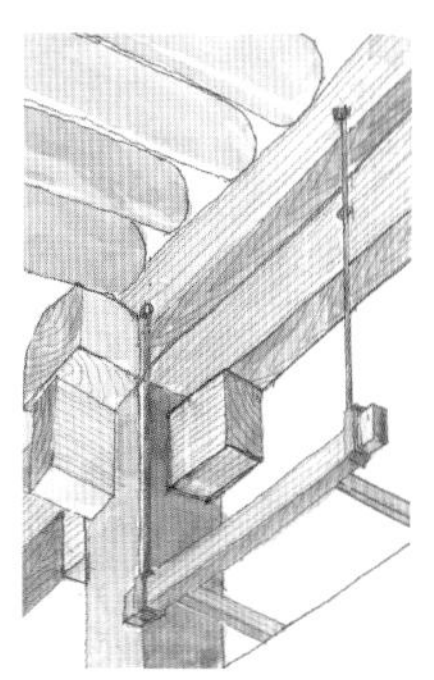

◉ 국화정

창호의 배목이나 난간대를 고정하는 광두정을 박을 때 바탕에 국화 모양의 철편을 장식으로 사용하는데 이를 국화정이라고 한다. 국화정은 가구를 만들 때 장식철물로도 많이 사용한다.

◉ 세발장식

세발장식은 'T'자형 보강철물을 가리킨다. 새 다리처럼 얇아서 붙여진 이름이며 'T'자형으로 결구되는 창호의 보강철물로 사용되는데 장식적 효과도 있기 때문에 가구에도 자주 사용된다. 못을 박는 'T'자의 끝부분은 국화로 장식되어 있다.

9 천장과 수납

천장

- 연등천장
- 우물반자
- 종이반자
- 소경반자
- 고미반자
- 널반자

수납

- 고방
- 다락
- 벽장
- 시렁
- 살강

신한옥의 천장과 수납

- 신한옥 천장
- 신한옥 다락

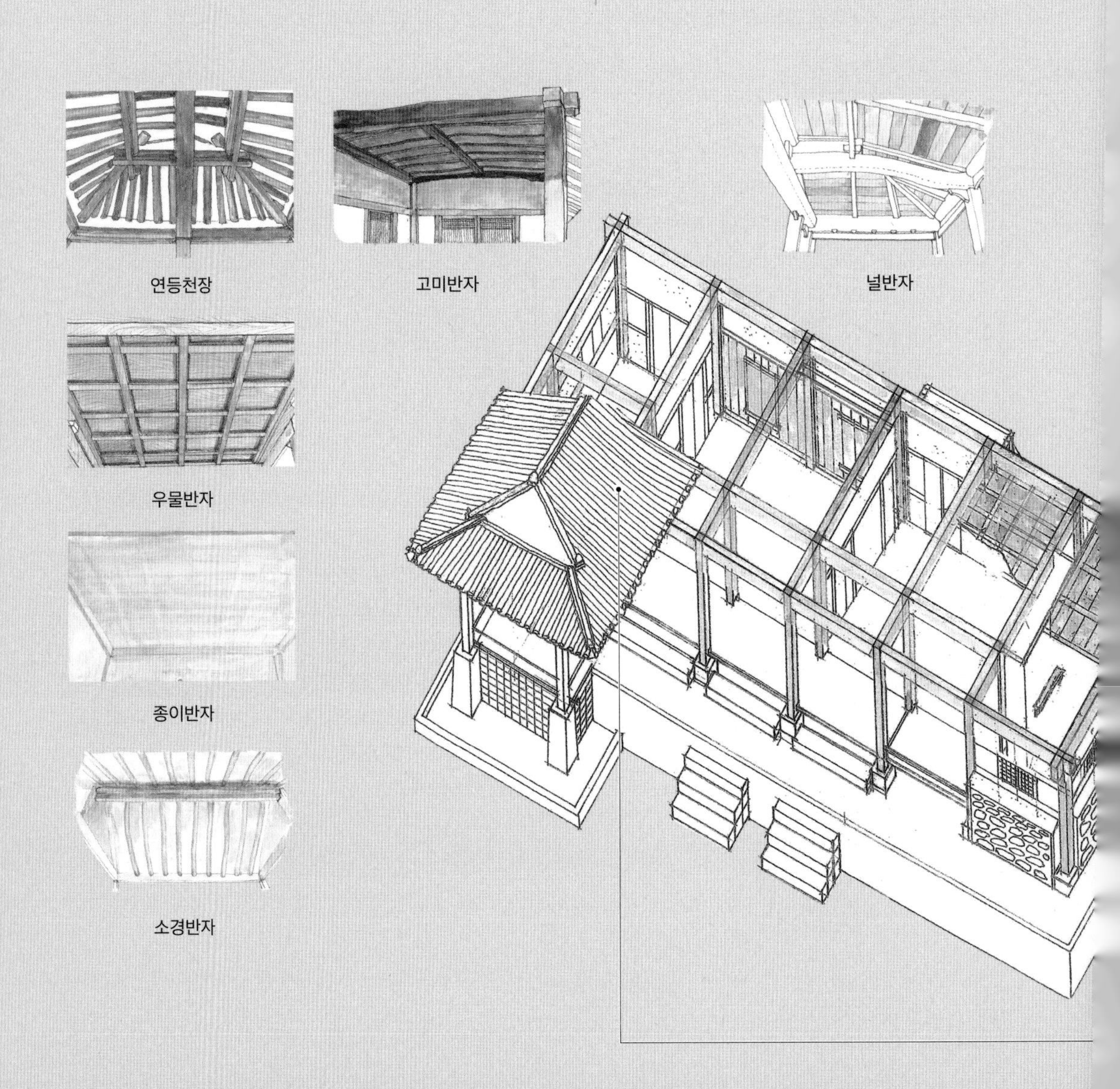

연등천장

고미반자

널반자

우물반자

종이반자

소경반자

천장(天障)은 우리말로 반자라고 하며 지붕틀 아래에 설치된다. 거친 지붕틀을 가려 주는 역할을 하며 단열에 효과적이다. 공간의 높이를 조절하는 역할도 하며 장식 효과도 있다. 천장은 공간의 용도에 따라 다양한 종류가 있으며 구분해 사용했다. 한옥에서는 경제적으로 여유가 있는 반가가 아니면 천장을 낮게 설치했다. 이는 공간의 크기를 작게 하여 최대한 열효율을 높이고 땔감을 절약하려는 조치였다. 너무 낮으면 기가 짓눌려 좋지 않으나 연료 절약을 고려하여 천장 높이를 설정하였음을 알 수 있다.

천장과 수납공간은 밀접한 관계가 있다. 지붕과 천장 사이 공간을 더그매라고 하는데 한국에서는 경사지붕이 대부분으로 공간이 삼각형 모양으로 만들어져 특별히 '보꾹'이라고도 불렀다. 더그매 공간은 다락으로 사용하기에 최적의 공간으로 천장을 튼튼하게 만들면 얼마든지 넓은 수납공간이 된다. 천장 위 공간에 만들어진 수납공간을 다락이라고 불렀고 벽에 만들어진 수납공간을 벽장이라고 하였으며 노출형의 수납시설을 시렁, 살강 등으로 불렀다.

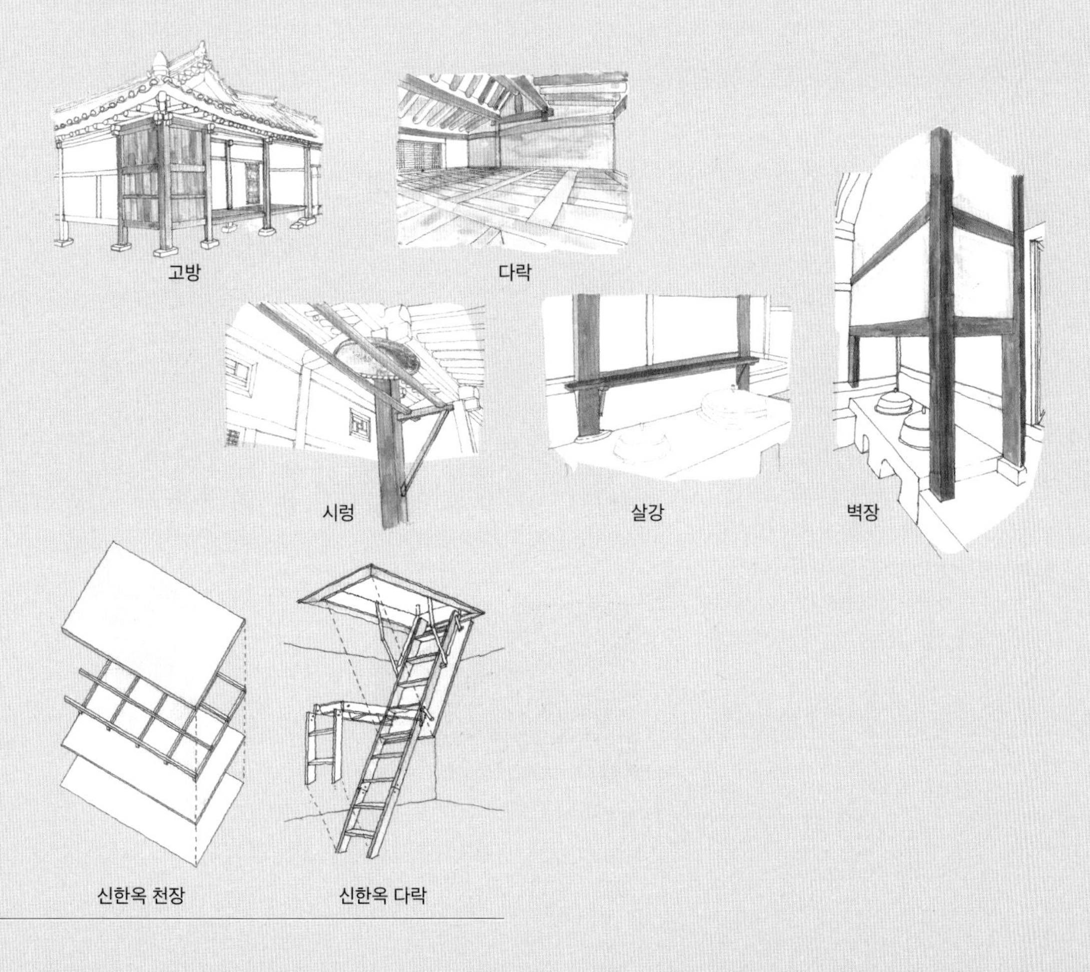
고방 다락 시렁 살강 벽장 신한옥 천장 신한옥 다락

천장

천장은 공간의 쓰임과 용도, 경제적 여건, 사용 목적에 따라 적합한 것을 선택할 수 있었다. 천장을 '천정'으로 부르는 경우가 있으나 통칭은 천장이 합당하며 우물반자를 한자로 표기할 때만 '천정(天井)'으로 부른다. 천장은 한자어이며 순우리말로는 반자라고 하지만 한자어인 천장이 보편화되었다.

천장은 장식효과와 보온효과를 겸하고 있다. 궁궐, 상류주택, 서민주택 가릴 것 없이 대개 온돌방에서는 종이반자를 사용한다. 종이반자는 목재를 노출하지 않아 거칠지 않고 틈새를 막아주어 기밀성을 확보할 수 있고 단열에도 한지가 유용하다. 물론 궁궐에서는 능화지와 같은 고급 종이를 사용하거나 비단을 바르는 등 도배지의 차이는 있었다. 우물반자는 품이 많이 들어가기 때문에 민가에서는 잘 사용하지 못했으며 대개 서까래를 그대로 노출하는 연등천장으로 했다. 소경반자는 연등천장에 한지를 바른 것으로 천장 높이를 확보하면서도 기밀성을 보완한 아이디어 넘치는 천장 형식이었다. 민가에서는 볼 수 없지만 어좌나 불단 위에 설치되는 보개천장이나 닫집은 최고 장식의 천장이라고 할 수 있다.

◉ 연등천장

대청과 같은 입식 생활공간에 주로 만들어지는 천장으로 서까래 등 지붕틀을 그대로 노출해 구조미를 보여주는 천장 형식이다. 사람이 기거하지 않는 마루방, 고방, 행랑 등도 연등천장으로 하는 경우가 많다. 한옥을 현대화할 때 가장 어려운 것이 연등천장이다. 현대 건축은 에어컨, 전등 등 천장에 많은 설비가 들어가는데 연등천장은 이러한 시설을 할 경우 노출되는 단점이 있다. 또 연등천장은 당골막이가 노출되어 이 부분에서 기밀성 확보가 어려워 단열에 취약성을 나타내기도 한다. 그러나 연등천장은 천장이 높아 시원하고 한옥의 구조미가 아름다우니 이러한 장점을 살린 현대화의 아이디어가 필요하다.

화성 정용채 가옥

◉ 우물반자

우물 정(井)자와 같이 생겼다고 하여 붙인 이름이다. 장다란과 동다란을 격자로 짜고 그 사이에 반자청판을 끼운다. 반자청판은 사방으로 돌린 쫄대목인 반자소란에 의해 고정하는데 특별히 못으로 박지는 않고 위에서 올려놓는 정도이다. 따라서 반자청판을 위로 밀면 열리는 구조이다. 반자청판은 정방형이며 마룻장처럼 변재의 둥근 부분이 남아있는 것을 사용하기도 한다. 우물반자는 장식적이고 격식이 있는 천장으로 민가에서는 잘 보이지 않으며 누마루나 툇마루 등에 가끔 쓰인 사례가 있다.

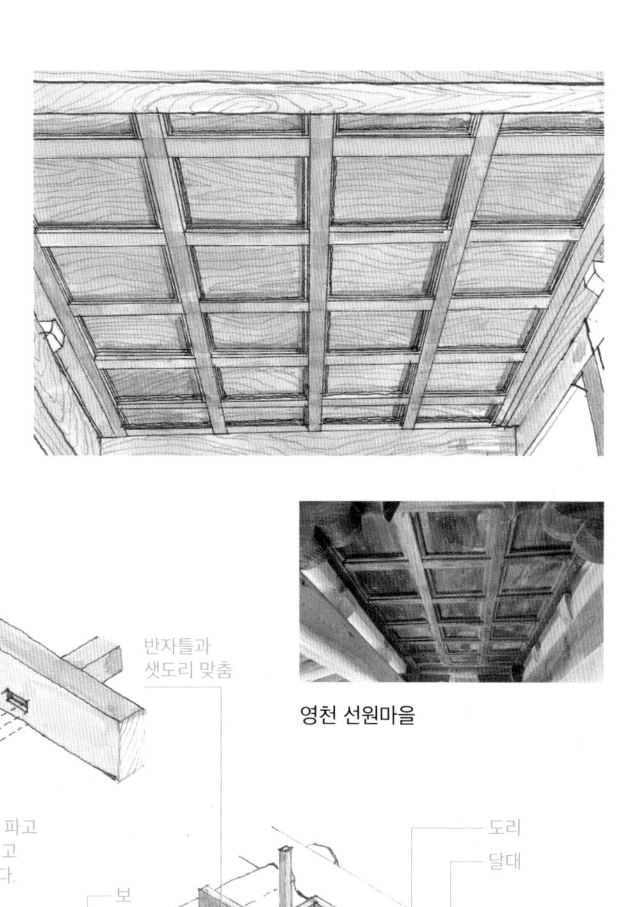

영천 선원마을

◉ 종이반자

종이를 바를 수 있도록 격자로 반자틀을 짜고 반자틀에 도배지를 발라 마감한 반자를 가리킨다. 반자틀은 달대에 매다는데 달대는 서까래에 못으로 고정한다. 반자틀은 외벽에 설치하는 장지와 같은 모습이다. 궁궐 침전에서는 단열을 위해 외벽뿐만 아니라 종이반자도 이중으로 친 사례를 볼 수 있다.

영천 모고헌

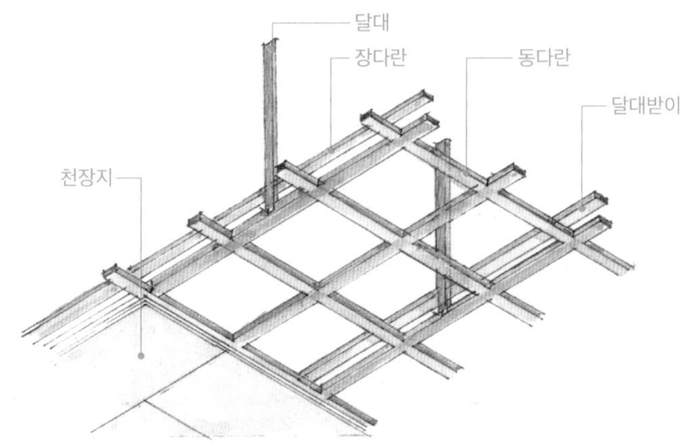

◉ 소경반자

한국에서는 전통적으로 대청과 같은 마루에서는 목재를 노출하지만 방에서는 노출하지 않고 모두 한지로 마감한다. 소경반자는 이러한 맥락에서 만든 천장인데 천장 틀을 따로 만들지 않고 연등천장의 서까래와 치받이 부분 모두에 한지를 발라 마감한 천장이다.
천장 틀을 만들지 않는 이유는 천장 틀을 설치하면 천장 높이가 낮아지기 때문이다. 연료 절감을 위해 건물을 낮게 지은 서민들의 한옥에서 주로 나타난다.

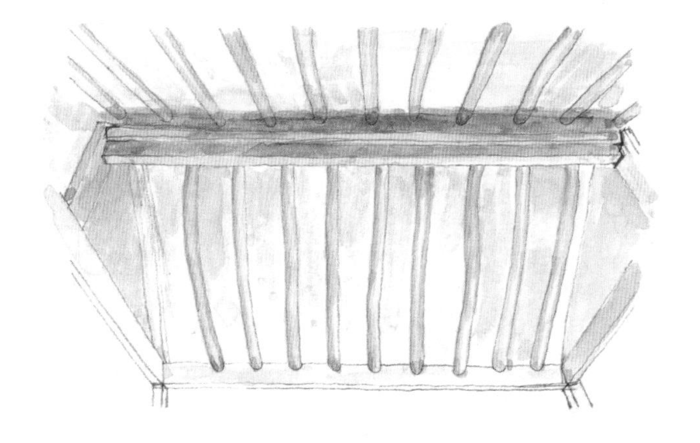

순천 낙안읍성 향리댁

◉ 고미반자

도리와 도리 또는 도리와 보 사이에 고미받이를 건너지르고 고미받이 위에 고미가래를 일정 간격으로 설치하여 틀을 만든다. 고미가래 위에는 싸리나무, 장작, 대나무 등을 이용해 외를 엮어 깔고 외엮기 위에 흙을 덮어 마감한다. 아래의 고미가래 사이는 외엮기를 그대로 노출하기도 하며 황토로 치받이하여 마감하기도 한다.
고미반자는 튼튼하여 다락으로 이용하기도 하며 흙이 있고 두꺼워 단열에 매우 효과적이다. 강원도 고성의 왕곡마을과 같은 추운 지역의 한옥에서 많이 이용되었다. 고미가래의 간격이 넓고 외엮기하고 흙으로 치받이하여 마감한 것을 '토반자'라고도 한다.

안동 하회마을 겸암정사

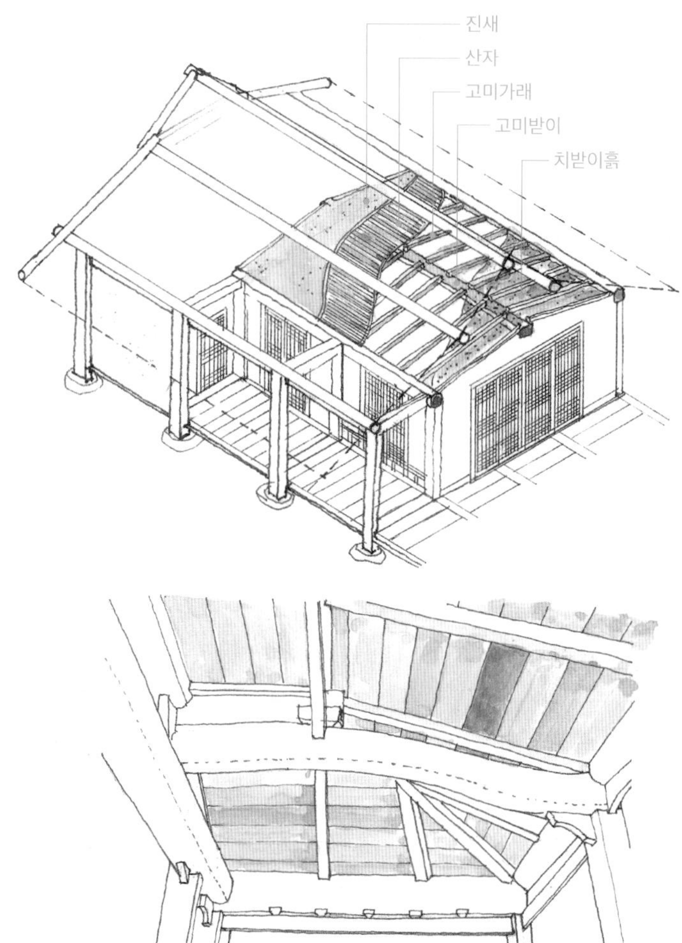

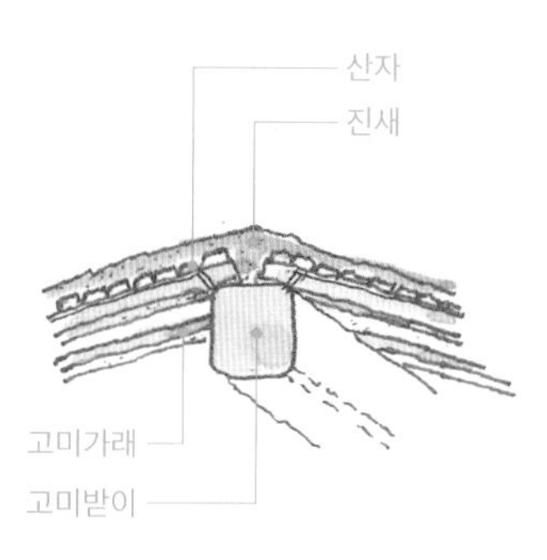

◉ 널반자

지붕틀에 긴 널판을 붙여 마감한 천장을 가리킨다. 폭이 넓고 얇은 널판을 사용하는 것은 경제적으로 여유가 없는 민가에서는 어려워서 흔한 천장은 아니다. 방이 작은 곳에서 드물게 사용한 사례는 있으나 흔치 않고 정수사 법당과 같이 빗천장을 널반자로 화려하게 만든 사례를 볼 수 있다.

담양 식영정

수납

살림살이를 보관하는 수납은 주택에서 필수적인 공간이다. 살림살이가 늘어나는 현대 주택으로 갈수록 수납공간의 비율은 늘어나는 것이 보통이다. 수납공간은 건축 설계단계에서부터 고려하지 않으면 생활하면서 집이 지저분하게 된다. 보통 30% 이상의 수납공간은 확보되어야 한다는 것이 일반적이다. 농경시대의 전통 한옥에서는 농기구 및 농작물의 보관, 곡식 및 부식류의 보관 등으로 수납공간 전용 건물인 창고가 별도로 있었기 때문에 이것까지 포함한다면 현대 건축보다 수납공간의 비율이 클 수 있다. 여기서는 별도의 창고는 제외하고 안채와 사랑채 등 살림채에 부속된 수납공간만을 살핀다.

◉ 고방

고방(庫房)은 창고와 같은 의미로 사전에서는 설명하고 있으나 창고는 독립된 건물로 지어진 수납 전용 건물로 보아야 하고 고방은 살림채에 실로 만들어진 수납공간으로 보아야 한다. 자주 사용하는 장류와 부식, 의복류 등은 방이나 부엌 옆에 창고 칸을 만들어 보관하였다. 안방 북쪽 툇간에는 주로 고방을 들여 의류나 생활용품을 보관하고 사용하였으며 부엌이나 건넌방, 행랑에는 하나의 실 전체를 토방이나 마루방으로 만들어 소금, 간장, 장류, 곡식 등의 항아리나 그릇을 별도로 보관하기도 하였다. 이를 고방이라고 하는데 살림의 간소화로 축소되었고 지금은 옷을 보관하는 파우더룸이나 부엌 옆의 다용도실 정도가 남아있다고 볼 수 있다.

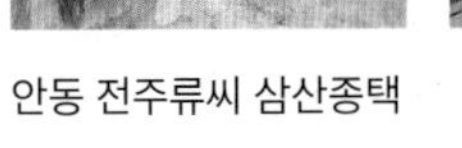
안동 전주류씨 삼산종택

◉ 다락

고방이 같은 평면 안에서 실로 만들어진 수납공간이라고 한다면 다락은 천장 위 더그매 공간 또는 보꾹 공간에 만들어진 수납공간이라고 할 수 있다. 다락의 높이를 어느 정도 확보하기 위해서는 바닥이 낮은 부엌 위 공간이 좋다. 따라서 대개는 안채 부엌 위에 다락을 만들고 안방에서 다락문을 만들어 출입하는 경우가 많았다. 다락은 공간이 넓어서 많은 살림살이를 보관할 수 있었으나 문이 작고 계단을 통해 오르내리기 때문에 가볍고 작은 살림살이들을 주로 보관했다.

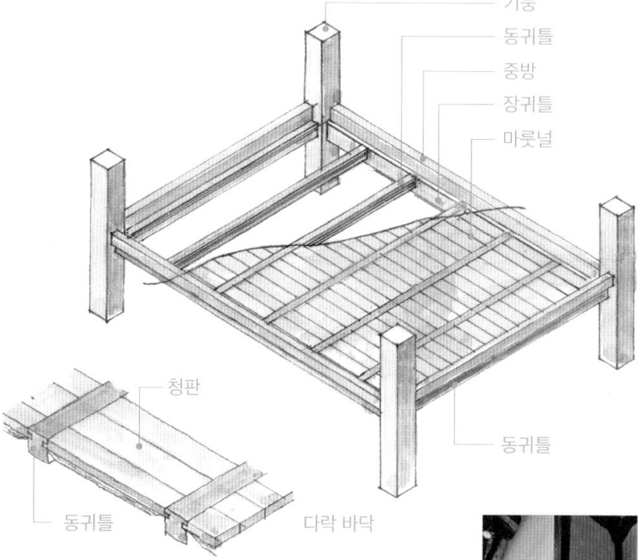

고성 어명기 고택

◉ 벽장

벽장은 고방과 같이 실로 구성된 것이 아니라 벽에 덧달아 낸 수납공간이기 때문에 폭이 좁은 것이 특징이다. 대신 다락과 달리 계단 없이 평면에서 이용할 수 있어서 손쉽게 사용할 수 있는 수납 공간이다. 따라서 자주 이용하는 의류와 생활용품, 곶감과 같은 가벼운 부식류 등을 보관하였다. 벽장은 중방 위에서 부엌 쪽이나 온돌방의 외벽 쪽으로 돌출시켜 만들었다.

충주 윤양계 고택

◉ 시렁

양쪽에 선반받이를 만들고 긴 나무막대 두 개를 걸쳐놓는 수납시설이다. 대청의 시렁은 잔치와 제사 때 사용하는 소반을 주로 보관하였다. 조선시대에는 독상을 받았기 때문에 많은 소반이 필요했고 소반은 주로 행사가 치러지는 대청에 보관하였다. 방에서는 시렁을 만들어 의류 등을 걸어두는 용도로 사용했다. 시렁은 노출식 수납시설이라고 할 수 있다.

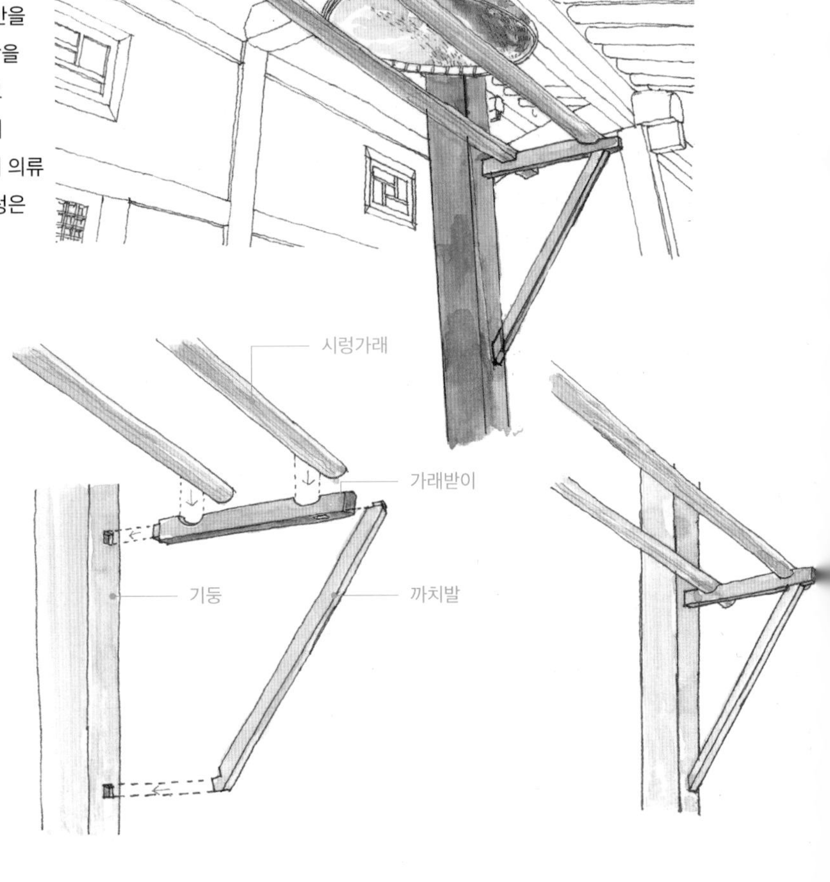

안동 권성백 고택

이천 어재연 고택

◉ 살강

시렁과 비슷하지만 나무막대 사이에 대나무 발이나 널판 등을 깐 선반이라는 것이 다르다. 또 부엌의 부뚜막이나 한쪽 벽면에 설치하여 밥그릇이나 반찬 그릇을 올려놓기에 편리하도록 만든 노출식 수납시설이다. 찬장과 살강을 겸하여 사용하기도 한다.

고성 어명기 고택

신한옥의 천장과 수납

전통 한옥과 크게 다르지 않다. 한옥은 지붕이 높고 경사지붕이기 때문에 지붕 아래 공간을 확보하기가 수월하다. 따라서 벽에 문을 달아 수납공간을 만들기도 하지만 천장 속에 수납공간을 만들면 공간도 넓고 깔끔하다. 또 요즘에는 접이식 계단이 개발되어 있어서 별도로 계단 공간을 확보할 필요도 없다. 신한옥에서도 전통 한옥과 같이 온돌방은 종이반자를 많이 하는데 차이점이 있다면 천장 속에 단열재를 보강하여 단열성을 높였다는 점이다. 대청에서는 연등천장이기 때문에 배선과 실내 조명, 천장 에어컨 등이 노출되어 보기 싫은 경우가 대부분이다. 이때는 중도리 안쪽으로만 우물반자나 널반자를 설치하여 처리하면 깔끔하게 마감할 수 있다. 이것이 전통 한옥과 달라진 부분이라고 할 수 있다. 처마도리 안쪽으로 전체적으로 반자를 하면 설비와 단열에는 더 유리하겠지만 천장고가 낮아져 대청 공간에서는 답답할 수 있다.

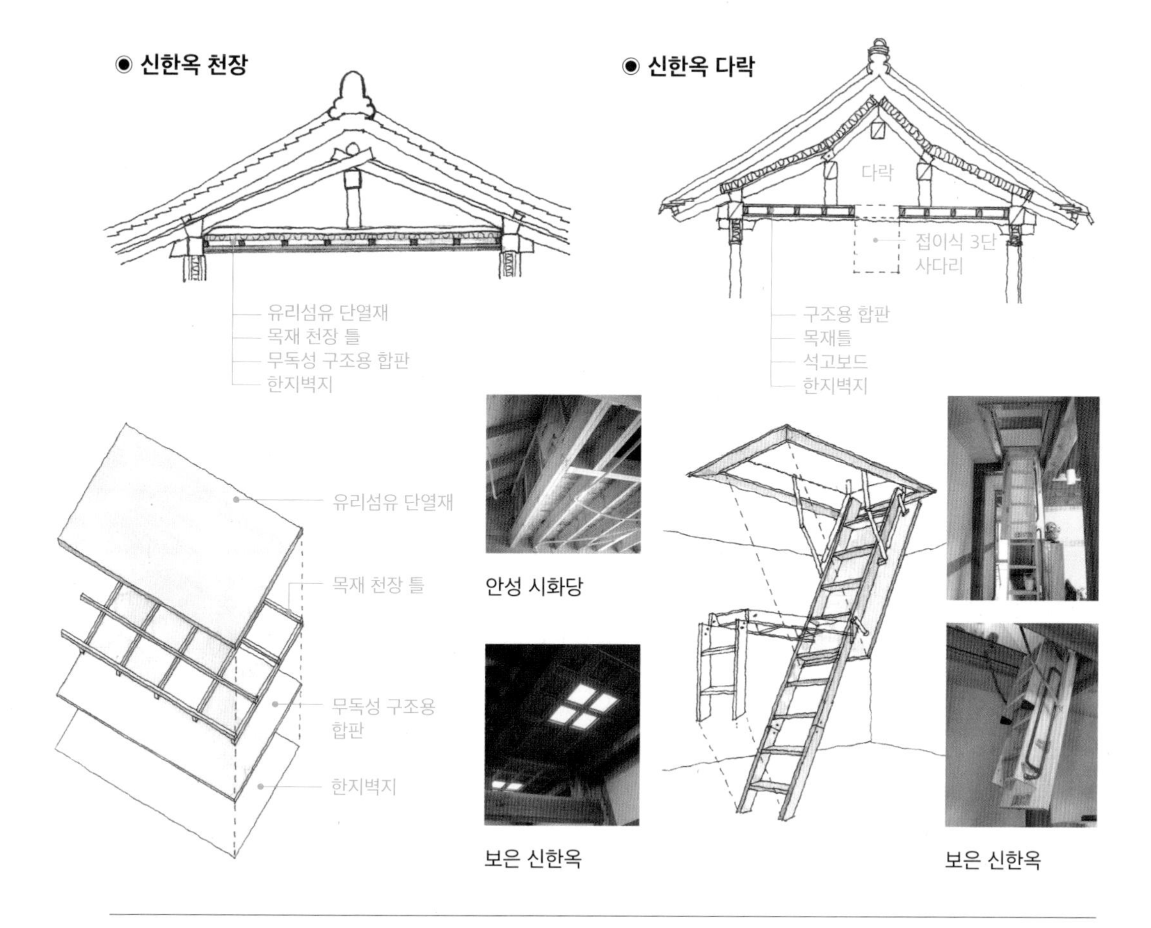

안성 시화당

보은 신한옥

보은 신한옥

10 마당과 정원

마당

- 바깥마당
- 사랑마당
- 안마당
- 뒷마당
- 샛마당

담

- 토담
- 돌담
- 사괴석담
- 생울
- 토석담(죽담)
- 와편담(영롱장)
- 싸리울 (바자울)
- 내외담과 샛담
- 신한옥 담

문

- 대문
- 사주문
- 일각문
- 쪽문
- 둔테
- 신한옥의 대문과 현관

정원

- 화계와 후원
- 연못
- 우물과 샘
- 괴석과 석가산
- 식재

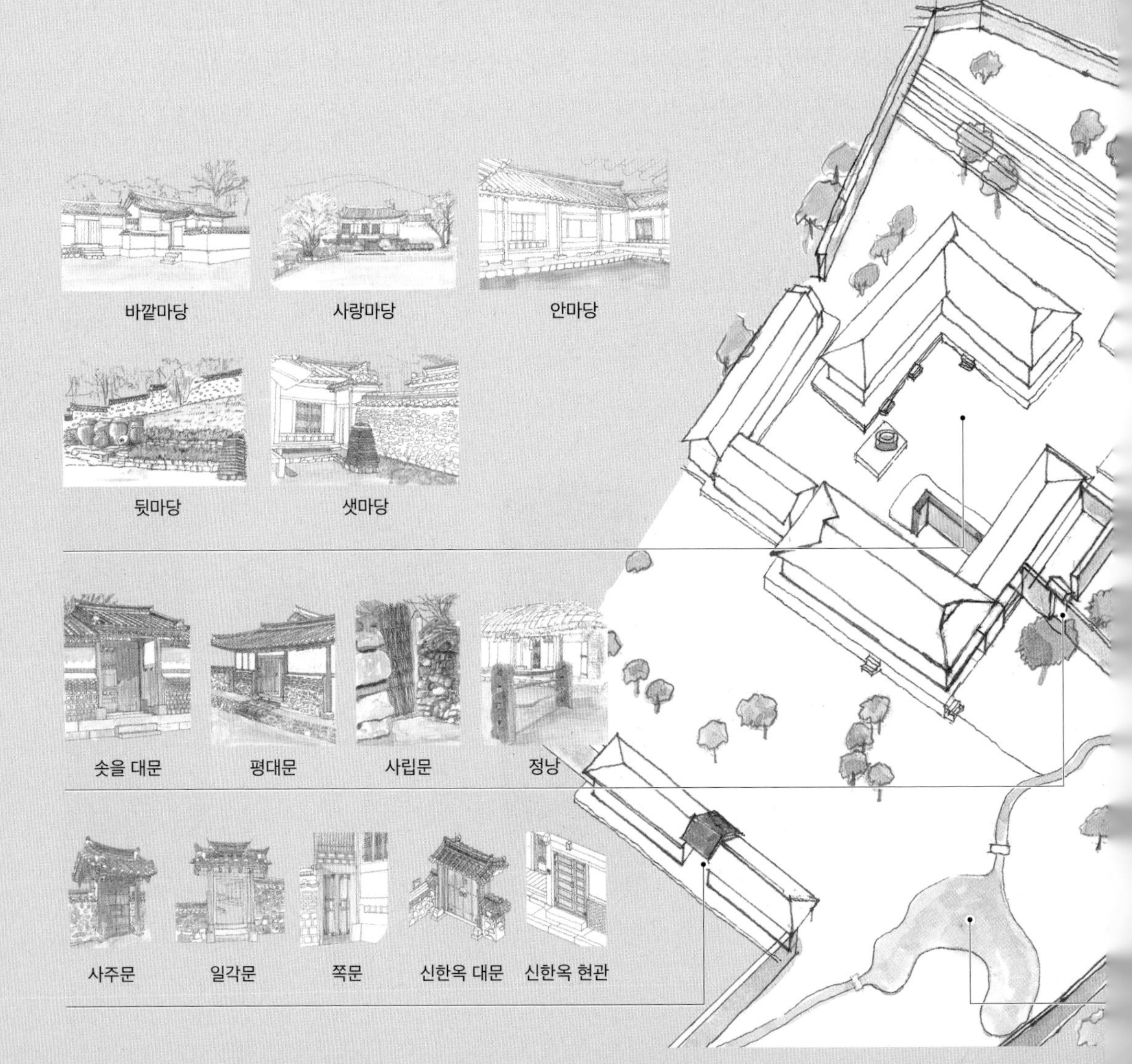

한옥은 마당을 중심으로 외부공간이 다양하고 집 주위의 사산(砂山)으로 확대되는 자연과의 조화를 고려하여 다양한 정원과 조림이 이루어졌다. 마을 단위로는 안산이 허한 마을에서는 안산을 대신하는 안대 역할을 하는 수림이 조성되었고 하천을 건너는 마을 어귀에는 마을마당을 만들어 당산나무를 심고 정자 등의 공공시설이 설치되었다. 집에 들어갈 때도 대문 앞에 내를 두었는데 자연적으로 만들어진 내가 없을 경우에는 연못을 만들고 실개천을 만들어 내를 대신했다. 내를 건너는 것은 벽사의 의미로 외부에서 부정한 것이 건너 들어오지 못하는 청정 공간을 만들기 위함이었다.

마당은 용도에 따라 크기와 위치, 쓰임이 다양한데 주요 건물 앞에는 대부분 마당이 있다. 건물은 벽에 의해 공간이 만들어지지만 마당은 담에 의해 공간이 만들어진다. 한국 사람들은 건물보다는 마당을 중심공간으로 인식했기 때문에 마당을 구획하는 담은 한옥의 필수 요소이다. 마당과 우물, 연못, 후원 등에는 각종 화초와 나무를 이용해 정원을 만들었으며 모두가 함께 어우러져 만들어지는 한국의 정원은 인공미보다는 자연미를 추구하였다.

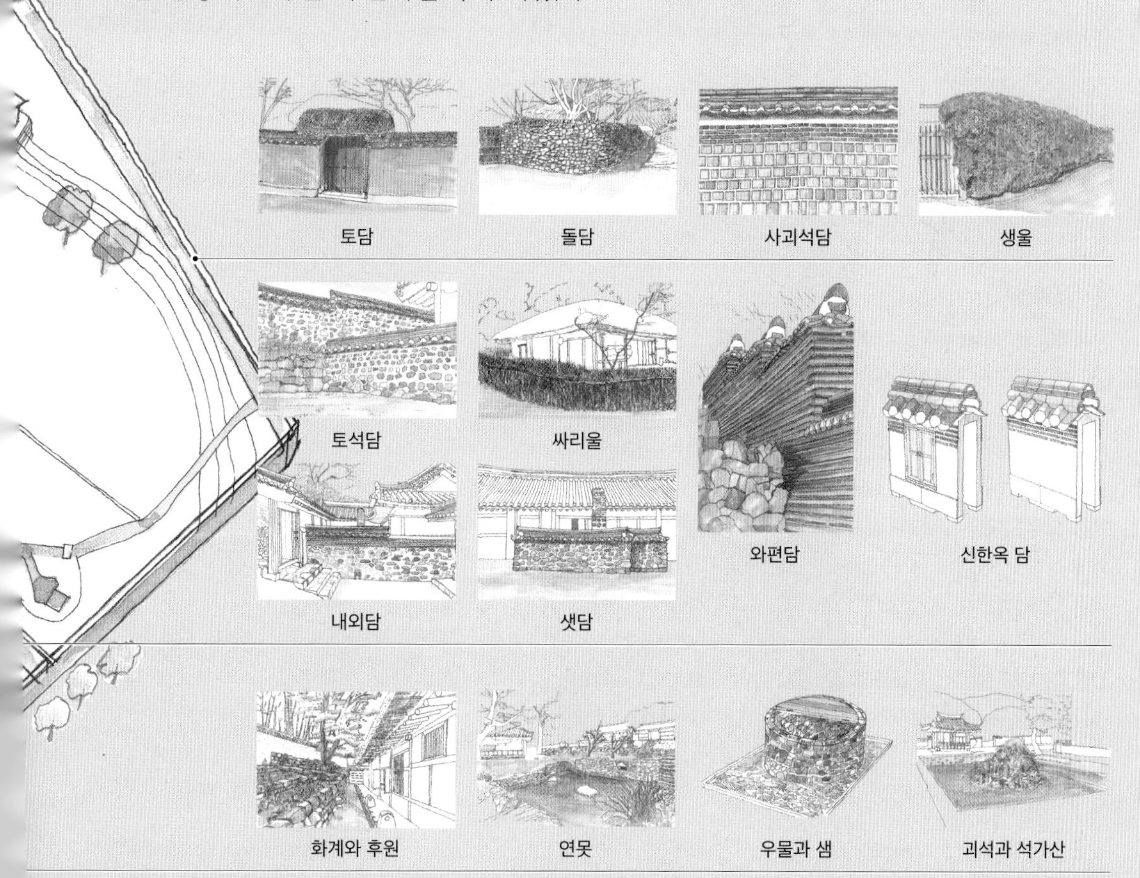

토담 돌담 사괴석담 생울

토석담 싸리울 와편담 신한옥 담

내외담 샛담

화계와 후원 연못 우물과 샘 괴석과 석가산

마당

한옥의 마당은 백토(마사토)를 깔아 배수가 원활하고 빛이 잘 들도록 했다. 또 마당에는 나무를 심지 않고 환하게 열려있도록 했다. 그래서 마당의 반사광을 이용하는 한옥은 실내까지도 밝고 양명하게 만들 수 있었다. 서유구는 《임원경제지》에서 마당은 평탄하되 물이 잘 빠져야 하고 담장과 마당이 비좁지 않아서 햇빛을 받고, 네 모퉁이가 평탄하고 반듯하여 비틀어짐이나 구부러짐이 없어야 좋다고 했다. 그리고 마당이 질면 흙을 파내고 기왓조각과 자갈을 한 겹 깐 다음 위에는 굵은 모래와 백토를 다져 까는 것이 좋다고 하였다. 마당은 건물 이상으로 중요하게 생각하고 설계했음을 알 수 있다.

◉ 바깥마당

외행랑의 대문 밖 마당을 바깥마당이라고 했는데 반가에서는 행랑이 있지만 서민 가옥에서는 싸리문 밖이 바깥마당이다. 외행랑과 내행랑이 모두 갖추어진 경우는 그 사이 마당을 행랑마당이라고 할 수 있는데 행랑마당이 바깥마당 역할을 하기도 한다. 바깥마당은 외부와 담장 없이 열려있는 경우가 많으며 농작물을 갈무리하고 건조하는 농작업 공간이다. 비로 깨끗이 쓸고 농작업을 해야 해서 바깥마당은 굵은 모래로만 마감할 수 없고 진흙을 약간 섞어 쓸리지 않도록 했다.

◉ 사랑마당

외행랑을 들어서서 사랑채 앞에 만들어진 마당이 사랑마당이다. 사랑마당은 선비들이 접객하며 풍류를 즐기는 정원 공간으로 농작업 공간은 아니다. 구례 운조루의 큰사랑채(운조루)에 오르는 계단 양쪽에는 꽃 화분과 다산을 상징하는 남녀근석인 경석, 소나무 등이 배치되어 있었다고 한다. 오른쪽 담장 아래에도 화단을 만들어 화초를 심었다. 김홍도의 〈삼공불환도〉에서는 사랑마당 앞에 박제된 학 두 마리가 배치된 것을 볼 수 있다. 또 창덕궁 연영합 마당에는 박제 학과 함께 석함에 괴석을 올려 장식했다. 학은 신선을 상징하며 기쁨을 주는 신성한 새로서 사랑채에서 편안하게 내다보며 즐기는 것이 선비들의 일상이었다. 또 사랑마당은 차일을 치고 행사를 하는 공간이기도 했다.

◉ 안마당

안마당은 안채 앞마당으로 내행랑으로 둘러싸여 있다. 본채 앞쪽에서 부엌과 건넌방이 날개채로 뻗어 나아가 남행랑과 연결되며 생긴 'ㅁ'자형의 중정형 마당이 많다. 안마당은 집안의 가사노동 공간으로 밖으로부터 폐쇄적인 구조를 이루는 것이 일반적이다. 그래서 안마당에는 정원을 만들지 않으며 대신 안채 뒷마당에 화계 등 후원을 꾸며 정원으로 사용했다.

◉ 뒷마당

주로 안채 뒤, 후원과 연결되는 마당을 뒷마당이라고 한다. 반가에서는 뒷마당에 돌로 화계를 쌓고 각종 화초와 석물, 괴석을 배치하여 즐겼다. 또 굴뚝, 장독이 있는 생활과 밀접한 기능 공간이기도 했다. 뒷마당은 후원과 연결되는 매개 공간이면서 여성들이 외부와 차단되어 자유롭게 즐길 수 있는 외부공간이었다.

◉ 샛마당

샛마당은 안마당, 사랑마당 등과 달리 마당과 마당, 건물과 마당, 건물과 건물을 연결하는 매개 공간 성격의 마당이다. 샛마당은 비교적 작지만 크기와 비례도 다양하고 안마당과 사랑마당 등과 조화하여 공간의 강약과 리듬을 만들어 낸다. 공간의 크기는 그 민족의 호흡(리듬)과 관계가 있다고 한다. 한국의 마당을 거닐어 보면 그 리듬을 느낄 수 있다. 논산의 명재고택에는 서쪽 별채를 연결하는 샛마당이 있으며 안채와 사랑채를 연결하는 사랑채 뒷마당, 사당을 연결하는 안채 동쪽의 마당이 모두 샛마당이다. 이러한 샛마당이 없으면 한옥의 공간은 유기적으로 연결되지 못한다.

담

담은 순수우리말이고 장(墻)은 한자어 표기이다. 따라서 담을 담장이라고 흔히 부르고 있는데 이는 어법상 맞지 않는다. 담은 마당을 구획하는 시설물로 담이 없으면 마당이 없고 마당이 없으면 한옥이 아니라고 할 수 있다. 담은 재료와 모양이 무척 다양한데 그 높이는 궁궐이 아니면 눈높이를 넘지 않았다. 《임원경제지》에서는 담을 쌓을 때 가장 유의해야 할 것은 기초를 튼튼히 하는 일이라고 했다. "기초를 석 자 이상 파 내려가 굵은 모래를 부어넣고 물을 뿌리며 다져 지면 아래로 한 자쯤 떨어진 곳에서 멈추고 그 위에 돌을 쌓아 기초를 만든다"고 하였다. 기초는 모든 담에 기본적으로 적용되며 지면 이상의 담 재료에 따라 담의 종류를 구분하였다.

◉ 토담

한옥의 담 중에서 가장 흔한 것이 토담과 돌담이었다. 토담은 만들기도 어렵고 유지관리가 쉽지 않아 거의 사라졌다. 토담은 기초 위에 지대석을 놓고 그 위에 흙을 다져 쌓아 올려 만든다. 판재로 양쪽에서 거푸집을 만들고 그 안에 여물을 섞은 진흙을 넣고 달고로 다져 만든다. 건조 후에 다시 한 층을 쌓을 수 있기 때문에 많은 시간이 소요되었다. 《임원경제지》에서는 "흙은 누런 모래인 석비레가 최고이고 황토가 다음이요, 흑토가 가장 나쁘다"고 하였다. 토담 위에는 서까래를 걸고 기와나 초가를 올려야 비로부터 보호받을 수 있었다.

안동 하회마을 염행당 고택

◉ 돌담

주변에서 흔히 구할 수 있는 자연석을 이용해 담을 쌓았다. 자연석은 음의 돌이라고 생각하여 강돌을 사용하지 않았고 양의 돌인 산석을 사용했다. 구조적으로도 강돌은 둥글고 매끄러워 쌓기 어려웠다. 반가나 민가에서 공통적으로 가장 많이 쌓은 담장이 돌담이다. 하부를 돌담으로 하고 상부를 와편담으로 하는 경우도 있다. 아산 외암마을은 마을 전체가 돌담으로 구성되어 돌담의 자연미를 잘 볼 수 있는 곳이다. 봄이면 꽃 덩굴이 담을 타고, 가을이면 호박이 주렁주렁 열려 한껏 멋을 더한다.

아산 외암마을

◉ 사괴석담

돌담의 일종인데 자연석이 아닌 방형으로 다듬은 가공석을 사용한 담이다. 가공석은 민간에서는 쓰기 어려웠으며 주로 궁궐이나 관아 등에서 사용하였다. 드물게 반가에서 사괴석담을 볼 수 있으나 흔치 않다. 사괴석담은 모두 사괴석으로 하는 경우는 드물고 하부는 사괴석, 상부는 와편이나 회사벽담으로 하는 경우가 많다.

◉ 생울

주변에서 자연석을 구하기 어려운 곳이나 가공석인 숙석을 사용할 수 없는 서민들은 울타리에 나무를 심어 담을 대신했다. 이를 생울이라고 하는데 생울에는 가시가 많은 탱자나무를 가장 많이 이용했다. 지금은 더 다양한 수종을 사용할 수 있고 다채로우며 자연 친화적이어서 신한옥에서도 많이 사용하기를 권장한다.

운현궁 노락당

◉ 토석담(죽담)

토석담은 돌과 흙을 섞어서 쌓은 담이다. 토담은 빗물에 씻기고 무너지는 단점이 있으며 돌담은 무너지고 뱀이 서식하기도 하는 단점을 보완한 것이 토석담이다. 토석담은 돌을 중심으로 하고 진흙을 줄눈 정도로만 사용한 것과 흙을 중심으로 흙 속에 돌을 박아 넣은 정도로 만든 담이 있다. 후자를 죽담이라고도 한다.

안동 하회마을 하동고택

◉ 와편담(영롱장)

부서진 기와편을 이용하여 진흙과 교대로 쌓아 만든 것이 와편담이다. 토담의 단점을 보완할 수 있으며 와편을 이용해 각종 문양을 베풀어 쉽게 치장할 수도 있는 담으로 비교적 많이 사용되었다. 기와는 물성이 돌보다는 약하기 때문에 비교적 낮은 담에 이용되었다. 또 돌담이나 사괴석담의 상부에 쌓기도 하였다. 이는 토담과 같이 빗물에 약하기 때문에 빗물이 덜 들이치는 지붕 아래에 두기 위한 조치이다. 진흙 없이 바람이 관통할 수 있도록 치장 쌓기한 담을 특별히 영롱장이라고 하는데 수원화성 동장대에서 그 사례를 볼 수 있으나 민가에서는 사례가 남아 있지 않다.

영천 만취당 고택

◉ 싸리울(바자울)

서민들은 뒷산에서 흔히 구할 수 있고 질기고 탄력이 있으며 내구성이 뛰어난 싸리나무를 엮어 담을 만들기도 했다. 싸리나무를 사용했기 때문에 싸리울이라고 한다. 겨릅대와 대나무, 갈대 등을 발처럼 엮어 담을 만들면 바자울이라고 한다. 싸리울은 흔했지만 바자울은 사례가 많지 않다.

◉ 내외담과 샛담

담은 건물 외곽 전체를 두르기도 하지만 마당과 마당을 구분하여 쌓기도 하고 안채와 사랑채, 대문과 중문 앞에 가림벽으로 쌓기도 한다. 안채와 사랑채 사이의 담은 남녀가 유별한 조선 유교사회의 산물이며 내외담이라고 부른다. 부부지간을 내외지간이라고 하는 것에서 유래되었다고 판단된다. 대전 동춘당의 내외담이 장식으로도 유명하다. 외담이 아닌 건물과 건물, 마당과 마당 사이의 담은 샛담이라고 한다.

내외담

샛담

내외담. 청송 송소고택

샛담. 함양 일두고택

◉ 신한옥 담

한옥에서 담은 필수 요소이다. 그러나 전통 한옥의 담은 시공비가 매우 비싸다. 담의 길이 또한 길기 때문에 전체 공사비의 비중이 매우 큰 것이 현실이다. 신한옥에서는 담의 공사비를 낮추기 위해 블록형으로 조립할 수 있는 프리패브 담장을 만들어 사용하였다. 공장 생산이기 때문에 품질이 일정하고 현장 시공 시간이 짧아 경제적이다. 표면 마감을 다양하게 연출할 수 있다는 것도 장점이다. 또 전통 담은 구조적인 문제 때문에 두께가 두꺼운데 신한옥 담은 블록형으로 빈 공간을 확보할 수 있어서 우편함 및 수납공간을 확보할 수 있는 장점이 있다. 또 조립식이어서 언제든지 해체하여 이동할 수도 있다.

처인성 역사박물관

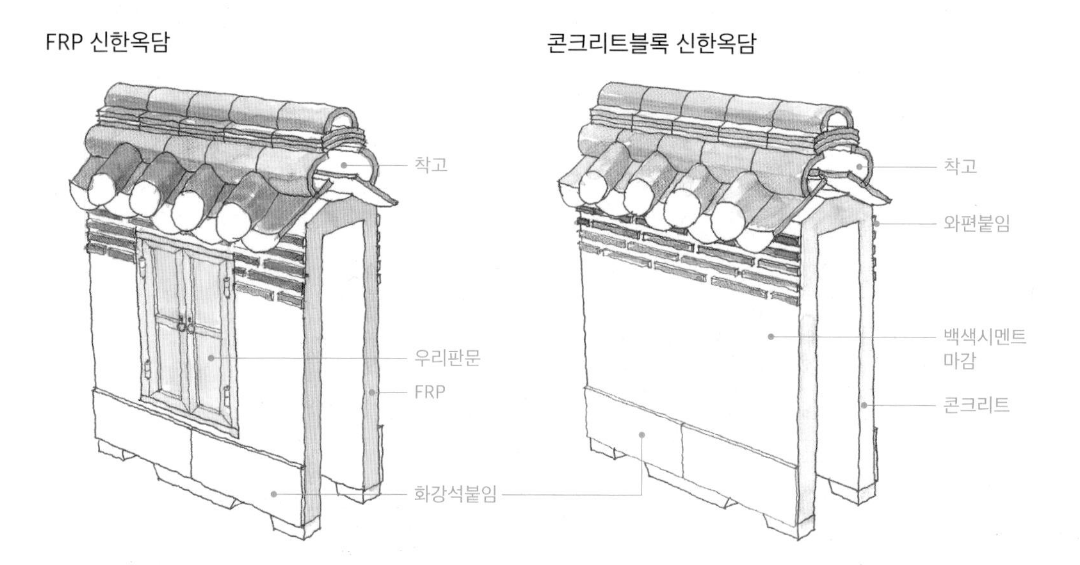

화경당. 은평한옥마을

문

건물 벽에 다는 창과 문을 통칭하여 창호로 불렀다면 마당과 마당을 연결하는 담장에 다는 독립된 문만을 문이라고 지칭한다. 현대 건축에서는 마당이 다양하지 않기 때문에 문은 대문 정도이다. 그러나 전통 한옥에서는 사랑채, 안채, 문간채, 별채 등 건물에 따라 별도로 크고 작은 마당을 두고 마당 사이에는 담이 있으며 담에 개구부를 내고 출입문을 달았기 때문에 다양한 종류와 형태의 문이 있었다. 한옥은 건물보다는 마당을 중심 공간으로 인식하고 있었으며 채를 분리하는 한옥의 특성상 마당은 필수였다. 따라서 마당이 없는 한옥은 한옥이 아니라고도 할 수 있다.

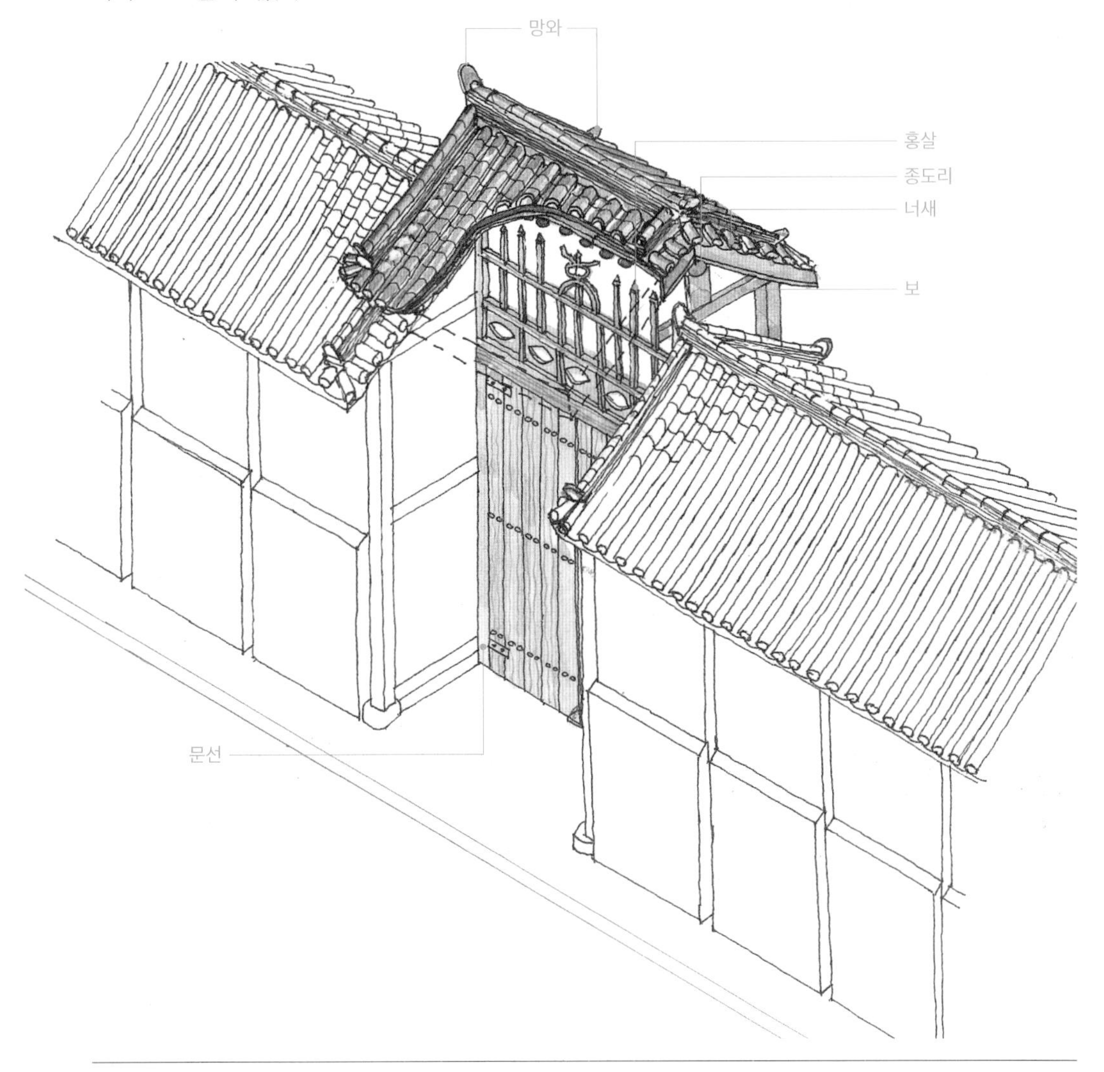

◉ 대문(평대문, 솟을대문, 사립문, 정낭)

대문은 큰 문이라는 뜻으로 가장 중심에서 집을 대표하는 문이다. "대문이 가문이다"와 "조는 집은 대문턱부터 존다"라는 속담에서 알 수 있듯이 대문은 그 집의 얼굴이며 길과 흉도 대문을 통해 들어온다. 따라서 대문은 정성스럽게 만들었으며 신분과 경제력, 개인의 취향이 반영되어 다양한 모습으로 나타났다. 《양택서》에 따르면 대문은 안채, 사랑채와 더불어 집주인의 타고난 운명에 따라 위치가 정해질 만큼 중요한 건축 요소이다. 가장 흔한 대문으로 기와집의 경우 평대문과 솟을대문이 있다. 대문은 대개 행랑에 만들어지는데 행랑과 지붕 높이가 같으면 평대문이고 행랑보다 높게 솟아있으면 솟을대문이다. 양반들은 가마를 타고 다녔기 때문에 머리가 걸리지 않도록 높인 것이 솟을대문이다. 따라서 솟을대문은 양반가를 상징하게 되었으며 양반이 아니어도 솟을대문을 만들기 시작했다. 평대문은 주로 여성들이 출입하는 내행랑에 많이 설치했다. 서민들의 초가에는 소박한 사립문을 많이 설치했다. 사립문은 싸리나무로 만든 대문을 가리키는 것으로 기우는 것을 지게 작대기에 의해 받치기도 했다. 특수한 모양은 제주도의 정낭이다. 양쪽에 돌기둥을 세우고 여기에 세 개의 나무를 건너질러 대문을 만들었다. 물리적인 출입통제보다 상징적이고 심리적인 출입통제의 기능을 하는 대문이라고 할 수 있다.

평대문. 청송 성천댁

솟을대문. 보은 우당고택

사립문. 아산 외암마을

정낭. 제주 성읍마을

◉ 사주문

비바람으로부터 문짝을 보호하기 위해 기둥을 네 개 세워 건물 한 칸을 만들고 여기에 문을 단 것을 사주문이라고 한다. 사주문은 행랑이 아닌 담에 설치하는데 문간채가 없는 집에서는 대문으로 사용하기도 하고 솟을대문이 있는 집에서는 협문이나 중문으로 사용하기도 한다.

안동 하회마을 원지정사

◉ 일각문

양쪽에 두 개의 기둥을 세우고 문짝을 달고 지붕을 올린 문으로 지붕이 작아 비바람에 취약해서 외짝이나 소규모 두 짝 문에 쓰인다. 일각문을 대문으로 하는 경우는 없으며 마당과 마당을 연결하는 협문으로 주로 쓰였다. 양쪽 기둥 아래에는 신방목이나 신방석이 받치고 있으며 기둥 앞뒤로는 용지판이라는 판재를 부착하여 담과 면하도록 한다. 용지판에는 당초 등을 조각하여 장식하기도 한다. 협문의 문지방과 신방목은 지면에 접해 있기 때문에 부식에 취약해 문지방은 생략하고 신방목 대신에 신방석을 사용하는 것이 조금 더 유리하다. 용지판 또한 습기 피해를 받기 쉬운 부재여서 부재 선택에 신중할 필요가 있다.

안동 하회마을 양진당

◉ 쪽문

처마 아래 툇마루나 쪽마루에 설치하는 문으로 주로 판문이 사용된다. 처마 아래이기 때문에 지붕이 없으며 문얼굴에 문짝만 다는 경우가 많다. 쪽문은 주인만 이용할 수 있는 문으로 주로 사랑채와 안채를 연결하는 위치에 설치하는 경우가 대부분이다. 또 한 건물에서도 시선이나 동선을 분리할 필요가 있을 경우에 설치한다. 사랑채에서 큰사랑에서 아버지가, 작은 사랑에서 아들이 기거할 경우 그 사이에 설치하거나 안채에서 시어머니방과 며느리방의 시선을 차단하기 위해서도 설치한다.

안동 하회마을 양진당

◉ 둔테

둔테는 무거운 판창호에 사용되는 것으로 살창호의 돌쩌귀 역할을 한다. 수톨쩌귀 역할을 하는 문장부는 판문의 널판 하부에 제혀로 만드는 것이 보통이며 문장부를 끼는 구멍이 뚫린 나무는 문얼굴의 위아래에 댄다. 이를 문둔테라고 한다. 또 판문 잠금장치로 설치하는 비녀장을 양쪽에서 고정하는 것도 둔테라고 하는데 문둔테와 구분하기 위해 빗장둔테라고 한다. 빗장둔테에는 빗장이 밀려서 풀어지지 않도록 고정하는 나무로 만든 장식못을 사용하기도 하는데 이를 동곳이라고 한다. 상투를 틀거나 머리를 묶을 때 꽂는 동곳과 기능과 이름이 같다.

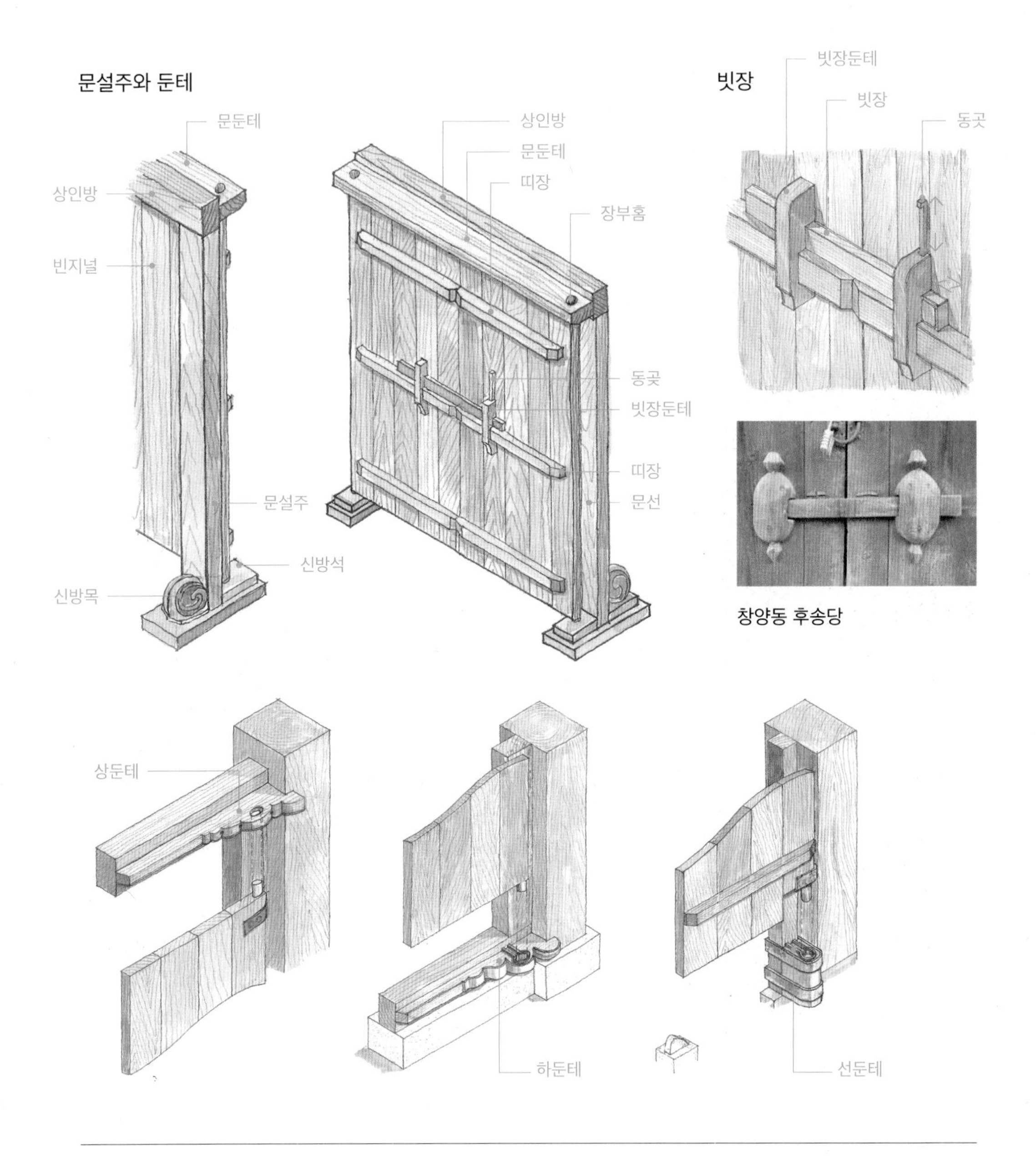

창양동 후송당

◉ 신한옥의 대문과 현관

신한옥에서도 대문은 별도로 설치하는 경우가 많다. 전통 한옥과 모양은 다르지 않으나 차량 출입을 위해 규모가 커지고 방범 및 조명과 기타 설비가 추가되는 것이 다르다. 이와 같은 설비의 설치는 목조 대문에서도 전혀 문제가 되지 않는다. 그러나 문짝을 전통 방식으로 송판을 이용해 만들 경우는 건조 변형에 따른 결함이 발생하기 때문에 소나무가 아닌 변형 없는 특수목을 잘 건조하여 사용하는 것이 좋다.

현관은 전통 한옥에서는 없었던 부분이다. 전통 한옥은 툇마루와 대청을 통해 실내로 출입하기 때문에 현관이라는 공간도 없었고 현관문도 대청 앞에 다는 분합문이었다. 그러나 신한옥에서는 아파트와 같이 현관이라는 공간을 별도로 확보해야 하고 현관문도 비가 들이칠 수 있기 때문에 풍화에 강한 내구성 있는 재료를 선택해야 한다. 특히 'ㄱ'자형 평면에서는 현관이 회첨부분에 생기는 경우가 많은데 이 경우 특히 낙수에 의한 영향을 고려해야 한다.

예닮헌, 은평한옥마을

예닮헌, 은평한옥마을

대문

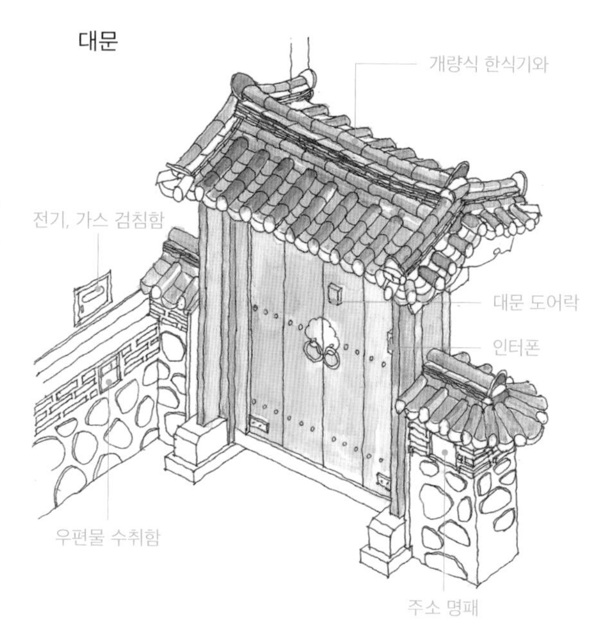

현관

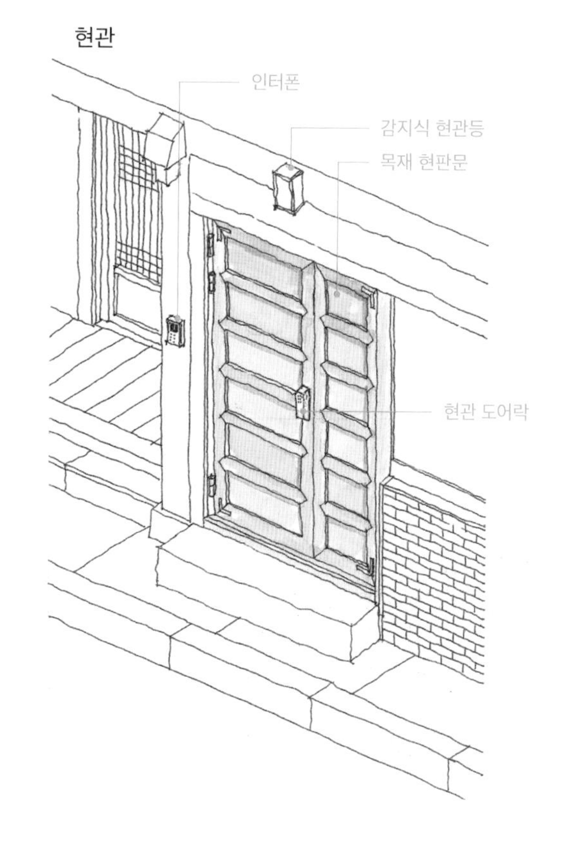

정원

한옥의 정원은 후원을 중심으로 하였다. 외담 밖의 자연 경치는 차경(借景)으로 끌어들였으며 개념적 정원 범위는 집 사방을 둘러싼 사산(砂山)까지라고 할 수 있다. 외담 안쪽은 지금 생각하는 것보다 인위적으로 정원을 꾸몄으며 외담 밖은 자연풍광 중심으로 가꾸되 동서남북의 방위에 따른 수종은 엄격히 가려 식재했다. 정원을 구성하는 요소는 나무와 화초, 물과 정자, 돌로 같지만 이를 구성하고 다루는 방식은 한·중·일 삼국에서 차이를 보이고 있다.

◉ 화계와 후원

한옥의 집터는 배산임수하여 북풍을 막고 앞은 물과 농토가 펼쳐지는 구릉지가 대부분이다. 따라서 뒷산의 맥이 이어지고 앞쪽으로 경사가 있어서 후원 쪽은 집보다 높기 마련이다. 자연지세를 이용하여 계단식으로 화단을 만든 것이 화계이다. 따라서 안채 후원은 화계를 만들고 정원을 꾸미는 것이 일반적이다. 후원에는 각종 초화류를 심었으며 양지 발라서 장독을 두고 굴뚝이 설치되는 곳이기도 하다. 후원은 시원한 공기가 머물기 때문에 안마당의 뜨거운 공기와의 기류를 만들어 실내에 시원한 공기를 공급하는 환경적 공간으로도 중요하다.

《임원경제지》에 따르면 서재 남쪽과 북쪽 뜰의 담장 아래에도 화계를 만들어 꽃을 심고 화분을 배치하여 경물을 즐기기도 했다. 구례 운조루에는 사랑마당 측면 담 아래에도 화단을 만들었는데 계단식은 아니다. 이를 화오라고도 하는데 한옥에서는 화계뿐 아니라 마당에 화오를 만들어 즐겼음을 알 수 있다.

화계. 예천권씨 초간종택

화오. 함양 일두고택

◉ 연못

정원에서 물은 필수 요소이다. 연못은 물을 가둬두는 곳으로 한옥에서는 흔히 사용되었다. 한옥은 집 뒤가 높고 앞이 낮아 대개 앞에 연못을 만들었다. 연못은 풍수적인 이유가 많은데 음기를 모아두기 위한 이유가 가장 크다. 또 《임원경제지》에서는 연못은 둥근 것이 좋다고 하였으며 연못은 물고기를 기르고 밭에 물을 댈 수 있어서 좋다고 하였다. 그러나 집 가까이 연못을 두면 습기로 인해 집이 무너지고 사람이 병든다고 하였다. 구례 운조루에는 바깥마당에 장방형으로 긴 연못을 만든 사례가 있다. 연못 가운데에는 삼신산이 있고 연못 안에는 수련을 심었으며 못가에는 수양버들과 대나무를 심었다.

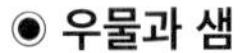

달성 삼가헌 고택

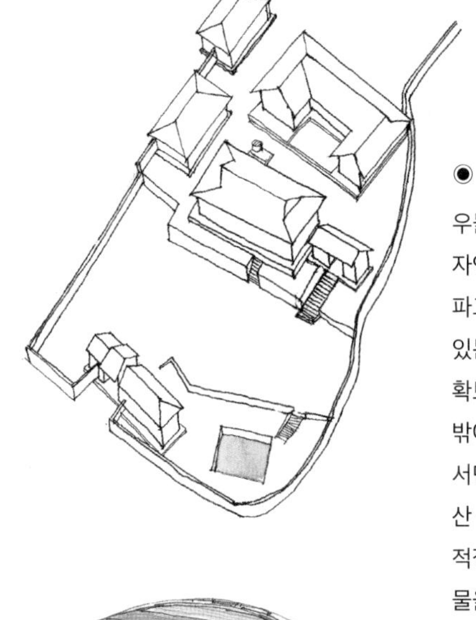

◉ 우물과 샘

우물과 샘은 정원을 구성하는 요소이기도 하고 식수를 제공하는 곳이기도 하다. 샘은 자연스럽게 지하수가 솟아나오는 곳에 만든 것이며 우물은 물을 얻기 위해 땅속으로 파고 내려가 인위적으로 만든 시설이다. 그렇다고 해서 우물을 아무 곳이나 팔 수 있는 것은 아니다. 수맥이 있어야 하고 우물을 팔 수 있는 정도의 수위와 수량이 확보되어 있어야 한다. 안마당에 이러한 조건이 있다면 좋은 일이지만 없으면 집 밖에 공동 우물을 만들어 사용해야 한다. 우물을 만드는 것은 쉽지 않은 일이어서 서민들은 대부분 마을 공동 우물을 사용했다. 《임원경제지》에서 서유구는 우물은 산 중턱이 가장 좋다고 하였다. 그곳은 땅속에 숨은 샘이 솟아나고 햇빛과 그늘이 적절하며 원림과 가옥이 자리 잡은 곳이기 때문이라고 하였다. 또 우물 바닥은 맑은 물을 얻기 위해 굵은 모래 위에 돌을 깔았고 물고기를 기르면 부유물과 이끼가 끼지 않아 좋다고 하였다. 그리고 샘 주변으로 너무 가까이에 나무가 있어서 늘어지면 날짐승이 우물을 더럽히거나 벌레가 떨어져서 좋지 않다고 하였다. 또 우물가에 꽃을 심으면 좋지 않으며 특히 복숭아나무는 더욱 나쁘다고 하였다.

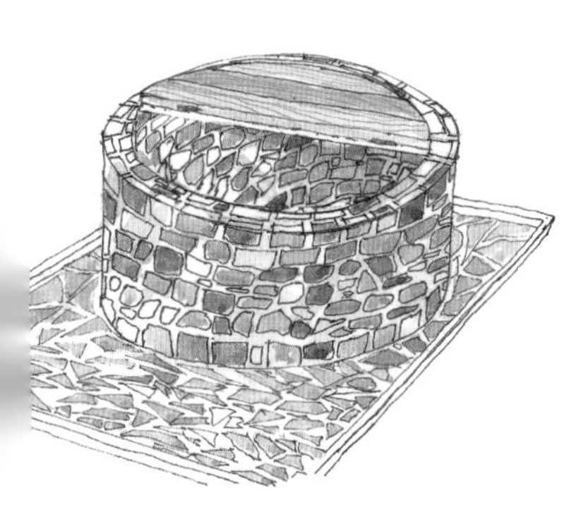

화성 정시영 고택

◉ 괴석과 석가산

조선시대 선비들은 특이한 모습의 돌을 돌 화분에 심어 놓고 즐겼다. 돌 자체의 모습을 즐긴 것일 수도 있고 돌을 보면서 거대한 도교 세계의 삼신산을 연상할 수도 있었을 것이다. 괴석은 궁궐에서도 볼 수 있으며 민가에서는 화계, 화오, 사랑마당 등에 심어 놓고 건물 안에서 바라보며 즐겼다. 석가산은 이러한 돌들을 군집시켜 만든 조산을 가리킨다. 연못가에 만들거나 사랑마당에 만들었다. 논산의 명재고택은 사랑채 기단에 만들어 사랑채 누마루에서 내다보며 즐길 수 있도록 했다. 석가산은 자연의 숭경을 본떠서 만든 것으로 선비들은 석가산을 신선들이 산다는 삼신산이나 신선 세계에 비유하면서 무한한 상상력으로 즐겼다. 괴석과 석가산을 통해 성리학적 소우주를 실현하려 했던 것으로 추정할 수 있다.

운현궁 노안당

의성 소우당 고택

◉ 식재

우물 가까이에는 화초나 나무를 심지 않았으며 외담 안쪽에도 화초는 심었으나 큰 나무는 심지 않았다. 하지만 집 근처에는 수목이 푸르고 무성해야 재물이 모여든다고 생각했다. 그래서 주로 외담 밖에 나무를 심었는데 이때 방위에 따른 수종의 선택이 중요하다. 《임원경제지》에서 서유구는 집 주변으로 사상(四象)을 만들기 위해서는 동쪽에 복숭아나무와 버드나무, 남쪽에 매화나무와 대추나무, 서쪽에 치자나무와 느릅나무, 북쪽에 사과나무와 살구나무를 심는 것이 좋다고 하였다. 중문에 회화나무를 심으면 3대가 부귀를 누리며 건물 뒤쪽에 느릅나무가 있으면 갖가지 귀신들이 접근하지 못한다.

피해야 할 것도 있는데 안마당에 나무를 심으면 재물을 날리거나 주인이 이별을 겪게 되며, 큰 나무가 난간에 가까이 있으며 질병이 끊이지 않는다고 하였다. 또 동쪽에 살구나무가 있으면 흉하고 북쪽에 배나무, 서쪽에 복숭아나무가 있으면 사는 사람이 음탕하고 사악한 짓을 하며, 주택의 서쪽에 버드나무가 있으면 사형을 당한다고 하였다.

대추나무

회화나무

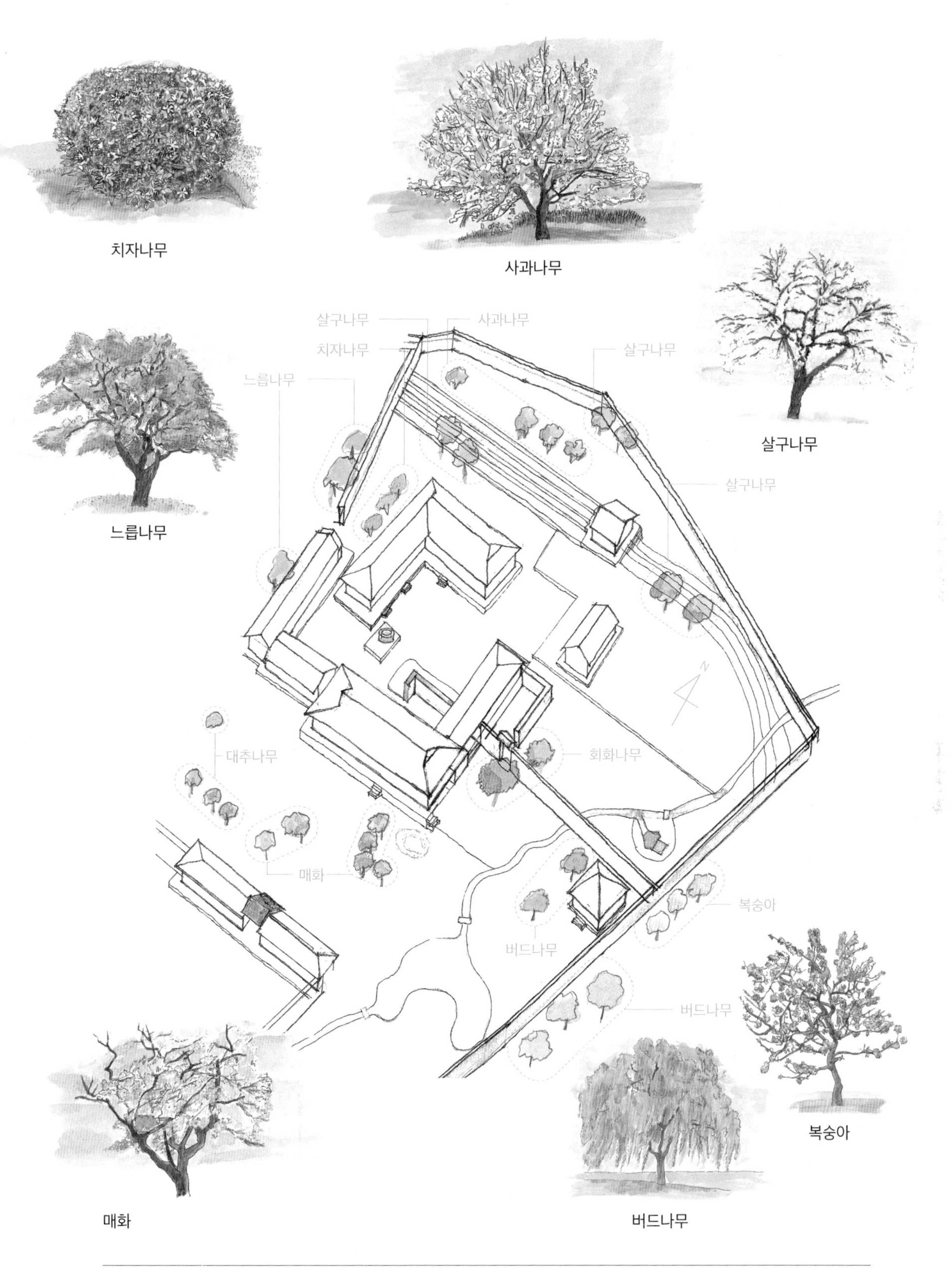
치자나무
사과나무
살구나무
사과나무
치자나무
살구나무
느릅나무
살구나무
느릅나무
살구나무
대추나무
회화나무
매화
복숭아
버드나무
버드나무
복숭아
매화
버드나무

한옥 관련 전문업체

한옥을 짓기 위해서는 먼저 한옥에 관한 공부를 하고 다음으로 설계와 시공을 포함해 주요 자재인 목재와 기와, 창호와 관련된 전문업체를 알아야 한다. 한옥시장은 크지 않기 때문에 이러한 정보들을 찾기 쉽지 않다. 이 책의 독자들을 위해 그동안 신한옥 R&D 사업에 참여했던 업체를 중심으로 목록을 만들었다. 현대의 한옥은 문화재 한옥과 동일할 수 없다. 삶의 방식이 달라지고 건축 여건은 물론 자재 조건도 다르기 때문이다. 현대 기술과 접목할 수밖에 없는데 결국 좋은 집을 짓기 위해 가장 중요한 것은 이런 접목 기술을 갖춘 업체를 선택하는 것이다.

설계사무소는 문화재를 기반으로 한옥을 설계하는 사무실과 현대 건축을 기반으로 한옥을 설계하는 사무실로 구분해 목록을 만들었다. 기와도 문화재에 사용하는 기와 생산업체와 한식 금속기와를 생산하는 업체를 동시에 소개해 필요에 따라 선택하면 된다. 금속기와는 경제성을 고려해 일반 금속기와를 제안했는데 경제적인 여유가 있다면 한식 동기와도 고려해 볼 만하다. 여기에 소개하는 대부분의 업체는 신한옥을 지을 수 있는 업체로 순수하게 문화재만 다루는 업체는 제외하였다.

한옥새움은 조달청에 등록된 업체로 소규모 한옥을 완성품으로 구입할 수 있는 곳이다. 한옥 놓을 자리만 만들어두면 한옥의 완성품이 차에 실려 배달되기 때문에 매우 편리하다.

설계업체

전문분야	회사명	전화	홈페이지	소재지
문화재 기반 한옥설계	(주)종합건축사사무소 다담	02-569-9923	http://www.dadamarchi.com/	서울
	조선건축사사무소	02-3675-7963		서울
	건축사사무소 강희재	02-394-4990	https://www.gangheejae.com	서울
	(주)대연건축사사무소	070-4866-2070	http://daeyeon.kr	경기 안성
	(주)금성종합건축사무소	02-534-1471	http://www.gsarchi.co.kr	서울
현대 건축 기반 한옥설계	(주)건축사사무소 서강종합	02-547-9215		서울
	오드건축사사무소	02-2202-3008	https://www.odearch.com	서울
	(주)참우리건축사사무소	02-6959-0375	https://www.chamooree.com	서울
	민우원건축사사무소	02-532-8242	https://blog.naver.com/minuone0005	
	(주)한길건축사사무소	02-583-9539	http://hangil.ne.kr	
	(주)한인종합건축사사무소	02-2113-7800		

시공업체

전문분야	회사명	전화	홈페이지	소재지
문화재/신한옥	(주)한누리종합건설	02-3159-1531	www.han-nuri.co.kr	경기 고양
	(주)휘성종합건설	070-7862-4213		경기 수원
	(주)현영종합건설	031-424-7666	www.hyconst.co.kr	경기 고양
	(주)고진T&C	031-978-0663		경기 고양

기와 생산 및 시공

전문분야	회사명	전화	홈페이지	소재지
전통기와 및 신한옥 기와 제조	(주)고령기와	054-954-8000	www.rooftile.co.kr	경북 고령
전통기와 제조	(주)노당기와	054-763-3059	http://www.nodang21.co.kr	경북 경주
전통기와 제조	(주)산청토기와	055-973-1100	http://scgw.kr	경남 산청
합금기와 제조 및 시공	(주)해성동기와	031-677-7195	http://211.234.100.234/rooftile	경기 안산
합금기와	대한한옥개발(주)	061-383-0227	https://www.iruhun.com	

목재 및 제재

전문분야	회사명	전화	홈페이지	소재지
원목 및 집성목	(주)고진케이우드	063-635-7003	https://blog.naver.com/gojinkwood/	전북 남원
원목	(주)금진목재	032-584-8851	http://www.kumjin.co.kr	인천
집성목	경민산업(주)	032-575-7871	https://www.kmbeam.co.kr	인천
원목	(주)태영기업	054-933-0548	http://tywood.kr	경북 성주

창호 제작 및 시공

전문분야	회사명	전화	홈페이지	소재지
전통창호	(주)동양창호	031-769-2541	http://www.timberkorea.co.kr	경기 광주
한식시스템창호	(주)첨단한옥창호	031-634-0425	www.cdhanok.com	경기 이천
전통창호	하늘문목재시스템창호	010-3655-7091	http://sky-window.co.kr	전북 완주, 나사렛
목재폴딩도어	호인전통창호	031-977-2292	http://hoindoor.smpon.kr	경기 고양

이동식 한옥

전문분야	회사명	전화	홈페이지	소재지
이동식 한옥구조	주식회사 한옥새움	041-408-7013	www.benewhanok.com	충남 부여

찾아보기

ㄷ

ㅁ

ㅂ

ㅅ

ㅇ

ㅈ

ㅊ

ㅌ

ㅍ

ㅎ

참고문헌

강영환, 《집의 사회사》, 웅진출판, 1992
고영훈·박언곤, 〈한국 목조건축물의 처마내밀기의 비례기법에 관한 연구〉, 《대한건축학회논문집》 37권 5호, 1991
김남응, 《구들이야기 온돌이야기》, 단국대출판부, 2011
김동욱, 《한국건축 중국건축 일본건축》, 김영사, 2015
김동현, 《한국 목조건축의 기법》, 발언, 1995
______, 《한국고건축단장(하)》, 동산문화사, 1980
김영모, 《알기쉬운 전통조경 시설사전》, 동녘, 2012
김영민, 〈신한옥 구조안정성 검토 및 적정 단면 제안〉, 《대한건축학회논문집》 28권 5호, 2012
김왕직, 《신한옥 화경당》, 기문당, 2014
______, 《알기쉬운 한국건축 용어사전》, 동녘, 2007
김왕직·최숙경, 《번와장》, 민속원, 2010
김종남, 《한옥 짓는 법》, 돌베개, 2011
김홍식, 《한국의 민가》, 한길사, 1992
______, 《민족건축론》, 한길사, 1987
목심회, 《우리 옛집》, 도서출판 집, 2015
______, 《우리 정자: 경상도》, 도서출판 집, 2021
문화재청, 《2023문화재수리표준시방서》, 2023
송기호, 《한국 온돌의 역사》, 서울대출판부, 2019
신영훈, 《우리문화 이웃문화》, 문학수첩, 1997
______, 《한국의 살림집》, 열화당, 1986
______, 《한옥과 그 역사》, 동이문화사, 1975
______, 《한옥의 미학》, 한길사, 1985
______, 《한옥의 향기》, 대원사, 2000
안대회 편, 《산수간에 집을 짓고》, 돌베개, 2005
역사경관연구회, 《한국정원 답사수첩》, 동녘, 2008
장기인, 《목조, 보성문화사》, 1988
정영수 외, 《그림으로 보는 신한옥 집짓기》, 화신문화, 2013
주남철, 《한국 주택건축》, 일지사, 1980
______, 《한국의 문과 창호》, 대원사, 2001
천득염, 《소쇄원, 심미안》, 2017
최재복·김왕직, 〈한옥 프리패브벽체 개발에 관한 연구〉, 《한국건축역사학회 춘계학술발표대회 논문집》, 2019년 5월
한국건축역사학회, 《한국건축 답사수첩》, 동녘, 2006
한옥기술개발연구단, 《알기쉬운 신한옥 시공가이드》, 2014
허균, 《한국의 정원》, 다른세상, 2007